高 等 学 校 专 业 教 材

中国轻工业"十三五"规划教材

食品分析

孟 晓 主编

U0219785

中国轻工业出版社

图书在版编目（CIP）数据

食品分析/孟晓主编 . —北京：中国轻工业出版社，
2024. 8
ISBN 978-7-5184-3522-7

Ⅰ.①食…　Ⅱ.①孟…　Ⅲ.①食品分析　Ⅳ.①TS207. 3

中国版本图书馆 CIP 数据核字（2021）第 100844 号

责任编辑：马　妍
策划编辑：马　妍　　责任终审：劳国强　　封面设计：锋尚设计
版式设计：砚祥志远　　责任校对：晋　洁　　责任监印：张　可

出版发行：中国轻工业出版社（北京鲁谷东街 5 号，邮编：100040）
印　　刷：三河市万龙印装有限公司
经　　销：各地新华书店
版　　次：2024 年 8 月第 1 版第 3 次印刷
开　　本：787×1092　1/16　印张：17
字　　数：500 千字
书　　号：ISBN 978-7-5184-3522-7　定价：49. 00 元
邮购电话：010-85119873
发行电话：010-85119832　　　010-85119912
网　　址：http：//www. chlip. com. cn
Email：club@ chlip. com. cn

本书编审人员

主　　编　孟　晓　成都中医药大学

副 主 编　韩晓春　山东中医药大学
　　　　　李秀霞　渤海大学
　　　　　谢惠波　西南医科大学
　　　　　木本荣　成都中医药大学

参编人员　（按姓氏拼音排序）
　　　　　陈　艳　成都中医药大学
　　　　　蒋丽施　成都中医药大学
　　　　　李吉达　遵义医科大学
　　　　　刘红燕　山东中医药大学
　　　　　刘青青　西南医科大学
　　　　　蒲云峰　塔里木大学
　　　　　孙一铭　广西中医药大学
　　　　　杨　懿　西南医科大学
　　　　　张正茂　湖北工程学院

审　　稿　车振明　西华大学

前言 | Preface

随着人们生活水平的提高，不论是消费者还是食品生产者，都需要获取关于食品原料、辅料、食品添加剂、半成品和成品等方面的信息。食品分析可以利用物理分析法、化学分析法、仪器分析法、微生物分析法、感官分析法等，从食品营养成分、食品物理特性、食品安全性、食品功能活性物质等方面对上述信息进行分析。因此，食品分析作为保障食品质量和安全的一种重要和有效的手段是必不可少的。

本书以我国现行有效的国家标准为基础，结合现代食品分析技术，对食品的营养成分（水分、蛋白质、氨基酸、碳水化合物、脂类、灰分、维生素、矿物质等）、食品添加剂、有害物质、物理特性、功能活性物质等的分析方法进行介绍。同时对每一章的常用分析方法进行应用举例，联合微课嵌入方式，使教材更具实用性和便捷性。较好地解决了部分现有教材内容呈现形式单一，缺乏对主要分析方法进行具体的应用举例，部分章节内容设置不合理，部分现代食品分析技术讲解形式抽象，不利于学生理解和掌握等问题。

全书共十四章，由成都中医药大学孟晓担任主编，负责第一章编写以及全书的审校工作；西南医科大学谢惠波（第六章），渤海大学李秀霞（第三章、第八章），山东中医药大学韩晓春（第五章）和成都中医药大学木本荣（第十三章）担任副主编；成都中医药大学蒋丽施（第二章），湖北工程学院张正茂（第四章），西南医科大学刘青青（第七章），山东中医药大学刘红燕（第九章），西南医科大学杨懿（第十章），遵义医学院李吉达（第十一章），广西中医药大学孙一铭（第十二章），成都中医药大学陈艳（第十三章），塔里木大学蒲云峰（第十四章）担任参编，西华大学车振明担任审稿人，成都中医药大学曾宪胤担任教材编写组秘书，负责稿件整理、校对工作。

在本书编写过程中，得到了相关老师的大力支持，在此表示衷心感谢。

本教材可供高等学校食品科学与工程类专业，各类医学院校食品质量与安全、食品卫生与营养学等专业师生使用；也可供食品卫生检验、质量监督、各类食品企业等相关科研人员参考。

由于编者水平有限，书中不妥之处恳请读者批评指正。

编　者

2021 年 6 月于成都

|目录| Contents

第一章 绪论 ········· 1

第一节 食品分析的主要内容 ········· 1

一、食品营养成分分析 ········· 1

二、食品安全性分析 ········· 1

三、食品物理特性分析 ········· 2

四、食品功能活性物质分析 ········· 2

第二节 食品标准 ········· 2

一、中国标准 ········· 2

二、国外标准 ········· 3

三、国内外食品标准及相关制度比较 ········· 5

第三节 食品分析发展趋势 ········· 6

一、食品预处理方法 ········· 6

二、食品分析方法 ········· 7

第四节 食品分析的一般程序 ········· 7

一、样品的采集与制备 ········· 8

二、分析方法的选择 ········· 8

三、结果的处理与分析 ········· 8

小结 ········· 8

思考题 ········· 8

第二章 食品分析的误差与数据处理 ········· 9

第一节 食品分析的误差 ········· 9

一、误差的种类和来源 ········· 9

二、准确度和精密度 ········· 10

三、控制和消除误差的方法 ········· 12

第二节 有效数字及计算规则 ········· 13

一、有效数字的意义及位数 ……………………………………………………………… 14

二、有效数字的修约规则 …………………………………………………………………… 14

三、有效数字的运算规则 …………………………………………………………………… 15

第三节　分析数据的处理 …………………………………………………………………… 15

一、置信区间 ………………………………………………………………………………… 15

二、可疑值的取舍 …………………………………………………………………………… 17

三、显著性检验 ……………………………………………………………………………… 20

小结 …………………………………………………………………………………………… 22

思考题 ………………………………………………………………………………………… 23

第三章　样品的预处理 ……………………………………………………………………… 24

第一节　样品的采集、 制备及保存 ……………………………………………………… 24

一、样品的采集 ……………………………………………………………………………… 24

二、样品的制备和保存 ……………………………………………………………………… 27

第二节　样品的预处理 ……………………………………………………………………… 28

一、样品预处理的目的 ……………………………………………………………………… 28

二、样品的预处理方法 ……………………………………………………………………… 28

小结 …………………………………………………………………………………………… 36

思考题 ………………………………………………………………………………………… 37

第四章　水分和水分活度的分析 …………………………………………………………… 38

第一节　概述 ………………………………………………………………………………… 38

一、自由水 …………………………………………………………………………………… 38

二、结合水 …………………………………………………………………………………… 38

第二节　水分含量的分析 …………………………………………………………………… 39

一、重量法 …………………………………………………………………………………… 39

二、蒸馏法 …………………………………………………………………………………… 42

三、卡尔·费休法 …………………………………………………………………………… 44

第三节　水分活度的分析 …………………………………………………………………… 45

一、康卫氏皿扩散法 ………………………………………………………………………… 46

二、水分活度仪扩散法 ……………………………………………………………………… 49

小结 …………………………………………………………………………………………… 50

思考题 ………………………………………………………………………………………… 51

第五章 碳水化合物的分析 ·· 52

第一节　概述 ··· 52

一、碳水化合物在食物中的含量 ··· 52

二、碳水化合物分析的意义 ··· 54

三、碳水化合物的分析方法 ··· 54

第二节　可溶性糖类的分析 ·· 54

一、可溶性糖类的提取与澄清 ·· 54

二、还原糖的测定 ··· 56

三、总糖的测定 ·· 59

四、蔗糖的测定 ·· 61

五、多种糖的分离与同时测定 ·· 62

第三节　淀粉含量的分析 ·· 63

一、酶水解法 ··· 63

二、肉制品中淀粉含量的测定（酸化酒精沉淀法） ············ 66

第四节　纤维素的分析 ·· 69

第五节　果胶含量的分析 ·· 72

小结 ··· 74

思考题 ··· 74

第六章 蛋白质和氨基酸的分析 ··· 75

第一节　概述 ··· 75

一、蛋白质的定义 ··· 75

二、蛋白质和氨基酸分析的意义 ··· 76

第二节　凯氏定氮法 ·· 78

第三节　其他蛋白质分析方法介绍 ··· 80

一、燃烧法 ··· 81

二、双缩脲比色法 ··· 81

三、考马斯亮蓝法 ··· 82

四、红外光谱法 ·· 84

第四节　氨基酸总量及个别氨基酸的分析 ······························ 84

一、氨基酸分析仪法 ·· 84

二、茚三酮比色法 ··· 87

三、甲醛滴定法 ·· 89

四、电位滴定法 ································· 90

五、非水溶液滴定法 ··························· 91

小结 ·· 92

思考题 ·· 92

第七章　脂类物质的分析 ························· 93

第一节　概述 ···································· 93

一、脂类的定义和存在形式 ················· 93

二、脂类的理化性质 ························· 95

第二节　脂类物质的分析方法 ··················· 95

一、脂类物质分析的意义 ··················· 95

二、提取剂的选择 ··························· 96

三、试样的预处理 ··························· 97

四、索氏抽提法 ····························· 98

五、酸水解法 ······························· 100

六、碱水解法（罗紫·哥特里法） ··········· 101

七、盖勃法 ································· 103

第三节　食用油脂相关指标的分析 ··············· 104

一、酸价的测定 ····························· 104

二、碘值的测定 ····························· 106

三、过氧化值的测定 ························· 108

四、皂化值的测定 ··························· 110

五、羰基价的测定 ··························· 111

小结 ·· 113

思考题 ·· 113

第八章　酸度的分析 ····························· 114

第一节　概述 ···································· 114

一、酸度的定义 ····························· 114

二、酸度分析的意义 ························· 114

第二节　总酸度和挥发酸的分析 ················· 115

一、总酸度的测定 ··························· 115

二、挥发酸的测定 ··························· 119

第三节 有机酸的分析 ……………………………………………… 120
一、食品中有机酸的种类和分布 …………………………………… 120
二、有机酸的测定 …………………………………………………… 121
小结 …………………………………………………………………… 124
思考题 ………………………………………………………………… 125

第九章 灰分及化学元素的分析 …………………………………… 126
第一节 概述 ………………………………………………………… 126
一、灰分的定义 ……………………………………………………… 126
二、灰分分析的意义 ………………………………………………… 126
第二节 灰分的分析 ………………………………………………… 127
一、灰化容器 ………………………………………………………… 127
二、灰化温度 ………………………………………………………… 127
三、灰化时间 ………………………………………………………… 127
四、加速灰化的方法 ………………………………………………… 127
五、总灰分的测定 …………………………………………………… 128
六、水溶性灰分和水不溶性灰分的测定 …………………………… 130
七、酸不溶性灰分的测定 …………………………………………… 131
第三节 重要化学元素的分析 ……………………………………… 132
一、食品中钙的含量测定 …………………………………………… 132
二、食品中硒的含量测定 …………………………………………… 135
三、食品中铜的含量测定 …………………………………………… 137
四、食品中碘的含量测定 …………………………………………… 138
第四节 有毒金属元素的分析 ……………………………………… 140
一、食品中汞的含量测定 …………………………………………… 140
二、食品中铅的含量测定 …………………………………………… 143
三、食品中砷的含量测定 …………………………………………… 145
小结 …………………………………………………………………… 147
思考题 ………………………………………………………………… 148

第十章 维生素的分析 ……………………………………………… 149
第一节 概述 ………………………………………………………… 149
一、维生素的作用 …………………………………………………… 149

二、维生素的分类 ……………………………………………………… 149

三、维生素分析的意义 ………………………………………………… 149

第二节　水溶性维生素的分析 ………………………………………… 150

一、维生素 B_1（硫胺素）的测定 ……………………………………… 150

二、维生素 C 的测定 …………………………………………………… 153

第三节　脂溶性维生素的分析 ………………………………………… 155

一、维生素 A 和维生素 E 的同时测定 ……………………………… 155

二、维生素 D 的测定 …………………………………………………… 157

三、维生素 K_1 的测定 ………………………………………………… 160

小结 …………………………………………………………………………… 162

思考题 ………………………………………………………………………… 162

第十一章　食品中有害物质的分析 ………………………………………… 163

第一节　概述 ………………………………………………………………… 163

第二节　食品中主要农药残留的分析 ……………………………………… 163

一、有机磷类农药残留的测定 ………………………………………… 164

二、有机氯类农药残留的测定 ………………………………………… 166

第三节　食品中主要兽药残留的分析 ……………………………………… 167

一、β-内酰胺类药物的测定 ………………………………………… 168

二、磺胺类药物的测定 ………………………………………………… 169

第四节　食品中主要真菌毒素的分析 ……………………………………… 171

一、黄曲霉毒素的测定 ………………………………………………… 171

二、玉米赤霉烯酮的测定 ……………………………………………… 172

三、脱氧雪腐镰刀菌烯醇的测定 ……………………………………… 174

第五节　食品中重要有毒物质的分析 ……………………………………… 177

一、丙烯酰胺的测定 …………………………………………………… 177

二、N-亚硝胺类化合物的测定 ………………………………………… 180

三、多氯联苯的测定 …………………………………………………… 181

四、苯并（a）芘的测定 ………………………………………………… 185

小结 …………………………………………………………………………… 187

思考题 ………………………………………………………………………… 187

第十二章　食品添加剂的分析 ··· 188

第一节　概述 ··· 188

一、食品添加剂的定义和分类 ·· 188

二、食品添加剂的安全性评价和管理 ··· 188

三、食品添加剂分析的意义 ·· 188

第二节　食品甜味剂的分析 ··· 189

一、甜味剂的定义和分类 ··· 189

二、糖精钠的测定 ··· 189

三、环己基氨基磺酸钠的测定 ·· 191

第三节　食品防腐剂的分析 ··· 193

一、食品防腐剂的定义和分类 ·· 193

二、苯甲酸及其钠盐和山梨酸及其钾盐的测定 ··· 193

三、二氧化硫的测定 ·· 195

第四节　食品护色剂的分析 ··· 197

一、食品护色剂的定义和作用原理 ·· 197

二、亚硝酸盐的测定 ·· 197

第五节　食品着色剂的分析 ··· 199

一、食品着色剂的定义和分类 ·· 199

二、合成着色剂的测定 ··· 199

小结 ··· 201

思考题 ·· 202

第十三章　物理特性的分析 ··· 203

第一节　概述 ··· 203

第二节　密度法 ··· 203

一、相对密度的定义和分析意义 ··· 203

二、相对密度的测定 ·· 204

第三节　折光法 ··· 207

一、折光率的定义和分析意义 ·· 207

二、折射率的测定 ··· 207

第四节　旋光法 ··· 210

一、旋光法的定义和分析意义 ·· 210

二、旋光法的基本原理 ··· 211

三、旋光度的测定 …………………………………………………………………… 213

第五节 色度、白度、浊度、计算机视觉检测分析 ……………………………… 214

一、色度的测定 …………………………………………………………………… 214

二、浊度的测定 …………………………………………………………………… 215

三、白度的测定 …………………………………………………………………… 216

四、计算机视觉检测分析 ………………………………………………………… 216

第六节 质构分析 …………………………………………………………………… 217

一、质构仪 ………………………………………………………………………… 217

二、质构仪的结构、原理和测定方法 …………………………………………… 217

第七节 热分析技术 ………………………………………………………………… 219

一、热分析技术的定义 …………………………………………………………… 219

二、热分析技术测定的内容 ……………………………………………………… 219

三、热分析方法的应用 …………………………………………………………… 219

第八节 电子舌和电子鼻分析技术简介 ………………………………………… 222

一、电子舌分析技术 ……………………………………………………………… 222

二、电子鼻分析技术 ……………………………………………………………… 223

小结 …………………………………………………………………………………… 224

思考题 ………………………………………………………………………………… 225

第十四章 功能活性物质的分析 …………………………………………… 226

第一节 概述 ………………………………………………………………………… 226

第二节 酚类物质的分析 …………………………………………………………… 226

一、总酚的测定 …………………………………………………………………… 226

二、茶叶中儿茶素的测定 ………………………………………………………… 228

三、总黄酮的测定 ………………………………………………………………… 230

四、白藜芦醇的测定 ……………………………………………………………… 231

第三节 功能性活性多糖的分析 ………………………………………………… 232

一、真菌多糖的测定 ……………………………………………………………… 233

二、低聚糖的测定 ………………………………………………………………… 234

第四节 功能性油脂的分析 ……………………………………………………… 236

一、DHA 和 EPA 的测定 ………………………………………………………… 236

二、磷脂的测定 …………………………………………………………………… 238

第五节 功能性蛋白质类物质的分析 …………………………………………… 240

一、活性氨基酸的测定 ·· 240

二、活性肽的测定 ·· 242

三、活性蛋白的测定 ·· 243

第六节　挥发油类物质的分析 ·· 244

一、挥发油的测定 ·· 245

二、角鲨烯的测定 ·· 246

小结 ·· 247

思考题 ··· 248

附　录 ··· 249

附录一　常用化学元素及相对原子质量 ······························ 249

附录二　锤度计读数换算 ··· 250

附录三　乳稠计读数换算 ··· 253

参考文献 ··· 254

第一章

CHAPTER

绪 论

1

　　食品是指可供人类食用或饮用的物质，包括加工食品、半成品和未加工食品，不包括烟草或只作药品用的物质。食品包括内源性和外源性两大类成分。其中，内源性成分是食品本身所具有的成分，包括蛋白质、脂类、碳水化合物、矿物元素、维生素、水、纤维素等；而外源性成分则是食品从加工到摄入全过程中人为添加或混入的其他成分，包括食品辅料、食品添加剂、食品加工助剂、重金属元素、有毒污染物、农药和兽药残留、真菌毒素等。

　　随着生活水平的提高，消费者对食品的要求早已不再停留在"吃饱"的阶段，而更追求食用健康和安全的食品。同时，食品企业为了保证其生产的食品质量和安全符合相关标准，提高企业市场竞争力，也必须获得关于食品原料、辅料、食品添加剂、半成品和成品等方面的信息，例如食品中主要营养成分的含量，在食品加工过程中添加的其他成分是否符合法律法规的要求，以及食品中是否含有有毒有害物质等内容。另外，在新食品开发的过程中也需要上述信息作为数据支撑以控制产品质量。因此，食品分析作为保障食品质量和安全的一种重要和有效手段是必不可少的。

第一节　食品分析的主要内容

　　食品分析包含的主要包括有食品营养成分分析、食品安全性分析、食品物理特性分析及食品功能活性物质分析等方面的内容。

一、食品营养成分分析

　　食品营养分析是食品分析的主要内容之一，主要涉及食品中水分、蛋白质、脂类、碳水化合物、维生素、纤维素等的含量分析。食品的主要营养成分是决定食品品质的关键因素，它们会以营养标签的形式标注在食品包装上，作为消费者了解和选择食品、监督部门审核食品是否合格的主要依据，因此，应用食品分析方法对上述营养成分进行分析，对保障食品质量和安全均具有重要的指导意义。

二、食品安全性分析

　　食品安全是食品质量的基础，即使是营养丰富的食品，没有安全做保障，都不能称为合格。在食品生产、运输和销售的每个过程都离不开食品安全的监督，而食品安全分析就是以权威部门发布的强制性食品质量标准为依据，对食品中可能会产生或混入的物质，如食品辅料、食品添加剂、重金属元素、有毒物质、农药和兽药残留、真菌毒素等进行分析，评价食品的安全性。同时，随着食品安全事件的频发，人们对食品安全的要求也不断提高，相关分析方法的检出限越来越严格，涌现出很多新型分析方法和仪器，使得食品安全性分析正朝着快速、便捷、准确的方向发展。

三、 食品物理特性分析

通过分析食品的相对密度、折射率、旋光度、黏度、色度等物理参数与食品组成成分和含量的关系，评价食品品质的方法统称为食品的物理特性分析。除了常规的密度计、密度瓶、密度天平、折光仪、旋光仪、黏度计、色度仪等仪器以外，还包括计算机视觉检测系统、质构仪、电子舌、电子鼻等替代人的感觉器官对食品的物理特性进行感官分析的精密仪器。这些仪器大多都已经应用到实际的生产和检测中，例如利用计算机视觉检测系统在饮料生产中对饮料灌装液位、饮料瓶外观等指标进行检测；利用质构仪对各类食品的硬度、脆度、黏度、弹性、恢复性和咀嚼性等指标进行检测；电子舌和电子鼻在食品主要风味物质的种类和丰度检测方面的应用等。这些仿生仪器在食品物理特性分析中的应用，为食品品质的提高、新产品的研发提供了丰富的数据信息。

四、 食品功能活性物质分析

在《"健康中国 2030"规划纲要》的背景下，越来越多的具有一定功能活性的食品孕育而生，这些食品大多是以药食同源食品资源为主要原料，含有多酚类、多糖类、多肽类等功能活性物质。但是，从目前国际、国内的分析标准来看，针对这一类食品中功能活性成分分析的标准方法较少，且其分析的准确性和精密性参差不齐。同时，由于缺乏活性成分的有效分析方法及标准，使得此类食品在生产过程中的质量和安全较难控制，不易保证其生产工艺的稳定性。因此，为食品中主要的功能活性物质提供可靠的分析方法和可靠的分析仪器，对此类食品的标准化生产具有重要的指导意义。

第二节　食品标准

食品标准是食品检测人员对食品中主要成分（食品原料、辅料、食品添加剂）、物理特性、有毒有害物质等指标进行分析的依据，也是食品生产企业及相关方面评价其所生产的食品或相关产品质量和安全的"尺子"，更是执法部门进行有效监督的工具。

一、 中国标准

1982 年 11 月 19 日，第五届全国人民代表大会常务委员会第二十五次会议审议通过了《中华人民共和国食品卫生法（试行）》。这是我国食品卫生领域的第一部法律。该法对食品、食品添加剂、食品容器、包装材料、食品用具设备等方面的卫生要求，食品卫生标准和管理办法的制定，食品卫生许可、管理和监督，从业人员健康检查以及法律责任等方面都做了翔实规定。1995年10月30日第八届全国人民代表大会常务委员会第十六次会议审议通过了《中华人民共和国食品卫生法》（以下简称"《食品卫生法》"），标志着中国食品卫生管理工作正式进入法制化阶段。该法继承了《中华人民共和国食品卫生法（试行）》的总体框架、主要制度和条款内容，增加了保健食品相关规定，细化了行政处罚条款，强化了对街头食品和进口食品的管理。然而，《食品卫生法》主要规范产业链条各环节食品卫生管理，没有包括种植养殖等初级农产品生产环节监管，同时也没有规定诸如食品安全风险监测与评估、食品下架和召回制度、保健食品和食品添加剂监管、食品广告监管、民事赔偿责任、行政执法与刑事司法衔接等一系列更符合市场经济条件的现代监管手段。于是在2006年，《中华人民共和国食品安全法（草案）》提交国务院常务会议讨论，2007年该法草案提交全国人民代表大会常务委员会讨论。2008年"三鹿婴幼儿奶粉事件"爆发后，各界对于食品安全监管的争议日趋激烈。经过前后长达近两年的审议，2009年2月28日，第十一届全国人民代表大会常务委员会第七次会议通过了《中华人民共和国食品安全法》（以下简称"《食品安全法》"），同时，原来的《食品卫生法》废止。同年，《中华人民共和国食品安全法实施条例》（以下简称"《条例》"）公布并施行。2019年12月1日，新修订的《条例》开始施行。在补充、细化和完善《食品安全法》相关规定的基础上，《条例》进一步从严谨食品安全标准、严格食品安全监管、严厉违法行为处罚、严肃食品安全问责等方面对人民群众普遍关心的保健食品、婴幼儿配方食品和特殊医学用途配方食品等进行了明确规定。

我国现行食品标准的制定程序源于原食品卫生标准的制定程序，但做了适当的修改和补充，如设置了多个征求意见环节，立项、审查和发布等会同相关部委共同完成，标准的制定过程也逐步开放，越来越多的相关机构参与到标准的制定过程中。在这个过程中，卫生行政部门主要采用委托的方式，以科研机构（包括科研院所、疾病预防控制中心、检测机构、大学院校等）、行业协会、监管机构为主，食品企业通过各种形式（提供意见和数据、参与研讨等）参与标准的制定过程。卫生部（现为国家卫生健康委员会）及相关部门于2013年启动了食品标准清理和整合工作，到2015年底，基本完成了食用农产品质量安全标准、食品卫生标准、食品质量标准以及行业标准中强制执行内容的国家标准整合工作，基本解决了原有食品安全标准交叉、重复、矛盾等问题。

在我国，按照食品分析时所依据的标准不同，可分为国际标准、国家标准、行业标准、地方标准和企业标准等。食品安全国家标准是《食品安全法》确立的具有法律效力的强制性标准，对保障消费者身体健康、提升食品行业管理水平发挥了不可替代的作用。随着全球化的进程，国家标准也在逐渐地靠近国际标准，以减少不必要的贸易摩擦，增强我国食品的国际竞争力。

二、 国外标准

1962年，联合国粮农组织（Food and Agriculture Organization of the United Nations，FAO）和世界卫生组织（World Health Organization，WHO）组建了食品法典委员会（Codex Alimentarius Commission，CAC），并制定了一系列食品与农产品的标准和安全性法规，旨在使不同国家和地区的食品安全性分析方法统一而有效，保障公平的贸易环境。除此之外，国际标准化组织（International Organization for Standardization，ISO）也制定了关于质量控制及记录保持的国际标准，其中就有关于食品抽样的相关标准。而美国官方分析化学家协会（Association of Official Agricultural Chemists，AOAC）也制定了《官方分析方法》《食品分析方法》《营养成分微生物分析法》《无机污染物的分析技术》等与食品分析方法密切相关的标准方法。上述标准均不属于强制性标准，但对各个国家的食品标准制定和执行具有重要的指导意义和参考价值。目前，具有一定代表性和权威性的国外食品标准主要集中在经济发达国家和地区，如美国、欧盟、日本、俄罗斯等。

美国食品药物和管理局（Food and Drug Administration，FDA）作为主要的食品安全监管部门，依据《行政程序法》的规定程序制定了大量食品法规，该程序主要包括正式程序和非正式程序。目前主要采用非正式程序，包括公告、评论和公布三个环节，其中公告和评论环节最为重要，称为公告评论制定程序。该程序主要包括立法动议、确定规章制定的必要性、制定规章草案、行政管理和预算局审查规章草案、公布规章草案、公开征求意见、制定最终规章、审查最终规章、公布最终规章9个步骤。但是，在实际的食品监控中，FDA经常需要与其他部门共同负责。例如，肉禽类制品由美国农业部（United States Department of Agriculture，USDA）管理。涉及食品中杀虫剂残留、饮用水安全和食品工厂废水排放方面的问题则由FDA和美国环境保护局（Environmental Protection Agency，EPA）共同负责处理。涉及进口食品安全性时则需要FDA和USDA协助美国海关（United States Customs Service，USCS）共同解决。

欧盟的食品安全标准分为产品标准、过程控制标准、环境卫生标准和食品安全标签标准四大类。产品标准主要针对产品的规格、动物性、植物性及婴幼儿食品。过程控制标准主要包括标准品、微生物标准和食品添加剂标准。环境卫生标准主要包括食品制备、加工或者处理的场地规划和设计、运输食品的容器包装、食品接触的设备设施以及食品加工人员在个人清洁方面的卫生标准。食品安全标签标准则严格规范了食品包装上各类图形标志及相关注释性文字。

日本推行的是"多中心治理模式"，即在食品安全委员会的监督下，以农林水产省主要负责国内生产的各种生鲜农产品从生产到粗加工过程中的安全性，厚生劳动省主要负责在国内农产品、食品再加工、流通环节以及进口农产品、食品的安全性为主体，由行业协会和消费者共同参与食品安全制度的制定、实施和评估工作。

俄罗斯关于食品的相关法律是《食品质量安全法》，该部法律于2012年1月2日发布，作为俄罗斯食品安全的主要法律之一，规定了为确保食品质量和安全必须遵守的规定和标准，新食品的注册管理，应尽的法律义务，是国家管理食品安全和从业者遵守食品法律的规范。2012年俄罗斯加入世界贸易组织（World Trade Organization，WTO）后，开始对食品国家标准进行调整。其食品标准在保留俄罗斯食品标准自身的特点外，开始追求其与市场经济相适应，与国际标准接轨的食品标准理念，追求建立一个与欧盟接近、符合食品国际标准要求的食品安全标准体系和技术法规体系。

澳大利亚、新西兰是重要的食品出口国，这两个国家出口的食品在国际贸易市场享有较高的信誉，这是以两国完善的食品立法、食品标准体系为保障的。1995年12月，为进一步发展和强化1983年《澳新更紧密经济联系贸易协定》生效以来的经济关系，提高食品行业的国际竞争力，促进共享的国际经济利益，两国签署了《澳大利亚新西兰联合食品标准系统协定》，决定联合开发部分食品标准。澳新食品标准的制定机构主要涉及澳新食品标准局

（Food Standards Australia New Zealand，FSANZ）和澳新食品监管部长会议（Australia and New Zealand Food Regulation Ministerial Council，ANZFRMC）。两国联合开发了 9 个方面的食品标准，同时也规定了统一的标准不适用以下 3 个方面：①农药和兽药最高残留限制；②食品卫生规定的详细要求，如证明食品安全和守法的食品安全计划或其他方法；③有关第三国贸易的出口要求。该食品标准体系包含 70 多项食品标准，分为四章。第一章为通用食品标准，涉及标准的适用、解释和普遍禁止，标识和信息要求，食品添加物质利用许可，新食品、转基因食品和照射食品利用许可，污染物和天然有毒物质最高限量，最高残留限量（仅适用澳大利亚），与食品接触的器物和材料，禁止的和限制的植物和真菌，微生物污染物最高限量，食品加工要求（仅适用澳大利亚）等。第二章为食品产品标准，分十大类，即谷物，肉、禽蛋和鱼，水果和蔬菜，食用油，乳制品，非酒精类饮品，酒精类饮品，糖和蜂蜜，特殊用途食品以及其他食品标准。第三章为食品安全标准，仅适用澳大利亚，包括食品安全计划，食品场所和设备。第四章为初级生产标准，仅适用澳大利亚，涉及海洋食品、禽类、肉类、特殊奶酪和其他商品生产和加工。

三、 国内外食品标准及相关制度比较

1. 食品标准

国际上食品标准一般为推荐性方法或以政府指定的形式发布，CAC、美国、澳大利亚、新西兰等组织或国家以引用 ISO、AOAC 等国际组织制定的方法为主，或将其改进完善后作为推荐性分析方法使用，而它们更注重的是各实验室的标准操作程序。

随着我国综合国力的提升，我国的食品标准也正逐渐向国际先进水平靠拢。以食品中的重金属残留标准为例，我国大多数食品的重金属指标与国际水平基本一致。其中，蔬菜、饮用水和食盐等食品的铅含量限值与 CAC 及欧盟的相关标准基本保持一致，甚至部分标准还优于欧盟同类标准。例如，在 GB 2762—2017《食品安全国家标准 食品中污染物限量》中，新鲜蔬菜铅限量为 $\leqslant 0.1 \sim 0.3 mg/kg$，该值与欧盟同类标准基本一致。此外，我国食用菌及制品的铅残留量限值定为 $1.0 mg/kg$，因为这类食品对重金属有富集作用，不应简单地按普通蔬菜处理。而欧盟标准中关于食用菌重金属含量的限值与叶类蔬菜一致，均为 $0.3 mg/kg$。由此可以看出，虽然我国的食品种类复杂，但原食品安全标准存在的部分内容与国际标准不接轨，时效性弱，适用度下降，缺乏科学性与合理性等问题正在得到显著改善，我国食品标准与发达国家食品标准的差距正在逐渐缩小。

2. 食品安全管理体系模式

目前，国际上进行食品安全管理体系的模式主要有两种，一种是"集中管理模式"，即由一个部门集中行使食品安全的所有管理职能，以英国、加拿大等国家为代表。另一种是"分散管理模式"，即由多个部门分散行使食品安全的管理职能，以中国、美国等国家为代表。但是在具体的管理过程中，中国和美国的管理权限又有区别。中国主要是以不同的生产环节来管理，而美国主要是以不同的食品类别来管理，且美国的食品安全管理体系主要以预防为主，侧重事前监督。而欧盟的食品安全管理体系比较完善，从横向来看，所涉及的食品种类多、涵盖面广；纵向来看，囊括了食品流通的各个环节；从效果来看，欧盟的食品安全管理体系在其成员国具有强大的效力和约束力，能够使标准体系得到有效践行。

3. 食品检查人员制度

食品质量和安全的管控除了需要有上述食品标准作为指导外，还有一个非常重要的因素——食品检查人员的专业素质。食品检查人员的专业素质，直接决定检查工作的质量和效率。美国、欧盟、加拿大等国家和地区较早实施了食品检查人员制度，组建了专业性强、业务素质高的检测人员队伍，为食品企业监督检查工作的科学性和有效性提供了保障。例如在美国，FDA 监管事务办公室（Office Regulatory Afairs，ORA）是 FDA 各类产品（食品、药品、医疗器械等）检查人员所在单位。FDA 食品检查人员以专职为主，此外还有数量庞大的食品化学、毒理学、微生物学、流行病学及食品卫生学专家作为兼职检测力量。ORA 内设有监管事务大学（Office of Regulatory Afairs University，ORAU），通过网络培训和课堂授课两种形式对食品检查人员进行定期培训。网络课程免费对国家及州监管人员开放，大部分食品检查人员的课程可以进行在线学习。

食品企业检查员通常具有相应的任职资格，只有经过培训和通过考核的专业人员经当局授权来贯彻食品监管权益，代表政府对企业实施监管。欧盟条例及各国法规中对食品企业检查员的要求和资质做出了规定：对食品企业的检查，都必须由受过专门教育和权威培训的有经验的专职检查员来进行，相关专业的学历背景、掌握一定的食品安全法律法规和一定年限的从业经验是任职的必备条件。欧盟各成员国的食品检查人员必须定期参加欧盟委员会或者国家层面组织的各种培训，培训时会组织相关领域的专家对检查员开展理论基础、专业知识、检查技巧和实践经验的培训。同时还要求食品企业检查员应当更新和补充自身知识，参加继续教育，适应最新监管形势需要。培训结束后要对食品检查人员进行一次考试来评估学习效果。虽然我国食品检查人员的相关制度建立相对较晚，但在《"十三五"国家食品安全规划》中也明确指出：到 2020 年要基本建成职业化食品检测人员队伍。

第三节　食品分析发展趋势

传统的食品分析主要依靠化学分析方法，而仪器预处理和分析方面的应用较少，存在样品预处理过程复杂、检测周期长、检测成本高、检测准确度和精密度低等方面的缺陷，无法对食品的质量和安全状态进行及时和有效的监控。因此，如何快速、准确地对食品中的营养成分和其他物质进行分析是食品分析未来发展的一个主要方向。近年来，随着国家标准不断修订，越来越多的先进分析技术和仪器设备也被应用到食品分析中。

一、　食品预处理方法

根据食品种类的不同，分析样品预处理的方法较多，具体方法在本书的第三章会有详细介绍。例如，固相萃取技术（Solid Phase Extraction，SPE）是用于对食品中痕量、微量的化学物质进行富集处理的常用样品预处理技术。但传统 SPE 所使用的吸附剂并不能特异性地结合目标物，通常需要进行反复地萃取和变化洗脱条件才能完成对目标产物的富集，并且对于不同分析物与基质需要选择不同的柱子与填料，萃取过程烦琐，一定程度上限制了 SPE 作为样品预处理方法用于食品分析方面的发展。而基于分子印迹技术制备的分子印迹聚合物（Molecularly Imprinted Polymers，MIPs）对模板分子的亲和性和选择性高，具有如下特点：①该聚合物对极端环境，如有毒、高温、高压、有机溶剂、过酸、过碱等分离过程具有极度耐受能力；②其制备过程简单、分离效果好，既可以在水相也可以在有机相溶剂中使用；③制备的固相萃取柱可以反复应用，并且分离效率不会降低；④分子印迹固相萃取柱也存在印迹分子流失的缺点。目前关于 MIPs 在食品分析中应用的报道较多，但商业化的应用仍处于起步阶段，相信在未来具有较大的应用前景。

二、 食品分析方法

在选择了合适样品预处理方法的基础上，分析方法对于样品的适用性也是保证分析结果准确性的一个关键因素。目前，比较常用的现代食品分析技术有气相色谱-质谱法（Gaschromatographic Mass Spectrometry，GC-MS）、高效液相色谱-质谱法（High Performance Liquid Chromatography Mass Spectrometry，HPLC-MS）或液相色谱-质谱法（Liquid Chromatography Mass Spectrometry，LC-MS）等，原子吸收光谱法（Atomic Absorption Spectroscopy，AAS），荧光分析法（Fluorescence Analysis），近红外光谱分析法（Near-infrared spectrometry）、电感耦合等离子体质谱（Inductively Coupled Plasma Massspectrometry，ICP-MS）等。例如，元素及价态分析最经典的方法是采用原子吸收光谱法和原子荧光光谱法，可检测砷、铅、汞、锡、硒、锗、锑等金属离子或元素，这几种检测方法灵敏度高、检出限低，可多元素同时进行检测。近年来，由于 ICP-MS 具有的高灵敏度、可大量分析痕量元素、样品分析时间短等特点，也常被食品分析标准所采用。这些方法均具有样品需量少、检出限低、线性范围宽、响应值高、精准度高等特点，但是它们涉及的仪器运行和维护成本较高，对放置环境和食品检测人员的操作要求也较高。另外，也有如聚合酶链式反应（Polymerase Chain Reaction，PCR）、DNA 探针法、生物芯片法、酶联免疫吸附法等生物分析方法。

近年来，快速检测技术及其在食品分析中的应用也逐渐成为食品分析领域的研究热点，相对于传统和经典的化学检测、仪器分析而言，快速检测的检测时间短，涉及的仪器和设备体积小，试剂简单，可直接带到现场进行检测，既方便快捷又经济实用。但是这类方法往往特异性差、敏感性低检测能力和检测范围存在局限。因此，在常规的食品分析过程中，快速检测技术大多被用作定性或半定量分析，或作为标准分析方法的补充。但是随着快速检测技术的不断更新和改进，其在食品分析技术领域的广泛应用必将成为现代食品分析技术发展的一个重要趋势。

第四节 食品分析的一般程序

在对食品中的目标物质进行分析时，为了获取准确的分析数据，从样品的采集开始一直到分析报告的出具，每一个步骤都需要有合适的方法和严格的操作流程，共同构成食品分析的基本操作程序，而本书从第四章开始即按照下述分析程序来进行介绍。

一、 样品的采集与制备

在实际的分析过程中，被检测食品的形态有液态、固态、半固态等，食品的数量和堆积的状态也各不相同。而食品分析结果的准确性取决于被分析样品是否具有代表性，以及样品是否采用了合适的方法进行预处理以便后续的分析过程顺利进行。如何选择合适的样品采集和制备方法将在本书第三章中进行详细介绍。

二、 分析方法的选择

根据食品的种类不同，其主要组成成分也有较大差异，因此，在分析食品中的某一特定成分时，选取正确的分析方法才能保证样品分析结果的可靠性。食品分析的方法主要包括物理分析法、化学分析法、仪器分析法、微生物分析法、感官分析法等，而本书的重点是介绍前三种分析方法，同时以国家标准为依据讲解这些方法在食品分析中的应用。同时，在选择分析方法时还要同时考虑其专一性、精密度、准确度和灵敏度，以确保分析结果的有效性。

三、 结果的处理与分析

经过上述分析过程获得的实验数据称为原始数据，由于受所选用的样品预处理和分析方法、使用仪器、分析环境和分析人员自身条件等因素的影响，常会出现原始数据与客观存在的真实值之间具有一定差异，这种差异称为"误差"。因此，要想获得准确的分析结果，需要学习控制和消除误差的方法，科学地进行数据处理的方法及误差检验的方法，具体内容详见本书第二章。

小结

食品分析是一门具有较强实践性的课程，在学习此门课程时，需要学习者在掌握食品分析理论知识的基础上，加强对基本实验操作、仪器和设备使用的训练，在遇到具体的食品分析项目时，能够参照公认的标准方法进行食品质量和安全检测以及结果分析。同时，学习者也要不断学习最新的食品分析方法和先进仪器、设备的操作技能，紧跟现行有效的国家标准、国外国家标准和国际标准的步伐。另外，学习者在成为食品分析人员后也要具备良好的职业操守，养成细心操作、爱护仪器和设备、保持分析环境的整洁、如实记录分析结果和规范撰写分析报告、保存好分析样品和分析结果等相关档案的良好习惯，保障食品质量与安全。

🔍 思考题

1. 什么是食品分析？其主要包含的内容有哪些？
2. 目前常用的食品分析方法是什么？各有什么特点？
3. 中国和国外的食品标准各有什么特点？
4. 食品分析的主要步骤是什么？
5. 作为一名食品分析人员，如何确保食品分析结果的准确性？

食品分析的误差与数据处理

食品是一个复杂的体系，食品分析的任务是准确测定试样中有关组分的含量。但在实际测定过程中，由于分析方法、仪器、试剂、周围环境和分析人员自身条件等诸多因素的影响，分析结果往往与客观存在的真实值并不能完全一致，人们把这种"不一致"称为"误差"。对食品分析而言，要想缩小"分析结果"与"客观真实值"之间的差距，就需要了解误差产生的原因、规律及减免的方法，尽可能将误差减小到所允许的误差范围内。同时，作为一名合格食品分析人员，也需要对食品分析获得的诸多数据进行科学的统计处理，才能准确报告食品分析的结果。

第一节　食品分析的误差

一、　误差的种类和来源

食品分析所得的数据需要经过一系列的样品预处理、测定、计算等操作步骤才能获得，而每一步的操作都有可能引入误差。根据误差的性质和来源，可以分为以下三类：

1. 系统误差

系统误差（Systematic Error）又称可测误差，其特点是对分析结果的影响比较固定，大小有规律性，正负有单向性，在同一条件下重复测定时会重复出现的一类大小可测的误差。食品分析实验中常见到的系统误差如下：

（1）由于不适当的实验设计或方法选择不当引起的误差。例如：反应条件不完善而导致化学反应进行不完全或副产物对测量产生影响；重量分析时由于方法选择不当，使沉淀的溶解度较大或有共沉淀现象发生；滴定分析时由于指示剂选择不当，使滴定终点不在滴定突跃范围内；色谱分析时，由于色谱条件选择不当，待测组分峰与相邻峰分离情况不理想等。

（2）实验仪器测定的数据不正确或试剂不合格所引起的误差。例如：使用未经校准的测量仪器及容量器皿，所用试剂不纯或去离子水不合格等。

（3）由于操作者的主观原因在实验过程中所做的不正确判断而引起的误差。例如：操作者对滴定终点颜色的确定偏深或偏浅，对仪器指针位置或容量器皿所显示溶液体积产生判断差异，为提高实验数据精密度而产生的判断倾向等。系统误差总是以固定的方向和大小出现，并具有重复性，所以可以用加校正值的方法予以消除。

2. 偶然误差

偶然误差（Random Error）又称不可测误差或随机误差，其特点是方向和数值不固定。偶然误差是因操作者、仪器和方法的不确定性造成的，如测定时环境的温度、湿度、电压、气压及仪器性能的微小波动；读取分析天平读数，判断滴定终点的变化等。这些因素难以预料和估计，是随机的，具有偶然性。偶然误差的方向和大小都是不固定的，因此不能用加校正值的方法减免。但是偶然误差的出现服从正态分布的规律，各因素引起的偶然误差可以相互抵消，也可以相互加和，所以可以用多次重复测定取平均值的办法加以减免。

3. 过失误差

过失误差（Gross Error）是在异常情况下产生的，不符合误差的一般规律。如加错试剂、用错仪器、溶液溅失、仪器失灵等非正常操作造成的。过失误差对实验结果的影响往往是巨大的，在实际工作中，当出现很大的误差时，只要立即寻找原因，确认是由过失性误差引起的，应该立即弃去结果，重新测定。只要在操作的过程中严守操作章程，养成细致严谨的工作作风，过失误差是完全可以避免的。

当测量数据发生异常时，我们应对实验操作的各个步骤、实验方法、实验试剂等进行逐一梳理，找到出现异常的原因，排除是否是由于过失误差引起的，并及时予以纠正。但是系统误差和偶然误差的划分并无明显界限。当人们对某些误差产生的原因尚未认识时，往往将其作为偶然误差对待。另外，虽然二者在定义上不难区分，但在实际分析过程中，除了较明显的情况外，常难以进行直观的区别和判断。例如，观察滴定终点颜色的改变，有人总是偏深，属于系统误差，但在多次测定观察滴定终点的深浅程度时，每次对滴定终点的颜色判断又不能完全一致，这又属于偶然误差。

二、　准确度和精密度

1. 准确度与误差

准确度是指测量值与真实值之间相互符合的程度，说明测定结果的可靠性，可用误差来表示。误差有正负之分，其绝对值越小，准确度越高。误差是衡量测量准确度高低的尺度，有绝对误差和相对误差两种表示方法。

（1）绝对误差（Absolute Error）　表示测量值与真实值之差，可按式（2-1）计算：

$$E = x - \mu \tag{2-1}$$

式中　E——绝对误差；

　　　x——测量值；

　　　μ——真实值。

绝对误差可正可负，其绝对值越小，表示测量值越接近真值，测量的准确度越高。

（2）相对误差（Relative Error）　绝对误差 E 与真实值 μ 的比值称为相对误差（E_r），可按式（2-2）计算：

$$E_r = \frac{E}{\mu} \times 100\% \tag{2-2}$$

式中 E_r——相对误差；

       E——绝对误差；

       μ——真实值。

相对误差反映了误差在测量结果中所占比例，同样可正可负，无单位。

例：由于分析需要，用万分之一的电子天平称量面粉和乳粉的质量，称量得到面粉质量为 0.5005g，乳粉质量为 5.0005g。如果面粉的真实质量为 0.5001g，乳粉的真实质量为 5.0001g。面粉和乳粉称量的准确度何者较高？

解：计算二者的绝对误差：$E_{面粉} = 0.5005 - 0.5001 = 0.0004$

$$E_{乳粉} = 5.0005 - 5.0001 = 0.0004$$

计算二者的相对误差：$E_{r面粉}（\%）= E_{面粉} / \mu_{面粉} = 0.0004 / 0.5001g = 0.08\%$

$$E_{r乳粉}（\%）= E_{乳粉} / \mu_{乳粉} = 0.0004 / 5.0001g = 0.008\%$$

从计算结果可以看到，两样品称量的绝对误差相等，但相对误差却差 10 倍。在食品分析工作中，用相对误差衡量分析结果比绝对误差更常用。

根据相对误差的大小，还能为正确选择分析方法提供依据。对于常量分析的相对误差应要求小些，而对微量分析的相对误差可以允许大些。例如，用重量法进行常量分析时，允许的相对误差仅为千分之几；而用光谱法、色谱法等仪器分析法进行微量分析时，允许的相对误差可为百分之几甚至更高。因此，允许的相对误差不是越小越好，应根据选择的分析方法、样品中待测组分的含量，满足工作需要即可。表 2-1 显示了一般食品分析允许的相对误差。

表 2-1　　　　　　　　　　　　　一般食品分析允许的相对误差

质量分数/%	允许相对误差	质量分数/%	允许相对误差
80~90	0.4~0.1	1~5	5.0~1.6
40~80	0.6~0.4	0.1~1.0	20~5.0
20~40	1.0~0.6	0.01~0.1	50~20
10~20	1.2~1.0	0.001~0.01	100~50
5~10	1.6~1.2		

2. 精密度与偏差

精密度是指测量值在平均值附近的分散程度。这个参数的作用是衡量重复性或平行测定的一系列数据的接近程度，即数据在中心值（平均值）附近的分散程度，可以用偏差（Deviation）来表示。偏差越大，数据越分散；偏差越小，平行测定的精密度越高。偏差常有以下几种表示方法，如表 2-2 所示。

表 2-2　　　　　　　　　　　　　偏差的常用表示方法

偏差的表示方法	公式
偏差（Deviation, d）	$d = x_i - \bar{x}$

续表

偏差的表示方法	公式
平均偏差 （Average Deviation）	$\overline{d} = \dfrac{\sum_{i=1}^{n} \lvert x_i - \overline{x} \rvert}{n}$
相对平均偏差 （Relative Average Deviation）	相对平均偏差（%）$= \dfrac{\overline{d}}{\overline{x}} \times 100\% = \dfrac{\frac{\sum_{i=1}^{n} \lvert x_i - \overline{x} \rvert}{n}}{\overline{x}} \times 1$
标准偏差 （Standard Deviation，S）	$S = \sqrt{\dfrac{\sum_{i=1}^{n} (x_i - \overline{x})^2}{n-1}}$
相对标准偏差 （Relative Standard Deviation，RSD）	RSD $= \dfrac{S}{\overline{x}} \times 100\% = \dfrac{\sqrt{\dfrac{\sum_{i=1}^{n} (x_i - \overline{x})^2}{n-1}}}{x} \times 100\%$

注：d 为偏差，x_i 为单个测量值，$\overline{x}$ 为一组平行测量数据的平均值，n 为测量次数，S 为标准偏差，RSD 为相对标准偏差。

相对标准偏差又称变异系数，因其对较大的偏差更为敏感，所以在实际的食品分析工作中多用 RSD 表示分析结果的精密度。

3. 准确度与精密度的关系

准确度表示测定结果与真实值的符合程度，反映系统误差的大小，而精密度与真实值无关，它表示各平行测定结果之间符合的程度，只能反映测定时随机误差的大小。精密度高，准确度不一定高，只有在消除了系统误差之后，精密度高，准确度才高。精密度高是保证准确度高的前提，若精密度差，说明测得的结果不可靠，已经失去了衡量准确度的前提。因此，在评价分析结果时，应将系统误差和偶然误差综合起来考虑。

三、 控制和消除误差的方法

食品分析过程是由许多具体操作步骤组成的，每一步骤都会引入误差。操作步骤越多越复杂，分析过程引入的误差累积可能越大。因此，要提高分析结果的准确度，就必须尽可能地减小系统误差和偶然误差。

1. 选择合适的分析方法

不同分析方法的灵敏度和准确度不同。化学分析方法的灵敏度虽然不高，但对常量组分的测定能获得比较准确的分析结果（相对误差≤0.2），而对于微量或痕量组分则无法准确测定。仪器分析法灵敏度高、绝对误差小，虽然相对误差较大，不适合于常量组分的测定，但能满足微量或痕量组分测定准确度的要求。总之，应根据分析对象、试样性质、待测组分含量及对分析结果的要求来选择合适的分析方法。

2. 减小测量误差

为了保证分析结果的准确度，必须尽量减小各分析步骤的测量误差。例如，一般分析天平称量的绝对误差为±0.0001g，一次称量需平衡两次，可能引起最大误差是±0.0002g，为了使称量的相对误差≤0.1%，称量就需要≥0.2g。又如，一般滴定管可有±0.01mL 的绝对误差，一次滴定需要两次读数，因此可能产生的最大误差是±0.02mL，为了使滴定读数的相对误差≤0.1%，消耗滴定剂的体积就需要≥20mL。

需要说明的是，各分析步骤的准确度应与分析方法的准确度相当。如用滴定分析法进行分析，若想要其相对误差≤0.1%，则称取0.2g样品时，应读取至0.0001g，需要用万分之一的天平进行称量。但当采用比色法进行分析，允许的相对误差≤2%，则称量的绝对误差应≤0.004g（0.2g×2%＝0.004g），即读取至0.001g即可。由此可见，一切称量都要求用万分之一分析天平称量至0.0001g是不正确的。

3. 对照实验

（1）用标准方法进行对照实验　对某一项目的分析，常用国家颁布的标准方法或公认可靠的经典分析方法进行对照实验，若测得的结果符合要求，则说明方法是可靠的。若所建方法不够完善，应进一步优化或测出校正值以消除方法误差。

（2）用标准品进行对照实验　国家有关部门出售的标准试样的分析结果是比较可靠的，标准品与待测样组成相近时，可在相同的条件下，按所选的测定方法进行对照分析，求得测定方法的校正值（标准品的标准值与标准品分析结果的比值），比值越接近于1，则测定结果越准确，说明不存在显著的系统误差，分析方法和过程是可靠的。

4. 回收试验

当采用所建方法测出试样中某组分含量后，可在相同试样（$n \geqslant 5$）中加入适量待测组分的纯品，以相同条件进行测定，按式（2-3）计算回收率（Recovery）：

$$回收率(\%) = \frac{(x_2 - x_1)}{x} \times 100\% \qquad (2-3)$$

式中　x_1——加入待测组分前纯品的质量，g；

x_2——加入待测组分后纯品的质量，g；

x——加入待测组分的质量，g。

回收率越接近于100%，系统误差越小，方法准确度越高。回收试验常在微量组分分析中应用。

5. 空白试验

在不加入试样的情况下，按与测定试样相同的条件和步骤进行分析试验，称为空白试验，所得的结果称为空白值。从试样的分析结果中扣除此空白值，即可消除由试剂、蒸馏水及实验器皿等引入的杂质所造成的误差。空白值不宜大，当空白值较大时，应通过提纯试剂、使用合格的蒸馏水或改用其他器皿等途径减小空白值。

6. 校准仪器

在准确度要求较高的分析工作中，所使用的计量及测量仪器，如滴定管、移液管、容量瓶、分光光度计及天平等，容易受到环境条件、使用频率等因素的影响，需要对仪器定期进行校准，以消除系统误差。

第二节　有效数字及计算规则

在分析工作中，为了得到准确的分析结果，不仅要进行准确测量，而且还要根据测量仪器和分析方法的准确度来正确记录和计算。分析结果不仅表示试样中待测组分的含量，同时还反映了测量的准确程度。

一、 有效数字的意义及位数

有效数字（Significant Figures）是指在分析工作中实际能测量得到的有实际意义的数字。有效数字由全部准确数字和最后一位可疑数字（欠准数）组成，有效数字不仅能表示测量数值的大小，而且还可以反映测量的准确程度。

如果用万分之一的天平称量试样时，称量结果记录为 0.8130g 是正确的，表示该试样的实际质量是 0.8130g±0.0001g，则相对误差为±0.01%（±0.0001/0.8130×100%）；如果少记录一位有效数字，记录为 0.813g，则表示该试样实际质量为 0.813g±0.001g，其相对误差为±0.1%（±0.001/0.813×100%）。后者测量相对误差较大，准确度比前者低 10 倍，所以，用万分之一的天平称量试样时，即使最后一位是欠准数，我们也应该正确记录它，因为测量结果的记录直接关系测量结果的准确度。

同样，对常量滴定管可准确读数到 0.1mL，而小数点后面第二位没有刻度，是估计值，不甚准确，有±0.01mL 误差，但该数字并非臆造，故记录时应保留，如消耗溶液为 15.10mL，包括 4 位有效数字，其中前三位为准确值，最后一位为欠准值，有±1 的误差。值得注意的是，在测量准确度的范围内，有效数字越多，测量也越准确。但超过测量准确度的范围，过多的位数会导致分析结果的准确度与实际情况不相符。

确定有效数字位数时应遵循以下几条原则：

（1）在记录测量数据时，只允许在测得值的末位保留一位可疑数字（欠准数），其误差是末位数的±1 个单位。

（2）变换单位时，有效数字的位数必须保持不变。例如：0.0080g，用毫克（mg）表示时应写成 8.0mg；14.6L，用毫升（mL）表示时写成 $1.46×10^4$mL。

（3）对于很小或很大的数字，可以用指数形式表示。如 0.0086g，可记录为 $8.6×10^{-3}$g；0.8000g，可记录为 $8.000×10^{-1}$g。

二、 有效数字的修约规则

在处理数据过程中，涉及的各测量值的有效数字位数可能不同，因此需要按下面所述的计算规则，确定各测量值的有效数字位数。各测量值的有效数字位数确定之后，就要将它后面多余的数字舍弃。舍弃多余数字的过程称为"数字修约"，它所遵循的规则称为"数字修约规则"。在食品分析中，有效数字的修约通常应遵循以下规则。

（1）在过去，人们习惯采用"四舍五入"数字修约规则，但"四舍五入"规则的最大缺点是见五就进，它必然会使修约后的测量值系统偏高。现在则通行"四舍六入五成双"规则，即逢五时有舍有入，则由五的舍入所引起的误差可自相抵消，可进一步消除数据处理时带来的误差。"四舍六入五成双"规则规定：当测量值多余尾数的首位≤4 时，舍弃；≥6 时，进位；=5，若 5 后面数字为 0 时，则根据 5 前面的数字是奇数还是偶数，采取"奇进偶舍"的方式进行修约，使得被保留数据的末位数字为偶数；若 5 后的数字不为 0，均应进位。

（2）只允许对原测量值一次修约至所需位数，不能分次修约。如：将 5.5149 修约为 3 位数，应该一次修约成 5.51。若先修约成 5.515，再修约为 5.52 是错误的。

（3）在进行大量数据运算时，为减小修约误差，对所有参加运算的数据可先多保留 1 位有效数字，称为"安全数字"。运算后，再将结果修约到应有位数。

（4）表示误差、偏差、标准偏差等时，一般不多于 2 位有效数字。同时，为了不使修约结果准确度提高，无论何种情况都要进位。例如，某计算结果的标准偏差为 0.213，取 2 位有效数字，应修约为 0.22。在作统计检验时，标准偏差可多保留 1~2 位数参与运算，计算结果的统计量可多保留 1 位有效数字与临界值比较。

（5）与标准限度值比较时不应修约，在分析测定中常将测定值（或计算值）与标准限度值进行比较，以确定样品是否合格。若标准中无特别注明，一般不应对测量值进行修约，而应采用全数值进行比较。如某标准中规定，食品试样中铅的含量≤0.05%判定为合格，若某试样测定的结果为 0.0533%，按照修约值 0.05% 比较即判断为合格，而按安全数值0.0533%比较，则应判为不合格。

（6）在食品分析中，对于高含量组分（>10%）的测定，一般要求分析结果保留 4 位有效数字；中含量组分（1%~10%）一般要求保留 3 位有效数字；对微量组分（<1%）的测定，一般只要求保留 2 位有效数字。

三、　有效数字的运算规则

在计算分析结果时，每个测量值的误差都要传递到分析结果中去，运算不应改变测量的准确度。因此，应根据误差传递的规律进行有效数字的运算，合理取舍。

1. 加减法

和或差的有效数字的保留，应以小数点后位数最少（绝对误差最大）的数据为依据，对参加计算的所有数据进行一次修约后，再计算并正确保留结果的有效数字。

2. 乘除法

积或商的有效数字的保留，应以有效数字位数最少的那个为依据（以相对误差最大的那个数据为基准）去修约其他数据然后进行乘除。

3. 对数运算

在对数运算中，所取对数的位数应与真数有效数字的位数相等。

第三节　分析数据的处理

分析检测得到的一系列测量值或数据，必须经过数据整理及统计处理后，才能对所得结果的可靠程度做出合理判断并予以正确表达。在对分析数据进行统计处理之前，需要先进行数据整理，去除由于明显原因引起的、相差较远的错误数据。对可疑数据可采取 $4\bar{d}$ 法、Q 检验和 G 检验（Grubbs Test）等其他检验规则决定取舍，然后按照所要求的置信度，求出平均值的置信区间，必要时还要对两组数据进行显著性检验。

一、　置信区间

19 世纪德国科学家高斯研究大量的测量数据时发现，偶然误差的分布符合正态分布规律。当对某个样本进行无限次测量时，偶然误差的分布遵循正态分布规律，偶然误差（δ）或测量值（x）出现的区间与相应概率有如下关系：当平均值 $\bar{x} = \mu$ 为原点时，总体标准偏差为 δ。测定结果落在 $\bar{x} \pm \delta$、$\bar{x} \pm 2\delta$ 和 $\bar{x} \pm 3\delta$ 范围内的概率分别为 68.3%，95.5% 和 99.7%，而测定结果误差大于 $\bar{x} \pm 3\delta$ 的概率只有 0.3%。也就是说，在 1000 次平行测定中，结果落在 $\bar{x} \pm \delta$，$\bar{x} \pm 2\delta$ 和 $\bar{x} \pm 3\delta$ 范围内的分别为 683 次，985 次和 997 次，落在 $\bar{x} \pm 3\delta$ 范围之外的只有 3 次。实际工作中，3δ 是常用到的范围，通常认为 >3δ 的误差已不属于偶然误差，这样的分析结果应该舍去。误差出现的概率 68.3%，95.5% 和 99.7% 称为置信度。在一定的置信度下，以测定结果即样品平均值为中心，包括总体平均值 μ 在内的可靠性范围称为置信区间。

在食品分析测试中，通常都是进行有限次数的测量，测量数据有限，无法得到总体平均值 μ 和总体标准偏差 δ，只能求出样本平均值与样品标准偏差 S，并以此来估算测量数据的分散程度。用 S 代替 δ 时，测量值或其偏差不符合正态分布，处理有限次数测量数据，就要用到 t 分布。t 分布曲线和正态分布曲线相似，但由于测量次数少，数据集中程度较小，分散程度较大，t 分布曲线的形状变得很平坦，t 曲线随自由度 f（$f = n-1$）而改变，当 f 趋近于 ∞ 时，t 分布曲线接近于正态分布。因此，在实际的分析工作中，若用少量测量值的平均值估计总体平均值 μ 的范围，则必须根据 t 分布进行处理，求得样本标准偏差 S，再根据所要求的置信度及自由度，由表 2-3 中查出 t 值，按式（2-4）计算平均值的置信区间：

$$\mu = \bar{x} \pm \frac{tS}{\sqrt{n}} \tag{2-4}$$

式中　μ——总体平均值；

　　　$\bar{x}$——少量测量值的平均值；

　　　S——标准偏差；

　　　n——测量次数。

表 2-3　　　　　　　　　　　　不同自由度及不同置信度的 t 值

自由度/f	置信度		
	90%	95%	99%
1	6.31	12.71	63.66
2	2.92	4.30	9.92
3	2.35	3.18	5.84
4	2.13	2.78	4.60
5	2.02	2.57	4.03
6	1.94	2.45	3.71
7	1.90	2.36	3.50
8	1.86	2.31	3.36
9	1.83	2.26	3.25
10	1.81	2.23	3.17
20	1.72	2.09	2.84
∞	1.64	1.96	2.58

需要说明的是，在做统计判断时，置信水平定得越高，置信区间就越宽；相反，置信水平越低，置信区间就越窄。但置信水平定得过高，判断失误的可能性虽然越小，但却往往因置信区间过宽而实用价值不大。食品分析中常取95%的置信水平，根据情况也采用90%和99%的置信水平。

例：用滴定法测定食品中总酸的含量，8次测定的标准偏差为0.054%，平均值为6.35%，估计真实值在95%和99%的置信区间是多少？

解：①已知置信度为95%，$f = 8 - 1 = 7$。查表2-3，$t = 2.36$；

根据式（2-4），

$$\mu = \bar{x} \pm \frac{tS}{\sqrt{n}} = 6.35\% \pm \frac{2.36 \times 0.054\%}{\sqrt{8}} = 6.35\% \pm 0.055\%$$

②已知置信度为99%，$f = 8 - 1 = 7$。查表2-3，$t = 3.50$；

根据式（2-4），

$$\mu = \bar{x} \pm \frac{tS}{\sqrt{n}} = 6.35\% \pm \frac{3.50 \times 0.054\%}{\sqrt{8}} = 6.35\% \pm 0.067\%$$

这一结果表明，有95%的把握认为该食品总酸的含量在6.30%~6.40%；有99%的把握认为在6.28%~6.42%。

二、　可疑值的取舍

在实际测量中，由于偶然误差的客观存在，在一组平行测定的数据中，常有个别数值与其他数据相差较大，这种偏离其他数据较远的数值，称为可疑值。可疑值是弃去还是保留，会直接影响分析结果的准确性。因此，必须以科学的态度按统计学的原理来处理可疑值。

判别可疑值常用的方法有两种：一是物理判别法，即在观测过程中及时发现并纠正由于仪表、人员及试验条件等情况变化而造成的错误；二是统计判别法，如果原因不明，则必须按照一定的统计方法进行检验，然后再确定取舍。可疑值的取舍常有以下几种方法：

1. $4\bar{d}$ 法

$4\bar{d}$ 法适用于4~8次平行测定时可疑值的取舍。即在一组数据中除去可疑值 x' 后，计算其余数值的平均值 $\bar{x}$ 和平均偏差 $\bar{d}$ ，如果 $|x' - \bar{x}| \geqslant 4\bar{d}$ ，则应舍去 x' ，否则应保留。

2. Q 检验法

Q 值检验法适用于3~10次平行测定时可疑值的检验，具体步骤如下：

①将数据由小到大排列，并求出极差 R。如 x_1，x_2，$\cdots$，x_{n-1}，x_n，设 x_n 或 x_1 为可疑值；

②计算可疑值与最邻近数值之差（$x_2 - x_1$）或（$x_n - x_{n-1}$），然后除以极差，所得商称为 Q 值。根据测定次数 n 的不同，计算公式也有不同。

当 $n < 7$ 时，按式（2-5）或式（2-6）计算：

$$Q = \frac{x_2 - x_1}{R} = \frac{x_2 - x_1}{x_n - x_1} \quad (x_1 \text{为可疑值}) \tag{2-5}$$

$$Q = \frac{x_n - x_{n-1}}{R} = \frac{x_n - x_{n-1}}{x_n - x_1} \quad (x_n \text{为可疑值}) \tag{2-6}$$

当 $8 \leqslant n \leqslant 10$ 时，按式（2-7）或式（2-8）计算：

$$Q = \frac{x_2 - x_1}{R} = \frac{x_2 - x_1}{x_{n-1} - x_1} \quad (x_1 \text{为可疑值}) \tag{2-7}$$

$$Q = \frac{x_n - x_{n-1}}{R} = \frac{x_n - x_{n-1}}{x_n - x_2} \ (x_n 为可疑值) \tag{2-8}$$

③根据所要求的置信度查表2-4，若计算出的 Q 值大于表中的 Q 值，将可疑值舍去，否则应保留。

表2-4　　　　　　　　　　　不同置信水平下的 Q 值临界值表

测定次数/n	Q（90%）	Q（95%）	Q（99%）
3	0.94	0.97	0.99
4	0.76	0.84	0.93
5	0.64	0.73	0.82
6	0.56	0.64	0.74
7	0.51	0.59	0.68
8	0.47	0.54	0.63
9	0.44	0.51	0.60
10	0.41	0.49	0.57

3. 格鲁布斯检验法（G 检验法）

如果可疑值有两个或多个时，需采用 G 检验法进行检验，具体步骤如下：

（1）将数据由小到大排列　$x_1 < x_2 < x_3 < \cdots\cdots < x_n$，并计算平均值 $\bar{x}$ 和标准偏差 S；

（2）分情况进行讨论

①当只有一个可疑值时，按式（2-9）或式（2-10）计算：

$$G = (\bar{x} - x_1)/S \ (x_1 为可疑值) \tag{2-9}$$

$$G = (x_n - \bar{x})/S \ (x_n 为可疑值) \tag{2-10}$$

若计算出的 G 值大于或等于表 2-5 中的 G 值，则舍去可疑值；否则应保留。

②若可疑值有两个以上，且在同一侧，则首先检验最内侧的数据，如 x_1 和 x_2 为可疑值时，先检验 x_2，若 x_2 可舍掉，则外侧数据 x_1 自然应该舍去，检验 x_2 时，测定次数按照 $n-1$ 次处理。若 x_2 不该舍去，再按照同样的检验方法（情况①）再对 x_1 进行检验。

③若可疑值有两个以上，但分布在平均值的两侧，则应分别先后进行检验。如果有一个数据决定舍去，再检验另外一个数据时，测定次数按照 $n-1$ 进行处理。

表2-5　　　　　　　　　　　G 检验临界值（$G_{a,n}$）表

次数/n	$G_{0.95}$	$G_{0.99}$	次数/n	$G_{0.95}$	$G_{0.99}$
3	1.15	1.15	8	2.03	2.22
4	1.46	1.49	9	2.11	2.32
5	1.67	1.75	10	2.18	2.41
6	1.82	1.94	11	2.23	2.48
7	1.94	2.10	12	2.29	2.55

续表

次数/n	$G_{0.95}$	$G_{0.99}$	次数/n	$G_{0.95}$	$G_{0.99}$
13	2.33	2.61	15	2.41	2.71
14	2.37	2.66	20	2.56	2.88

G 检验法的优点在于判断可疑值的过程中，将 t 分布中的两个重要的样本参数 $\bar{x}$ 及 S 引入，方法的准确度高，适用范围广；但缺点是需要计算平均值 $\bar{x}$ 和标准偏差 S，检验过程较麻烦。

例：某检测员测定食品中的蛋白质含量，6 次平行测定的结果如下：1.49%，1.54%，1.55%，1.50%，1.83%，1.61%，试分别用 $4\bar{d}$ 法、Q 检验法和 G 检验法判断有无舍弃的可疑值。

解：从题干看，1.83%离群较远，将其列为可疑值。

方法 1：$4\bar{d}$ 法

①舍去 1.83%，求其余 5 个数据的平均值和平均偏差：$\bar{x} = 1.54\%$；$\bar{d} = 0.034\%$。

②比较 $|x' - \bar{x}|$ 与 $4\bar{d}$ 的大小：$|1.83 - 1.54|\% > 4\bar{d} = 0.14\%$。所以根据 $4\bar{d}$ 法的检验结果，1.83%应舍去。

方法 2：Q 检验法

①将测定数据由小到大排列，并求出极差 R。

排序：1.49%，1.50%，1.54%，1.55%，1.61%，1.83%；

求出极差：$R = 1.83\% - 1.49\% = 0.34\%$。

②计算 Q 值：

$Q = （1.83\% - 1.61\%）/0.34\% = 0.65$。由表 2-4，$n=6$ 时，$Q_{0.90} = 0.56$；$Q_{0.95} = 0.64$。所以，无论置信度为 90%还是 95%，1.83%都应该舍去。

方法 3：G 检验法

①计算平均值 $\bar{x} = 1.59\%$，标准偏差 $S = 0.12\%$；

②计算 G 值 $= (x_n - \bar{x})/S = （1.83\% - 1.59\%）/0.12\% = 2.00$；

③查表 2-5，$n=6$ 时，$G > G_{0.95} = 1.82$，所以当置信度为 95%，1.83%应该舍去。

4. 弃去可疑值时的注意事项

（1）先对可疑值的来源仔细检查，从原始记录到操作方法都全面进行考虑及核对，如果能找到引起过失的确切原因，则坚决去除该数据。

（2）如果找不到确切原因，可用上述三种方法检验可疑值，但要注意各种方法的适用范围及特点。若有多个可疑值，优先选用 G 检验法。

（3）弃去一个可疑值后，若对下一个可疑值进行检验，必须重新计算弃去可疑值后剩余数据的平均值和标准偏差，弃去的可疑值必须在报告书上加以说明。

（4）检验第二个可疑值时，置信水平应该适当提高，如由 95%提高到 99%。

（5）随意取舍平行测定的数据是极端错误的。在食品分析工作中，如果只有一次测定数据，不能说明测定的精密度，更无法衡量其准确度。两次测定，若数据差异较大，不能确定到底是哪个数据出现问题。所以食品分析中，严禁只进行一两次平行测定，从经济成本和劳动强度等因素综合考虑，作为科学研究的测定，以进行 3~10 次平行测定为宜。在平行测定中所得的数据中，必须根据科学的可疑值的检验方法，正确地取舍数据。

三、 显著性检验

在食品定量分析中，常需要对两份试样或两种分析方法的分析结果做比较和评价，需要对准确度与精密度是否存在显著性差别做出判断。这些问题都属于统计检验的内容，称为显著性检验或差别检验。统计检验的方法有很多种，食品分析中最常用的是 F 检验法和 t 检验。

1. F 检验

F 检验主要通过比较两组数据的方差 S^2，以确定它们的精密度是否有显著性差异。用于判断两组数据间存在的偶然误差是否有显著性的不同，可以按式（2-11）计算：

$$F = \frac{S_{大}^2}{S_{小}^2} \tag{2-11}$$

式中　$S_{大}$——方差较大的一组数据的方差；

$S_{小}$——方差较小的一组数据的方差。

将计算所得 F 值与表 2-6 中的 F 值（置信度95%）进行比较，若 $F>F_{表}$，说明两组数据的精密度存在显著差异；反之，则说明两组数据的精密度不存在显著性差异。

表 2-6　　　　　　　　　　置信度为95%时的 F 值

$f_{小}$	$f_{大}$									
	2	3	4	5	6	7	8	9	10	∞
2	19.00	19.16	19.25	19.30	19.33	19.35	19.37	19.38	19.40	19.50
3	9.55	9.28	9.12	9.01	8.94	8.89	8.85	8.81	8.79	8.53
4	6.94	6.59	6.39	6.26	6.16	6.09	6.04	6.00	5.96	5.63
5	5.79	5.41	5.19	5.05	4.95	4.88	4.82	4.77	4.74	4.36
6	5.14	4.76	4.53	4.39	4.28	4.21	4.15	4.10	4.06	3.67
7	4.74	4.35	4.12	3.97	3.87	3.79	3.73	3.68	3.64	3.23
8	4.46	4.07	3.84	3.69	3.58	3.50	3.44	3.39	3.35	2.93
9	4.26	3.86	3.63	3.48	3.37	3.29	3.23	3.18	3.14	2.71
10	4.10	3.71	3.48	3.33	3.22	3.14	3.07	3.02	2.98	2.54
∞	3.00	2.60	2.37	2.21	2.10	2.01	1.94	1.88	1.83	1.00

注：$f_{大}$ 为大方差数据的自由度，$f_{小}$ 为小方差数据的自由度。

例：两种方法测量果汁中维生素 C 的含量，A 法测定 6 次，标准偏差 $S_a = 0.035$；B 法测定 5 次，标准偏差 $S_b = 0.018$。当置信度为95%时，这两种方法的精密度是否存在显著性差异？

解：已知，$n_a = 6$，$S_a = 0.035$，自由度 $f_a = 5$；$n_b = 5$，$S_b = 0.018$，自由度 $f_b = 4$。

由式（2-11），$F = \dfrac{S_{大}^2}{S_{小}^2} = S_a^2/S_b^2 = 0.035^2/0.018^2 = 3.78$。查表 2-6，$F<F_{表} = 6.26$。所以95%的置信度时，两种方法的精密度不存在显著差异。

2. t 检验

在食品分析中，t 检验主要用来检查、判断某一分析方法或结果是否存在较大的系统误差。

（1）样本平均值与标准值 μ 的比较　根据式（2-4）可知，在一定的置信度时，平均值的置信区间为 $\mu = \bar{x} \pm \dfrac{tS}{\sqrt{n}}$。可以看出，如将标准值 μ 包含在这一区间内，即使 $\bar{x}$ 与 μ 不完全一致，也能做出 $\bar{x}$ 与 μ 之间不存在显著性差异的结论，因为按 t 分布规律，这些差异是偶然误差造成的，而不属于系统误差，按式（2-12）计算：

$$t = \frac{|\bar{x} - \mu|}{S} \times \sqrt{n} \tag{2-12}$$

式中　$\bar{x}$——平均值；

　　　S——标准偏差；

　　　μ——真实值；

　　　n——测定次数。

进行 t 检验时，先将所得数据的 $\bar{x}$、μ、S 及 n 代入上式，求出 t 值，然后根据置信度和自由度及 t 值表（表2-3）查出相应的 $t_{表}$ 值，如果 $t \geq t_{表}$，则说明 $\bar{x}$ 与 μ 之间存在显著性差异，反之则说明不存在显著性差异，由此可分析出分析结果是否正确或新的分析方法是否可行。

例：采用一种新方法测维生素 A 的含量，平行测定 9 次，平均值为 1.32%，标准偏差 $S = 0.12\%$。已知该样品中维生素 A 的含量为 1.38%。问该方法是否可靠（95%置信度）？

解：$n = 9$，$f = 9 - 1 = 8$，$\bar{x} = 1.32\%$，$S = 0.12\%$，$\mu = 1.50\%$；

由式（2-12），$t = \dfrac{|\bar{x} - \mu|}{S} \times \sqrt{n} = \dfrac{|1.32 - 1.38|}{0.12} \times \sqrt{9} = 1.5$；

查表2-3，$f = 8$ 时，$t_{表} = 2.31$。$t < t_{表}$，即 $\bar{x}$ 与标准值 μ 之间不存在显著性差异，说明该新方法测量样品中维生素 A 的含量可靠，系统误差小。

（2）两组平均值的比较　实际工作中，常遇到同一试样由不同的分析人员进行测定或同一分析人员采用不同的方法会获得不同的数据的情况；不同的仪器或者是含有同一组分的两个或多个试样，用同一方法测定，也会获得不同的两组数据，这就需要对两组试验结果进行比较，以判断人员、试样、方法、仪器和试剂等对结果的影响是否显著。一般的方法是先用 F 检验法检验两组精密度之间有无显著性差异，如果结果为无，再用 t 检验法检验两组平均值有无显著性差异。

设有两组分析数据，其测定次数、标准偏差及平均值分别为 n_a，S_a，$\bar{x}_a$ 及 n_b，S_b，$\bar{x}_b$。用式（2-13）计算 t 值：

$$t = \frac{|\bar{x}_a - \bar{x}_b|}{S_R} \sqrt{\frac{n_a n_b}{n_a + n_b}} \tag{2-13}$$

式中 S_R 称为合并标准偏差或组合标准差（Pooled Standard Deviation），可由式（2-14）求出：

$$S_R = \sqrt{\frac{S_a^2(n_a - 1) + S_b^2(n_b - 1)}{(n_a - 1) + (n_b - 1)}} \tag{2-14}$$

将 S_R，$\bar{x}_a$，$\bar{x}_b$ 及 n_a，n_b 代入求出统计量 t 后，t 与 $t_{表}$ 值比较，若 $t \geqslant t_{表}$，则说明两组数据的平均值存在显著差异；若 $t < t_{表}$，说明两组数据的平均值间无显著性差异。

例：采用两种分析方法测定某食品原料中维生素 C 的含量，所得结果如下：采用 A 方法平行测定 5 次，平均值 $\bar{x}_a = 5.11\%$，$S_a = 0.16\%$；采用 B 方法平行测定 5 次，平均值 $\bar{x}_b = 5.23\%$，$S_b = 0.11\%$。当置信度为 95% 时，两组方法测定该原料中维生素 C 的含量是否有显著性差异？

解：已知，$n_a = 5$，$S_a = 0.16\%$，$f_a = 4$；$n_b = 5$，$S_b = 0.11\%$，$f_b = 4$。

①先进行 F 检验，检验二者的精密有无显著性差异：

由式（2-11），计算 $F = \dfrac{S_{大}^2}{S_{小}^2} = S_a^2 / S_b^2 = 0.0016^2 / 0.0011^2 = 2.12$。查表 2-6 可知，$F < F_{表} = 6.39$。所以两种方法的精密度不存在显著的差异（95% 的置信度）。

②再进行 t 检验，检验二者的平均值有无显著性差异：由式（2-13）和式（2-14），计算合并标准偏差 S_R 及 t 值：

$$S_R = \sqrt{\frac{S_a^2(n_a - 1) + S_b^2(n_b - 1)}{(n_a - 1) + (n_b - 1)}} = \sqrt{\frac{0.0016^2(4 - 1) + 0.0011^2(4 - 1)}{(5 - 1) + (5 - 1)}} = 0.137\%$$

$$t = \frac{|\bar{x}_a - \bar{x}_b|}{S_R} \sqrt{\frac{n_a n_b}{n_a + n_b}} = \frac{|5.11\% - 5.23\%|}{0.137\%} \sqrt{\frac{5 \times 5}{5 + 5}} = 1.38$$

查表 2-3，当自由度为 $f = 5 + 5 - 2 = 8$，置信度为 95% 时，$t < t_{表} = 2.31$，说明两种方法之间无显著性差异。

需要注意的是，进行显著性检验时，必须先进行 F 检验而后进行 t 检验。先 F 检验确认两组数据的精密度无显著性差异后，才能使用 t 检验判断两组数据的均值是否存在系统误差。因为只有当两组数据的精密度无显著差异时，准确度的检验才有意义。

小结

食品分析的任务是准确获得复杂的体系中待测组分的含量，并加以正确报告。在这个过程中，关于待测组分含量的实验数据很容易通过标准的操作方法获得，但是正确评价获得的实验数据与真实值的符合程度，正确对测量结果做出相对准确的报告，需要我们对测量的数据进行统计处理。

实验数据与真实值的"不一致"是由误差引起的，根据误差的性质和来源，可以将误差分为系统误差、偶然误差和过失误差三类。准确度和精密度可以用来衡量实验值和真实值的接近的程度，但是要注意二者的关系，精密度高，准确度不一定高，只有在消除了系统误差之后，精密度高，准确度才高。为了让所得的实验数据更加接近"真实值"，食品分析工作者要尽量控制和减免误差，可以采取以下方法：如选择正确的分析方法，减少测量误差，通过设置对照实验、回收实验、空白实验和仪器的校准等方法消除系统误差。

在数据的处理过程中，有效数字的取舍及修约是必不可少的环节。在食品分析中，对有效数字的修约主要采用"四舍六入五成双"的规则。分析检测得到的一系列测量值或数据，必须经过整理及统计处理后，才能对所得结果的可靠程度做出合理判断并予以正确表达。在对分析数据进行统计处理之前，需要对可疑数据进行处理，可采取 $4\bar{d}$ 法、Q 检验和 G 检验等检验规则决定取舍，然后按照所要求的置信度，求出平均值的置信区间，必要时还要对两组数据进行显著性检验，食品分析中最常用的是 F 检验法和 t 检验。

1. 如何控制和消除误差？

2. 为什么要进行误差检验？误差检验包括哪些内容、方法和对象？检验的顺序如何？

3. 某食品分析工作人员建立了一种测食品中脂肪含量的新方法，并用该方法对样品进行了 5 次平行测定。测定的平均值为 12.25%，标准偏差 $S=0.04\%$，已知该样品中脂肪含量的标准值为 12.30%。问此新方法是否可靠？（置信度 95%）

4. 采用不同的分析方法对某样品中水分含量进行测定。测定结果如下：方法 A：平行测定 5 次，测定结果为 22.5%，22.3%，23.1%，22.6%，22.8%。方法 B：平行测定 5 次，测定结果为 22.1%，22.4%，23.3%，22.9%，23.0%。比较两组分析方法间是否存在显著性差异（置信度为 95%）。

5. 从一批饮料中随机抽出 10 袋测定其总糖的含量，得到数据如下：15.1%，16.1%，15.7%，15.4%，15.2%，15.8%，15.1%，16.1%，15.5%，15.6%。求这批次饮料的总糖含量在 99% 置信度和 95% 置信度的置信区间。

6. 甲、乙两名检验员分别用同一方法测定同一试样中某组分的含量，平行测定 5 次，所得结果如下：

甲：12.40%，12.43%，12.41%，12.44%，12.41%，12.47%。

乙：12.42%，12.44%，12.93%，12.41%，12.45%，12.47%。

问：甲和乙中是否有可疑值？若有，分别用 $4\bar{d}$ 法、Q 检验法、G 检验法检验可疑值是否应该舍去？甲和乙的精密度比较，哪位检验员的精密度高？两位检验员分析所得的平均值是否存在显著性差异（置信度 95% 计）？

7. 用有效数字计算规则计算下列各式的结果？

（1）$2.20\times(213-10.554)\div7.2231=?$

（2）$2.20\times10^{-5}\times2.11\times10^{-9}\div5.0\times10^{-7}=?$

（3）$4.42+223.7+16.7890-0.4440=?$

（4）$pH=4.5$，求 $[H^+]=?$

第三章

CHAPTER

样品的预处理

3

第一节　样品的采集、制备及保存

一、样品的采集

食品分析对象数量多、成分复杂且来源广泛，检测又大多具有破坏性，不可能对所有被检食品进行检测，因此，食品检测的第一步就是从大量的分析对象中抽取有代表性的一部分作为分析用样品，称为样品的采集，简称采样。

1. 正确采样的意义

食品的组成复杂多样，且分布不均匀，如果采得的样品不足以代表全部物料的组成成分，那么无论后续的检验工作如何精密、准确，其检验结果也将毫无价值，甚至得出错误结论，引起严重后果，因此正确采样是食品分析过程中重要的环节之一。

2. 正确采样的原则

（1）采集的样品要均匀、有代表性，能反映全部被检食品的组成、质量和卫生状况。每批食品应随机抽取一定数量的样品，在生产过程中，在不同时间内各取少量样品混合。固体或半固体的食品应从表层、中层和底层、中间和四周等不同部位取样。

（2）采样方法要与分析目的一致。

（3）采样过程要设法保持原有的理化指标，避免待测组分（如水分、气味、挥发性酸等）发生化学变化，防止成分逸散。

（4）防止带入杂质或待测组分被污染。

（5）采样方法要尽量简单，处理装置尺寸适当。

3. 采样的步骤

采样一般分为三步，依次获得检样、原始样品和平均样品。

（1）检样　由分析的整批样品的各个部分采集的少量样品称为检样。检样的抽样方法和数量按该产品标准中检验规则所规定的执行。

（2）原始样品　把许多份检样混合在一起称为原始样品。原始样品必须能代表该批食品的品质。

（3）平均样品　将原始样品按照规定方法（如四分法）混合，均匀地分出一部分，称为平均样品。平均样品要分成三份，每份样品数量一般≥0.5kg。一份作为检验样品，用于待检项目的检测；一份作为复检样品，当对检验结果有争议或分歧时用作检测的样品，复检时的样品量一般规定为正常样品量的两倍；一份用作保留样品，备查使用，保留样品一般要保留一个月以备需要时复查，保留期限从检验报告单签发日起计算，但易腐败变质的食品一般不作保留。

4. 采样的一般方法

采样一般分为随机抽样和代表性取样两种方法。

（1）随机抽样　即严格遵循所有物料各个部分被抽到的可能性均等的原则，从大批物料中抽取部分样品。随机抽样是均衡地、不加选择地从全部产品的各个部分取样。随机抽样常用于总体个数较少时使用。随机抽样可避免人为因素的影响，但有时仅用随机取样是不行的，如蔬菜等难以混匀的食品随机抽样时必须结合代表性取样。

（2）代表性取样　当取样的总量较大时，可采取代表性取样，按照系统抽样法采集，即根据样品随空间（位置）、时间变化的规律，将总体分成均衡的几个部分，然后从每一部分采集样品，如分层取样、随生产过程流动定时取样、按组按批取样、定期抽取货架商品取样等。

具体的采样方法根据分析对象的不同而不同，实际采样多采取随机抽样与代表性取样相结合的方式，按照相关的采样标准或操作规程所规定的方法进行。

①均匀固体食品（如粮食、粉状食品）：

a. 完整包装的食品：可先按式（3-1）来确定取样件数：

$$S = \sqrt{\frac{N}{2}} \qquad\qquad (3-1)$$

式中　　S——取样件数；

　　　　N——总件数（如袋、桶、箱等）。

确定采样点数，然后从样品堆放的不同部位，将双套回转取样管（图 3-1）插入包装中，回转 180°取出样品，每一包装需由上、中、下三层和五点（周围四点和中心点）取出五份检样，如图 3-2 所示，用四分法将多份检样缩减成平均样品，即将原始样品混合均匀后，在玻璃板上压平成圆形，厚度<3cm，画上"十"字线，将其分成四份，取对角的两份混合，重复以上操作，如此反复操作，直至取得所需数量为止。

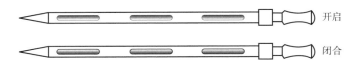

图 3-1　双套回转取样管示意图

b. 无包装的固体食品：散装的固体食品先划分若干等体积，然后在每层的四角和中心用取样器各取少量样品，再按四分法缩减后取得平均样品。

②不均匀的固体食品：不均匀的固体食品（如肉、鱼、果品、蔬菜等）各部位极不均匀，个体大小和成熟程度差异很大，可按如下方法取样：

a. 肉类和水产品类样品取样：可根据分析目的的不同，从各个不同部位取样，或随机取多个样品，切碎混匀后，分取、缩减到所需数量。

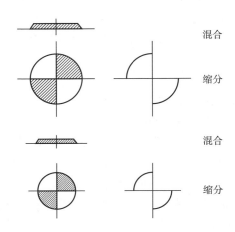

图 3-2　四分法取样图

　　b. 果蔬类样品取样：按照采样对象的大小及是否包装等区别，可整体选取，也可依据成熟度和个体大小不同等原则选取个体，或由多个包装中选取一定数量后，进行初步切碎后混匀处理，并缩减到所需数量为止。

　　③较稠的半固体食品（如稀奶油、动物油、果酱等）：这类食品不易混匀，可先按式（3-1）确定取样件数，开启包装，用采样器从各桶（罐）中分层（一般分上、中、下三层）分别取样，然后混合、分取、缩减至所需数量的平均样品。

　　④液体食品（如植物油、鲜乳等）：包装体积不太大的食品可先按式（3-1）确定取样件数，开启包装，充分混合，分取，缩减到所需数量。大桶装或散装的食品不易混匀，可用虹吸法分层取样，每层约取 500mL，充分混匀后，分取、缩减到所需数量。

　　⑤小包装食品（罐头、袋或听装乳粉、瓶装饮料等）：这类食品一般按班次或批号连同包装一起采样，如小包装外还有大包装（如纸箱），可在堆放的不同部位抽取一定点数的大包装，再打开大包装，从每个大包装中抽取小包装，再缩减到所需数量。

　　5. 采样要求与注意事项

　　为保证采样的公正性和严肃性，确保分析数据的可靠，GB/T 5009.1—2003《食品卫生检验方法 理化部分 总则》对采样过程提出了以下要求：

　　（1）采样应注意样品的生产日期、批号、代表性和均匀性（掺伪食品和食物中毒样品除外）。采集的数量应能反映该食品的卫生质量和满足检验项目对样品量的需要，一式三份，供检验、复验、备查或仲裁，一般散装样品每份≥0.5kg。

　　（2）采样容器根据检验项目，选用硬质玻璃瓶或聚乙烯制品。

　　（3）液体、半流体食品如植物油、鲜乳、酒或其他饮料，如用大桶或大罐盛装者，应先充分混匀后再采样。样品应分别盛放在三个干净的容器中。

　　（4）粮食及固体食品应自每批食品上、中、下三层中的不同部位分别采取部分样品，混合后按四分法对角取样，再进行几次混合，最后取有代表性样品。

　　（5）肉类、水产等食品应按分析项目要求分别采取不同部位的样品或混合后采样。

　　（6）罐头、瓶装食品或其他小包装食品，应根据批号随机取样，同一批号取样件数，

250g 以上的包装不得少于 6 个，250g 以下的包装不得少于 10 个。

（7）掺伪食品和食品中毒的样品采集，要具有典型性。

（8）检验后的样品保存：一般样品在检验结束后，应保留一个月，以备需要时复检。易变质食品不予保留，保存时应加封并尽量保持原状。检验取样一般皆指取可食部分，以所检验的样品计算。

（9）感官不合格产品不必进行理化检验，直接判为不合格产品。

二、 样品的制备和保存

1. 样品的制备

为了保证样品组成的均匀性及测定结果的准确可靠，必须对样品进行制备。样品的制备是指通过振摇、搅拌、粉碎等方法对样品进行分取、混匀等处理工作。

（1）样品制备的方法因产品类型不同而异，液体、浆体或悬浮液体摇匀，充分搅拌。互不相溶的液体（如油与水的混合物）先分离，再分别取样。固体样品：切细、粉碎、捣碎、研磨等。罐头：除核、去骨、去调味品、捣碎。常用的制备工具有粉碎机、研钵、高速组织捣碎机、绞肉机等。

（2）样品制备的步骤

①去除非食用部分：食品理化检验中用于分析的样品一般是指食品的可食部分。对其中的非食用部分，应该按食用习惯预先去除。

②除去机械杂质：所检验的食品样品应该去除生产和加工中可能混入的机械杂质，如植物种子、茎、叶、泥沙、金属碎屑、昆虫等异物。

③均匀化处理：食品样品在采集时已经切碎或混匀，但还不能达到分析的要求。通常在实验室检验前，必须进一步均匀化。

（3）常用食品样品的制备　液体、浆体或悬浮液体一般将样品充分摇匀或搅拌均匀即可；互不相溶的液体如油和水的混合物，可分离后再分别取样测定；固体样品可视情况采用切细、捣碎、粉碎、反复研磨等方法将样品研细并混合均匀；水果罐头在捣碎前要先清除果核；鱼类罐头、肉禽罐头应先剔除骨头、鱼刺及葱姜等调味品后再捣碎、混匀。制备过程中，还应注意防止易挥发性成分的逸散和避免样品组成及理化性质发生变化。

2. 样品的保存

采集的样品应在短时间内进行分析，否则应妥善保管。一般放在密闭、洁净容器内，干燥、避光保存。冷冻食品应保持原冷冻状态；易腐败变质的样品放在 0~5℃冰箱内保存，但不宜长期保存；易分解的样品要避光保存。特殊情况下，可加入不影响分析结果的食品防腐剂或进行冷冻保存。

理化检验后的样品应保留一个月，以备需要时复检；微生物检验的样品，一般样品在发出报告后 3d 才能处理样品；进口食品的阳性样品，需保存 3 个月方能处理，阴性样品可及时处理。

第二节　样品的预处理

一、样品预处理的目的

　　食品种类繁多、组成复杂，既含有大分子的有机化合物如蛋白质、脂肪和碳水化合物等，也含有许多无机元素，而且组分之间大多以复杂的结合态形式存在，给测定造成干扰或无法直接测定。因此在测定前必须破坏其结构，排除干扰组分，使被测成分游离出来。此外，有些被测组分浓度太低或含量太少，测定前必须对样品进行浓缩。这些操作称为样品的预处理。对样品进行预处理的目的是消除干扰因素、完整保留被测组分，使被测组分浓缩，以便获得可靠的分析结果。

二、样品的预处理方法

　　常用的样品预处理方法分为针对无机元素检测的有机物破坏法和有机成分检测的溶剂提取、分离和浓缩方法等。

　　1. 有机物破坏法

　　有机物破坏法主要用于食品中无机元素的测定，如某些金属元素和非金属元素铁、砷、铅、铬、氮、磷等，测定前要通过高温氧化等条件破坏有机结合体，如蛋白质等，使被测元素以简单无机化合物形式残留下来，再进行测定。根据操作条件和操作方法的不同，可分为干法灰化和湿法消化两大类。

　　（1）干法灰化

　　①原理：干法灰化又称灼烧法。将样品放入坩埚中，先在电炉上低温加热，使其中的有机物脱水、炭化，再置高温炉（一般为 $500 \sim 600℃$ ）中灼烧，有机物灼烧后彻底分解逸散，直至残灰变为白色或浅灰色，所得残渣即为无机成分。

　　②特点：此法基本不加或加入很少的试剂，空白值低；灰分体积很小，因而可处理较多的样品，可富集被测组分；有机物分解彻底，操作简单。但干法灰化所需时间长；因温度高易造成易挥发元素的损失（如 Hg、As、Se 等）；坩埚对被测组分有吸留作用，使测定结果和回收率降低。

　　③低温炭化的目的：样品灰化前要经过碳化处理，目的有以下三点：首先，防止灰化样品外部在高温下焦化，碳粒被包裹住，内部不能充分氧化导致的灰化不彻底；其次，防止因样品水分较大，在高温下水分剧烈蒸发使样品溅失；最后，防止易发泡膨胀的物质在高温下发泡而溢出。

　　（2）湿法消化

　　①原理：样品中加入强氧化剂后加热消煮，使样品中的有机物质完全氧化分解，呈气态逸出，金属元素和无机盐留在溶液中。常用的消化器皿为高温电炉和凯氏烧瓶（图3-3），常用的强氧化剂有浓硫酸、浓硝酸、高氯酸及它们的混合液，或加入少量的助氧化剂（如高锰酸钾和过氧化氢等）加速消化，由于湿法消化产生大量有刺激性气味的二氧化硫、二氧化氮等气体，因此，湿法消化通常需要在通风橱中进行。

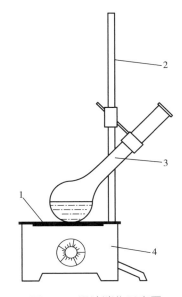

图 3-3　湿法消化示意图

1—石棉网　2—支架　3—凯氏烧瓶　4—电炉

②特点：此法有机物分解速度快，所需时间短。由于加热温度低，可减少金属挥发逸散的损失，而且容器吸留无机元素的量也比干法灰化少。但在消化过程中会产生大量有害气体，操作必须在通风橱中进行，整个消化过程必须有操作人员看管，尤其是消化初期易产生大量泡沫外溢；试剂用量大，空白值偏高。

（3）其他方法

①微波消解法：微波消解法是一种高压条件下微波辅助加热的湿法消化方法，将样品放入耐酸碱腐蚀的聚四氟乙烯高压密封罐中，加入氧化剂后，在微波消解仪中利用微波能量对样品加热消解。其特点是物料瞬时高温、消解快速彻底、氧化剂用量少。微波消解法是一种高效的样品前处理技术，吸收了高压消解的优点，也融合了微波快速加热的优势，一些高温易挥发逸散的样品可采用微波消解法处理。

②自动回流消化法：自动回流消化法是一种采用流水冷却的湿法消化方法，密闭的回流消化仪可避免汞蒸气等的挥发逸散，主要用于砷、汞等高温易挥发无机元素检测的前处理。

2. 溶剂提取法

溶剂提取法又称浸提法，是用溶剂将固体样品中某种待测成分浸提出来，又称"液-固萃取法"。此方法是根据食品或天然产物中各种成分在溶剂中的溶解性质，选用对有效成分溶解度大，而对不需要溶出成分溶解度小的溶剂，将有效成分从原料组织中溶解出来。

（1）提取用溶剂的选择原则和分类

①溶剂选择原则：依据"相似相溶"原理选择溶剂，选稳定性好的溶剂。选择溶剂沸点在 45~80℃的溶剂。沸点低的溶剂易挥发，稳定性差，而沸点高的溶剂不易蒸发去除，因此，沸点过高或过低的溶剂均不适合。

②溶剂的分类：常用溶剂分为水、亲水性有机溶剂和亲脂性有机溶剂三类，极性由弱到强依次排序为：石油醚<环己烷<苯<甲苯<二氯甲烷<三氯甲烷<乙醚<乙酸乙酯<丙酮<乙醇<

甲醇<水。各溶剂的沸点和密度见表3-1。其中，水是最常用的溶剂，用于氨基酸、糖类、无机盐等的提取；甲醇、乙醇和丙酮等亲水性有机溶剂，常用于苷类、生物碱盐、鞣酸等物质的提取；乙醚和三氯甲烷等亲脂性有机溶剂常用于油脂、挥发油、游离甾体及三萜类化合物等的提取。

表3-1   常用有机溶剂的沸点和密度

溶剂名称	沸点/℃	密度/（kg/m³）	溶剂名称	沸点/℃	密度/（kg/m³）
水	100.0	1.00	环己烷	80.8	0.78
甲醇	64.7	0.79	苯	80.1	0.88
乙醇	78.0	0.79	甲苯	110.6	0.87
丙酮	56.1	0.79	乙酸乙酯	77.1	0.90
乙醚	34.6	0.71	二氯甲烷	40.8	1.34
石油醚	30~60	0.68~0.72	三氯甲烷	61.2	1.49
	60~90		乙腈	81.6	0.78

（2）常用的溶剂提取方法   依据提取溶剂温度的不同，可将传统的溶剂提取法分为冷提法和热提法两类，浸渍是常用的冷提法，回流提取法和索氏抽提法等是常用的热提法。

①浸渍法：浸渍法是用水或醇浸渍原料一定时间，然后合并提取液，减压蒸干溶剂并浓缩待测物的方法。浸渍法在低温下进行，无须加热，适合挥发性成分及受热易分解成分的提取，例如：番茄中番茄红素的提取等。

②回流提取法：回流提取法是用有机溶剂作为提取溶剂，在回流装置中对原料进行加热蒸发冷凝后再回流的提取方法，回流提取具有溶剂消耗较少，浸出效率较高的优点，但受热易破坏的成分不宜用此法，且溶剂消耗量较大，操作较麻烦。此法适宜于热稳定性较强的目标物的提取，量大时需要加上机械搅拌，工业上多用蒸气加热，实验室用水浴加热。

③连续回流提取法：连续回流提取法是回流提取法的发展，具有消耗溶剂量更小、提取效率更高的优点，常用索氏提取器或其他连续回流装置。当物质的溶解度不大时，进行萃取会耗费大量的溶剂，为解决这一问题，引入索氏提取器。该装置是利用溶剂回流和虹吸原理，使固体物质连续不断地为纯溶剂所萃取的仪器。回流提取法和连续回流提取法是常用的热提法，与浸渍法相比，具有提取效率高的优点，但不适用于提取对热不稳定的物质。

（3）现代提取方法   现代提取方法是在传统浸提法的基础上发展起来的，是采用一种或多种高新技术辅助溶剂提取的方法。主要包括超临界流体萃取、超声波辅助提取、微波辅助提取、酶辅助提取等。

①超临界流体萃取（Supercritical Fluid Extraction，SCFE）：超临界流体（SCF）是指处于临界温度和临界压力以上，其物理性质介于气体与液体之间的流体。常用的超临界流体为二氧化碳，SCF既有与气体相当的高渗透能力和低的黏度，又兼有与液体相近的密度和对许多物质优良的溶解能力。SCFE是借助超临界流体萃取仪，利用SCF兼有气液两重性的特点进行提取的方法，可以在近常温的条件下提取分离，几乎保留产品中全部有效成分，无有机溶

剂残留，产品纯度高，操作简单，节能。

②超声波辅助提取（Ultrasonic Assisted Extraction，UAE）：利用超声机械及空化作用等性质增大物质分子运动频率和速度，增加溶剂穿透力，提高目标物质溶出速度和溶出次数，缩短提取时间的浸提方法。超声波辅助提取具有提取时间短（一般<30min），低温提取有利于保护有效成分等优点，目前，超声波辅助提取法广泛应用于食品营养、功效成分的提取，及作为辅助手段应用于农兽药残留检测的样品前处理中。

③微波萃取（Microwave Assisted Extraction，MAE）：在微波场中，吸收微波能力的差异使得基体物质的某些区域或萃取体系中的某些组分被选择性加热，从而使得被萃取物质从基体或体系中分离，进入到萃取剂中。微波萃取适用于对热有一定稳定性物质的提取，具有萃取时间短、溶剂用量少、提取率高、溶剂回收率高，所得产品品质好、成本低、投资少、提取效率高且操作简单等诸多优点。

④酶辅助提取（Enzyme Assisted Extraction，EAE）：通过酶反应较温和地将植物组织分解，破坏原有的大分子物质和活性成分的复合结构，加速有效成分的释放提取，还可将影响提取液纯度的杂质如蛋白质、淀粉、纤维素、果胶等分解除去。酶辅助提取法显著提高提取得率，缩短提取时间。缺点是对提取条件要求较高，需掌握最适温度、pH 及最适合作用时间等，而且酶的成本也较高。

3. 常用的分离方法

食品中各类化合物的碳链骨架、官能团、相对分子质量及空间结构不同构成了结构的复杂性，而依据密度、沸点、酸碱性、相对分子质量、溶解度等性质的差异产生了各类不同的分离方法。依照分离原理不同，将分离方法分为蒸馏、萃取、结晶、膜过滤、色谱等几大类。

（1）蒸馏

①原理：利用液体混合物中各种组分沸点不同而将其分离，常用于液体组分的分离、浓缩和纯化。食品分析中常用的蒸馏方法有常压蒸馏、减压蒸馏、水蒸气蒸馏等。

②常压蒸馏：适用对象为常压下受热不分解或沸点不太高的物质。仪器一般由蒸馏烧瓶和冷凝管组成，使用过程中注意烧瓶和冷凝管连接口的密封问题，并加入沸石、玻璃珠或碎瓷片等防止爆沸。

③减压蒸馏：适用对象为常压下受热易分解或沸点较高的物质。减压蒸馏装置由真空水泵、蒸馏烧瓶、冷凝管等组成。使用中注意蒸馏烧瓶中一长管通入液下，即安全管通入液面下，停机时，先移开热源，慢慢放入空气再撤真空，防止倒吸。

④水蒸气蒸馏：当水和不溶于水的化合物一起蒸馏时，体系的蒸汽压根据道尔顿分压定律，应为各组分蒸气压力之和，即 $P_总 = P_A + P_B$，当 $P_总 = P_外$ 时的温度为该混合体系的沸点。此时的沸点比任何一个单独组分的沸点要低。在低于 100℃ 不溶于水且沸点较高的物质可以随水蒸气一起蒸馏出来。水蒸气蒸馏适用于沸点较高、易炭化、易分解物质。如挥发油、小分子的香豆素等。适合于沸腾状态下与水不发生反应，不溶或难溶解于水，在沸腾的情况下有一定的蒸汽压的物质与水分离。

（2）萃取

①原理：利用物质在互不相溶的两相中溶解度或分配系数的不同达到提取、分离及纯化的目的。即萃取是通过溶质在两相间的溶解竞争而实现的。其分配定律为在一定温度下，待

测物质在有机相和水相的浓度之比为一常数，即 $C_A/C_B = k$（约为溶解度之比），其中 k 为分配系数，C_A 和 C_B 为待测物质在两液相 A 和 B 中的浓度。

②萃取溶剂的选择原则：常见萃取溶剂取代基的极性大小顺序：酸>酚>醇>胺>醛>酮>酯>醚>烯>烷。选择萃取溶剂与原溶剂的互溶性差，两溶剂的密度差异明显；同时，依据"相似相溶"原理，萃取剂对目标物的选择性高；选择化学性质稳定、沸点较低、价格低、毒性小的萃取溶剂。

③液–液萃取：液–液萃取操作常用的实验室仪器为分液漏斗，一般是用有机溶剂作为萃取剂，从水相中萃取待测物质。萃取用有机溶剂要求与水不溶且易分层，被萃取物在其中的溶解度大，萃取剂与被萃取物不发生反应，且易分离。常用萃取溶剂把样品提取液中的一种组分萃取出来，这种组分在原溶剂中的溶解度小于在新溶剂中的溶解度，即分配系数不同，但萃取液的分层有赖于萃取剂和原溶剂密度的不同，常用石油醚和乙酸乙酯等低沸点有机溶剂。

④逆流分配：逆流分配是利用混合物中各组分在两种互不相溶的液相间分配系数的差别，在两液相互相逆流中不断进行萃取，使物质实现分离的方法。实质是连续的多次萃取，与常用的液–液萃取相比，逆流分配能分离性质很近似的同系物或同分异构体。

在不断的技术更新后，逆流分配已被高速逆流色谱（High Speed Counter Current Chromatography，HSCCC）代替。高速逆流色谱也是一种色谱技术，是利用溶质在两种互不相溶的溶剂中的分配系数不同，应用色谱层析的方法，将不同溶质分离。逆流色谱的发展从逆流分配、液滴逆流色谱直至现在的高速逆流色谱，经历了近60年的研究历程，技术和设备均已日益成熟，主要应用于天然产物的分离纯化。HSCCC依据液液分配原理分离待测物质，不存在固体对样品组分的吸附现象，运行成本低，在生物碱、黄酮类、萜类、木脂素、香豆素类及多糖、多肽等生物活性物质的制备上广泛应用，但其分离效率低于一般色谱技术，耗时较长，分离原理还需进一步研究和探讨。

⑤双水相萃取：一定条件下，不同水溶性多聚物组成的水相可以形成两相甚至多相，将生物活性物质（水溶性的酶、蛋白质等）从一个水相转移到另一个水相中进行分离的方法就是双水相萃取。

聚合物之间的不相溶性，即聚合物分子的空间阻碍作用（表面性质、电荷作用、氢键、离子键、环境因素等），导致各聚合物相间无法渗透，分为两相。两种聚合物水溶液的水溶性有差异，混合后发生相分离，并且水溶性差别越大，相分离的倾向越大。加入盐分，由于盐析作用，聚合物与盐类溶液也能形成两相。常用的双水相体系分为双聚合物和聚合物/低分子化合物两类，聚乙二醇、葡聚糖等是常用的水溶性聚合物，而葡萄糖、磷酸钾等是常用的低分子物质。物质进入双水相体系后，由于各种阻碍作用的存在，物质分配系数不同，使其在上、下相中的浓度不同而得到分离。目前，双水相萃取主要应用于蛋白质、酶、核酸和多糖等大分子物质分离纯化、天然产物小分子物质提取分离等多方面，双水相体系由于其温和的特性，能够保持酶等大分子化合物本身应有的活性，所以利用双水相萃取技术分离纯化生物活性成分得到广泛的应用。

⑥浊点萃取法（Cloud Point Extraction，CPE）：浊点萃取法是一种新型液–液萃取方法，是利用表面活性剂胶束水溶液的增溶性和浊点现象，改变实验参数引发相分离，将疏水性物质与亲水性物质分离。目前该法已成功地应用于金属螯合物、蛋白质等生物大分子的分离和

纯化及环境检测样品的前处理。

⑦固相萃取（Solid Phase Extraction，SPE）：利用固体吸附剂将液体样品中的目标化合物吸附，与样品的基体和干扰化合物分离，然后再用洗脱液洗脱或加热解吸附，达到分离和富集目标化合物的目的。固相萃取采用高效、高选择性的吸附剂（固定相），能显著减少溶剂的用量，简化样品预处理过程，同时所需费用也有所减少。与液-液萃取相比，固相萃取有很多优点：不需要大量互不相溶的溶剂；处理过程中不会产生乳化现象。但目标化合物的回收率和精密度要低于液-液萃取。

固相萃取的一般操作程序分为活化、上样、淋洗和洗脱。活化是指在萃取样品之前，要用适当的溶剂淋洗固相萃取小柱，以使吸附剂保持湿润，可以吸附目标化合物或干扰化合物。上样操作是将液态或溶解后的固态样品倒入活化后的固相萃取小柱，然后利用抽真空、加压或离心的方法使样品进入吸附剂。之后的洗涤和洗脱步骤，是在样品进入吸附剂，目标化合物被吸附后，先用较弱的溶剂将弱保留干扰化合物洗掉，再用较强的溶剂将目标化合物洗脱下来加以收集。可采用抽真空、加压或离心的方法使淋洗液或洗脱液流过吸附剂。

（3）结晶 结晶是指物质从液态（溶液或熔融体）或蒸汽形成晶体的过程。结晶是获得纯净固态物质的重要方法之一，常用于食品原料中蛋白质、多糖、多酚等营养及生物活性成分提取后分离纯化。溶液结晶是食品分析中常用的结晶技术，溶液结晶有两种操作方法，一是用蒸发方法去除溶剂，即蒸发结晶法；二是对原料冷却后因各组分的溶解度下降而达到过饱和，即冷却结晶法。冷却结晶法是食品原料中营养及生物活性成分分离中的常用方法，利用固体混合物中目标组分在某种溶剂中的溶解度随温度变化有明显差异，在较高温度下溶解度大，降低温度时溶解度小，从而实现分离提纯。重结晶纯化物质的方法，只适用于溶解度随温度上升而增大的化合物。

（4）膜分离技术 膜分离是一种用天然或人工合成的膜，以外界能量或化学位差为推动力，对溶质和溶剂进行分离、分级、提纯或富集的方法。常用的膜材料为天然高分子材料或合成高分子材料，包括乙酸纤维素、聚砜、聚乙烯等，依照膜的孔径、传质动力和原理可将膜分为微滤、超滤、反渗透、透析等多种，食品分析常用膜分离方法见表3-2所示，其中最常用的为透析和超滤。透析是采用半透膜作为滤膜，使试样中的小分子经扩散作用不断透出膜外，而大分子不能透过被保留，直到膜两边达到平衡。在制备或提纯生物大分子时，采用透析技术除去小分子物质及其杂质，脱盐。

表3-2 膜分离方法及应用

膜分离方法	膜分离特性	应用对象	示例
微滤（MF）	$0.02 \sim 10 \mu m$	菌体，悬浮物去除	除菌，回收菌，分离病毒，细胞收集
超滤（UF）	$1 \sim 20 nm$	胶体和大分子分离	蛋白质、多糖等的分离和浓缩，脱盐
纳滤（NF）	$1 \sim 100 nm$	小分子物质分离	糖、二价盐、游离酸的浓缩
透析（DS）	$0.1 \sim 15 nm$	生物大分子和小分子分离	脱盐，除变性剂
反渗透（RO）	$<1 nm$	小分子溶质浓缩	单价盐、非游离酸的浓缩，制淡水

（5）色谱法 色谱法是一大类操作方式不同、但分离原理相同的分离技术。不论采用何

种方法或设备、其色谱过程有着如下共同点：任何色谱过程，都必须有两相物质存在，一为固定相，一为流动相；物质的分离还必须借助于流动相相对于固定相移动；被分离的物质称为溶质，由于各种溶质组分与两相物质有着不同作用力，从而造成各组分产生差速运动而达到分离目的。溶质与两相物质之间作用力可以为吸附力，也可以为溶解力；溶质和两相之间作用力种类和大小的不同，决定了各个组分在两相中有着不同量或浓度的分布，随着流动相的前移，则此种分布不断变更，最终与流动相作用力大的组分前移快，反之则慢。常用色谱法包括薄层色谱、吸附色谱、分配色谱、离子交换色谱和凝胶层析色谱等。

①薄层色谱法：薄层色谱（Thin Layer Chromatography，TLC）又称薄层层析，是一种把固体分离材料铺在一个固体薄片上形成薄层，通过流动相流经薄片上附着的吸附剂，带动试样逐渐上升（展开），由于混合物组分对固定相、流动相相对吸附能力的不同而将其加以分离的方法。应用最广泛的薄层色谱法是吸附薄层色谱。

在吸附薄层色谱体系中，一般均发生物理吸附。当样品溶液被点样到薄板的吸附剂上然后用展开剂展开时，吸附剂对样品分子、溶剂分子均发生吸附。同时，它们也都可以被解吸下来（即吸附在某一点上的分子被其他分子所取代）。在薄层色谱的展开过程中，溶质分子和溶剂分子对吸附剂存在着一个竞争。被吸附在薄板上的溶质分子可以被溶剂分子置换进入溶剂中，并随溶剂的向前移动而迁移。而在溶剂中的溶质分子也可以把吸附在吸附剂上的溶剂分子置换下来，溶质分子重新被吸附在吸附剂上。这一过程不断循环往复进行。吸附性强的溶质组分在吸附剂上的浓度大一些；吸附弱的溶质组分则在溶液中浓度大。不同组分随溶剂的前进迁移速度不同，把不同的组分分离开。溶质迁移的快慢用比移值 R_f 来表示，按式（3-2）计算。

$$R_f = \frac{L}{L_0} \tag{3-2}$$

式中　　R_f——比移值，在 0.2~0.8 为宜；

　　　　L——原点到斑点中心的距离；

　　　　L_0——原点到溶剂前沿的距离。

在给定的实验条件下，R_f 值对于某一溶质说是一个特征值，因此可借薄层色谱法来鉴定物质。吸附力强的溶质，有较小的 R_f 值，反之，则有较大的 R_f 值。R_f 这一特征值就构成了薄层色谱分析的基础。薄层色谱常用的吸附剂有纤维素、聚酰胺、碳酸钙、硅胶、活性炭、氧化镁和氧化铝等，其中氧化铝、硅胶适合分离亲脂性化合物，而聚酰胺和纤维素适合分离亲水性化合物。

②吸附色谱法：利用吸附剂对被分离化合物分子的吸附能力的差异，而实现分离的一类色谱。吸附柱色谱是将吸附剂填充到一根玻璃管或金属管中进行的色谱技术。这种方法可以用来分离大多数有机化合物，尤其适合于复杂的天然产物的分离。适用于分离和精制较大量的样品。吸附介质的种类多，多为天然材料，如硅胶，氧化铝，沸石，活性炭，磷酸钙等，少数为化学合成，如聚酰胺、聚苯乙烯等。常见吸附剂吸附能力大小顺序为：活性炭>氧化铝>硅胶>氧化镁>磷酸钙。硅胶、氧化铝柱色谱为最常用的吸附剂，硅胶是一种中等极性的酸性吸附剂，适用于中性或酸性成分的层析。氧化铝有弱碱性，主要用于碱性或中性亲脂性成分的分离，如生物碱、甾、萜类等成分分离，对于生物碱类的分离颇为理想。但是碱性氧化铝不宜用于醛、酮、酸、内酯等类型的化合物分离。

③分配色谱法：利用不同组分在给定的两相中具有不同的分配系数而使混合物实现分离与测定的方法。按照固定相和流动相极性高低分为正相色谱和反相色谱。流动相的极性小于固定相极性的分配色谱为正相色谱，常用的固定相有氰基与氨基键合相，主要用于分离极性及中等极性的各类分子型化合物；反之，流动相的极性大于固定相极性的分配色谱称为反相色谱，常用的固定相有十八烷基硅烷（ODS 或 C_{18}）或 C_8 键合相，流动相常用甲醇-水或乙腈-水，主要用于分离非极性及中等极性的各类分子型化合物。食品中的类胡萝卜素、黄酮等各类生物活性成分特别适合用反相色谱法分离。

④离子交换色谱法：是以具有离子交换性能的物质作固定相，利用它与流动相中的离子能进行可逆的交换性质来分离离子型化合物的一种方法。离子交换色谱的固定相为阴离子交换树脂或阳离子交换树脂，阳离子交换树脂分为强酸型（如—SO_3H）和弱酸型（如—PO_3H，—COOH，—OCH_2COOH）；阴离子交换树脂也分为强碱型［如—N（CH_3）$_3$X］和弱碱型（—NR_2，—NHR）。离子交换色谱可检测离子及可离解的化合物，如氨基酸、核酸等。

⑤凝胶层析色谱法：凝胶色谱是依据试样分子尺寸大小进行分离的。凝胶具有分子筛的性质，当被分离物质的分子大小不同时，能够进入凝胶内部的能力也不同。凝胶中的孔隙大小与分子大小有相仿的数量级。当混合物通过凝胶时，比凝胶孔隙小的组分分子可以自由进入凝胶内部，而比凝胶孔隙大的组分分子就不能进入，因此在移动速度方面就出现差异，从而使不同相对分子质量的各组分得到分离。

（6）化学分离法　化学分离法多用于去除被测物质中的干扰物质。是在被测溶液中加入某种试剂和干扰物质发生化学反应从而去除干扰物质的方法。根据发生化学反应的不同，常有以下方法：

①磺化法：用浓硫酸处理样品，浓硫酸能使脂肪磺化，引进典型的极性官能团—SO_3使脂肪、色素、蜡质等干扰物质变成极性较大且能溶于水和酸性化合物，不会被有机溶剂溶解，从而达到与被测物分离而净化样品的目的。磺化法主要应用于对浓硫酸稳定的待测成分的分离，例如食品有机氯农药残留检测的前处理采用了磺化法。

$$CH_3（CH_2）_nCOOH+H_2SO_4 \longrightarrow HO_3SCH_2（CH_2）_nCOOR$$

②皂化法：在被测溶液中加入碱性物质将脂肪皂化，脂肪由疏水性酯生成亲水性皂化产物（脂肪酸盐及醇），而需检测的非极性物质能较容易地被非极性或弱极性溶剂提取出来。此法仅适用于对碱稳定的组分，例如脂溶性维生素测定时样品的前处理即采用了皂化法。

$$RCOOR' +KOH \longrightarrow RCOOK+R'OH$$

③沉淀分离法：利用沉淀反应进行分离的方法，在试样中加入适当的沉淀剂，使被测组分沉淀下来或将干扰组分沉淀下来，再经过滤或离心，把沉淀和母液分开，常用的沉淀剂为碱性硫酸铜、碱性乙酸铅等。沉淀分离法常用于食品分析样品的前处理中，例如果汁中还原糖样品测定中采用中性乙酸铅溶液作为澄清剂来沉淀蛋白质。

④掩蔽法：利用掩蔽剂与样液中的干扰成分作用，使干扰成分转变为不干扰测定的状态，即被掩蔽起来，采用这种方法，可以不经过分离干扰成分的操作而消除其干扰作用，常用于金属元素的测定。

4. 浓缩方法

在样品经过提取、分离、过滤或离心等操作后，溶液体积较大，需要将待测物质进一步富集浓缩，因此，需要去除过多的溶剂，以提高被测组分的浓度。常用的浓缩方法有常压浓缩、减压浓缩、氮气吹干等。

（1）常压浓缩法　常压浓缩法用于被测组分常温下热稳定性较好的样液的浓缩。少量且样品溶剂不需要回收的操作可以在通风橱中或水浴上完成，例如脂肪测定中脂肪瓶中残存的微量乙醚等。如果溶剂需要回收，则可用一般蒸馏装置或旋转蒸发仪。常压浓缩法简便、易操作。

（2）减压浓缩法　减压浓缩法主要用于被测组分为热不稳定性或易挥发的样液的浓缩，可采用旋转蒸发仪进行操作。旋转蒸发仪通过减压降低溶剂的沸点，使浓缩在较低的温度下进行，可以有效防止热不稳定物质的分解，食品中农兽药残留及大部分生物活性成分检测的前处理中多采用旋转蒸发浓缩样品溶液，在远低于沸点的情况下，去除水、醇及其他各类溶剂。

（3）氮气吹干法　氮气吹干法常用于农药残留、商检、制药、食品、环境检测的样品处理过程中。采用的仪器为氮吹仪，其是利用氮气吹扫样品顶部，通过氮气的快速流动打破液体上空的气液平衡，使液体迅速挥发，同时可对底部加温，使浓缩进一步加快。氮吹仪的最大特点是能起到隔绝氧气的作用，防止被测物质在浓缩过程中被氧化。

本章微课二维码

微课 1–湿法消化（硝酸–高氯酸–硫酸法）

小结

采样是食品分析的首项工作，而正确采样是保证食品分析成功的重要前提。采样时，必须注意样品的代表性和均匀性，认真填写采样记录。样品一般分为检样、原始样品和平均样品三种，采样的数量应能反映该批食品的质量和满足检验项目对试样量的需要。实际多采取随机抽样与代表性取样相结合的方式。采集的样品需要经过分取、粉碎、混匀等过程初步制备后于当天分析，如不能马上分析则应妥善保存，容易腐败变质的样品可用冷藏、干藏、罐藏等方法保存，一般样品在检验结束后应保留一个月以备需要时复查。

另外，为消除干扰因素，完整保留被测组分并使被测组分浓缩，需要对食品分析的样品进行预处理，依据检测对象的不同，预处理方法分为有机物破坏、溶剂提取法等，前一种方法适用于无机元素的检测；而溶剂提取法多用于有机物检测中。同时，由于提取液中待测组分浓度不高，且含有大量杂质，通常需要采用萃取、蒸馏、结晶、膜分离、色谱分离及化学分离方法等进行分离，并通过常压（减压）浓缩或氮气吹干等方法去除提取和分离过程中产生的多余溶剂，得到相对含量和纯度较高的待测目标物质，进行分析检测。

Q 思考题

1. 何为采样？采样的原则是什么？
2. 如何对新鲜果蔬采样？
3. 干灰化法和湿消化法各有何特点？
4. 普通液–液萃取与双水相萃取的原理有什么异同？
5. 普通回流方法和索氏提取法在工作原理上的区别是什么？
6. 有哪些常用溶剂抽提法？选择溶剂的原则是什么？
7. 何为水蒸气蒸馏？水蒸气蒸馏操作有哪些注意事项？

第四章 CHAPTER

水分和水分活度的分析

第一节　概述

　　水是维持动植物和人类生存必不可少的物质之一，又是食品中的重要组成成分，不同种类的食品水分含量差别较大。水分含量直接影响食品的感官性状、结构等，所以控制食品的水分含量，对于保持食品的感官品质、维持其他组分的平衡关系、保持食品的稳定性及延长货架期，都有着十分重要的作用。此外，各种生产原料中水分含量高低，还与企业的成本核算、经济效益等具有较大的关系。根据水在食品中存在的状态把水分为自由水和结合水两大类。

一、　自由水

　　自由水（Free Water）是指没有被非水物质化学结合的水，存在于组织、细胞和细胞间隙中，−40℃以下可以结冰。根据水在食品中的物理作用方式可细分为滞化水、毛细管水、自由流动水。由于在自有水中微生物可以生长繁殖，各种化学反应也可以进行。因此，其含量直接关系着食品的储藏和腐败。

二、　结合水

　　结合水（Bound Water）又称束缚水，是食品中与非水组分结合最牢固的水，结合水根据被结合的牢固程度，可细分为化合水、邻近水、多层水。结合水在−40℃基本不结冰，其与非水组分常以配价键的结合形式存在，结合牢固，很难用蒸发的方法排除。

　　食品中水分测定的方法很多，通常可分为直接法和间接法两大类。利用水分本身的物理性质和化学性质测定方法称为直接法，如干燥法、蒸馏法和卡尔·费休法；而利用食品的相对密度、折射率、电导率、介电常数等物理性质测定水分的方法称为间接法。本章主要介绍常用的几种直接测定法。

第二节　水分含量的分析

一、重量法

重量法是指操作过程中包括有称量步骤的测定方法，如烘箱干燥法、红外线干燥法、干燥剂法等。本文重点介绍 GB 5009.3—2016《食品安全国家标准　食品中水分的测定》中的干燥法、蒸馏法和卡尔·费休法。

1. 烘箱干燥法

在一定温度和压力条件下，将样品加热，以排除其中水分的方法，称为烘箱干燥法，包括常压烘箱干燥法和真空烘箱干燥法。其中真空烘箱干燥法的测定结果比较接近真正水分，且不易引起食品中其它组分的化学变化，重现性也好，常被当作标准法。

（1）样品的预处理　样品的预处理方法对分析结果影响很大。对于固体样品必须研碎；对于液态样品宜先在水浴上浓缩后再干燥；对于糖浆、甜炼乳等浓稠液体，一般要加水稀释，也可加入石英砂、海砂、玻璃碎末等干燥助剂，防止物理栅（食品表面收缩和封闭），有利于干燥；对于面包馒头之类水分含量>16%的谷类食品，可采用二步干燥法：首先将面包馒头称重后，切片，室温或低温干燥一段时间，然后再次称重、磨碎、过筛，以烘箱干燥法测定水分。

（2）称样重量　样品重量通常控制其干燥残留物为 2~4g。

（3）称量皿规格　称量皿主要有玻璃称量皿和铝质称量皿两种。前者能耐酸碱，不受样品性质的限制。后者质量轻，导热性强，但不耐酸碱，常用于减压干燥法。称量皿大小规格的选择，以样品厚度不超过皿高的 1/3 为宜。

（4）干燥设备的选择　常用设备是装有温度调节器的常压电热烘箱，且温度变动不应超过±2℃。另外，还有全自动或半自动水分测定仪。例如，卤素快速水分测定仪。在干燥过程中，水分测定仪持续测量并即时显示样品丢失的水分含量（%），干燥程序完成后，最终测定的水分含量值被锁定显示。由于卤素加热法时间短，其检测结果与国标烘箱法具有良好的一致性，因此可替代国标法用于食品中水分含量的快速测定。特别是在粮食制品等方面应用越来越广泛。

（5）干燥条件的选择　烘箱干燥法所选用的温度、压力及干燥时间，因被测样品的性质及分析目的不同而有所改变。某些样品的干燥条件如表 4-1 所示。

表 4-1　　　　　　　　烘箱干燥法测定水分的干燥条件

食品名称	样品质量/g	干燥条件			备注
		压力/Pa	温度/℃	时间/h	
谷物	2~3	$1.01×10^5$	130~135	1~2	可采用全自动或半自动水分
		$3.33×10^3$	98~100	5（恒重）	测定仪测定

续表

| 食品名称 | 样品质量/g | 干燥条件 | | | 备注 |
		压力/Pa	温度/℃	时间/h	
面粉	2~3	$1.01×10^5$	100~105	4~5	于 $1.013×10^5$ Pa，102~105℃ 预热 10min；室温风干 15~ 20h
	1.3~4	$2.66×10^3$	135	1~2	
面包*	1.2	$3.33×10^3$	100	5	
	2	$1.01×10^5$	135	1	
精制糖	1.5	$1.01×10^5$	100	3（1）	精制糖可置入 $1.013×10^5$ Pa， 130℃；加热 18min
粗糖	2.2	$6.66×10^3$	70	2（2）	
糖制品	3.2	$3.33×10^3$	100	2（2）	
巧克力	2	$1.01×10^5$	100	3	
果蔬	10	$1.33×10^4$	70	5（2）	
果酱	2	$1.33×10^4$	70	2（2）	
		$3.33×10^3$	70	4	
脱水果蔬	1.5	$1.33×10^4$	70	6	
	2.2	$3.33×10^3$	60	5（2）	
罐藏蔬菜	5~10	$6.66×10^3$	70	2（2）	
其他罐藏食品	5	$1.33×10^4$	70	4（2）	
油脂	1.5	$1.33×10^4$	120	2（2）	
奶油	2.10	$1.01×10^5$	100~105	4~5	
	3mL 或 5mL	$1.01×10^5$	100	3	
鲜乳	1.2	$1.33×10^4$	100	2（2）	
乳粉炼乳	2.2~3	$1.01×10^5$	100~105	4~5	

注：时间栏中，数字 2（1）中 2 表示初始干燥时间，（1）表示间隔时间，烘干至恒重；数字 1 或 4~5，表示规定干燥时间。食品名称栏中，符号 * 带表示样品采用二步干燥法。

（6）干燥器中的干燥剂　常用的干燥剂有无水硫酸钙、无水过氯酸镁、无水过氯酸钡、刚灼烧过的氧化钙、无水五氧化二磷、无水浓硫酸以及变色硅胶。

（7）产生误差的原因分析

①物理栅作用阻碍水分蒸发。

②样品水分含量较高时温度较高会发生糊精化、水解作用等化学反应，使水分损失，可采用初期低温加热。

③对于含有糖类特别是果糖的样品，要采用低温真空烘箱法，防止温度过高发生分解，产生水分及其他挥发物质。

④样品中含有其他易挥发物，如乙醇，乙酸，使结果偏高；样品中含有双键或其他易于氧化的基团，如不饱和脂肪酸、酚类等，使结果偏低。

2. 常压烘箱干燥法

（1）适用范围　适用于蔬菜、谷物及其制品、水产品、豆制品、乳制品、肉制品、卤菜制品、粮食（水分含量<18%）、油料（水分含量<13%）、淀粉及茶叶类等食品中水分的测定。不适用于水分含量<0.5g/100g 的样品中水分含量的测定。

（2）原理　利用食品中水分的物理性质，在 $1.013×10^5$ Pa（一个大气压），温度为 101~105℃下采用挥发方法测定样品中干燥减失的重量，包括自由水、部分结合水和该条件下能挥发的物质，再通过干燥前后的称量数值计算出水分的含量。

（3）试剂和材料　脱水硅胶，海砂（或石英砂）。

（4）仪器　常压恒温干燥箱，称量皿，干燥器，分析天平（感量为 0.0001g）。

（5）分析步骤

①固体试样：取洁净称量瓶，置于 101~105℃干燥箱中，瓶盖斜支于瓶边，加热 1.0h，取出盖好，置干燥器内冷却 0.5h，称量并重复干燥至前后两次质量差≤2mg 即为恒重。将混合均匀的试样迅速磨细（不易研磨的应尽可能切碎）至颗粒<2mm。称取适量（2~10g）试样放入此称量瓶中，加盖，精密称量（精确至 0.0001g）后，置于干燥箱中干燥 2~4h 后，盖好取出，放入干燥器内冷却 0.5h 后（下同）称量。然后再放入干燥箱中干燥 1h 左右，取出，放入干燥器内冷却后再称量。并重复以上操作至前后两次质量差≤2mg（下同），即为恒重。

②半固体或液体试样：取洁净的称量瓶，内加 10g 海砂及一根小玻棒，置于干燥箱中，干燥 1.0h 后取出，放入干燥器内冷却后称量，并重复干燥至恒重。然后称取适量试样（精确至 0.0001g），置于称量瓶中，用小玻棒搅匀放在沸水浴上蒸干，并随时搅拌，擦去瓶底的水滴，置于干燥箱中干燥 4h 后盖好取出，放入干燥器内冷却后称量。继续干燥至恒重。

（6）分析结果计算　按式（4-1）计算：

$$w = \frac{m_1 - m_2}{m_1 - m_3} \times 100 \tag{4-1}$$

式中　w——试样中水分的含量，g/100g；

　　　m_1——称量瓶（加海砂、玻棒）和试样的质量，g；

　　　m_2——称量瓶（加海砂、玻棒）和试样干燥后的质量，g；

　　　m_3——称量瓶（加海砂、玻棒）的质量，g；

　　　100——单位换算系数。

3. 减压烘箱干燥法

（1）适用范围　适用于高温易分解的样品及水分较多的样品（如糖、味精等食品）中水分的测定。不适用于添加了其他原料的糖果（如奶糖、软糖等食品）中水分的测定，也不适用于水分含量<0.5g/100g 的样品（糖和味精除外）。

（2）原理　利用食品中水分的物理性质，在达到 40~53kPa 压力后加热至（60±5）℃，采用减压烘干方法去除试样中的水分，再通过烘干前后的称量数值计算出水分含量。

（3）试剂和材料　脱水硅胶，海砂（或石英砂）。

（4）仪器　真空干燥箱，称量皿，干燥器，研钵，天平（感量为 0.0001g）等。

（5）分析步骤

①样品制备：粉末和结晶试样直接称取；较大块硬糖经研钵粉碎，混匀备用。

②样品测定：取已恒重的称量瓶称取适量（2~10g，精确至 0.0001g）试样，放入真空

干燥箱内，抽出真空干燥箱内空气（所需压力一般为 40~53kPa），并同时加热至所需温度。关闭真空泵上的活塞，停止抽气，经 4h 后打开活塞，待压力恢复正常后再打开干燥箱。取出称量瓶，放入干燥器中后冷却后称量，并重复以上操作至前后两次质量差 ≤2mg，即为恒重。

（6）分析结果计算　同直接干燥法。

（7）注意事项

①此法要求待测样品中的水分是唯一的挥发物质。

②在实际的应用中应该根据样品的实际情况适度调整压力和温度。

③一次不宜测定过多样品，否则较易影响测定结果的准确性。

二、　蒸馏法

蒸馏法出现在 20 世纪初，它采用沸腾的有机液体，将样品中水分分离去除。从所得水分的体积求得样品中水分含量。

1. 适用范围

蒸馏法采用的热交换方式可使水分迅速移去，且食品组分所发生的化学变化较常压烘箱干燥法的小。适用于含水较多又有较多挥发性成分的水果、香辛料及调味品、肉与肉制品等食品中水分的测定。不适用于水分含量<1g/100g 的样品。特别是香辛料，蒸馏法是唯一的、公认的水分测定法。

2. 原理

蒸馏法有多种形式。应用最广的蒸馏法为共沸蒸馏法，即互不相溶的有机溶剂和水构成的二元体系的沸点低于有机溶剂和水的沸点的，可在较低的温度下将样品中的水分蒸馏出来。由于水与其他组分密度不同，馏出液在有刻度的接收管中分层，根据水的体积计算样品的水分含量。

3. 试剂和材料

常用有机溶剂的物理常数如表 4-2 所示。

表 4-2　　　　　　　　　　　　常用有机溶剂及其性质

有机溶剂	沸点/℃	相对密度/25℃	共沸混合物		水在有机溶剂中的溶解度/（g/100g）
			沸点/℃	水分含量/%	
苯	80.2	0.88	69.25	8.8	0.05
甲苯	110.7	0.86	84.1	19.6	0.05
二甲苯	140	0.86			0.04
四氯化碳	76.8	1.59	66.0	4.1	0.01
四氯代乙烯	120.8	1.63			0.03
偏四氯乙烷	146.4	1.60			0.11

样品性质是选择溶剂的重要依据。例如，对热不稳定的食品，一般选用低沸点的苯、甲

苯或甲苯与二甲苯的混合液，而对于一些含有糖分、可分解释出水分的样品，选用苯作溶剂。

4. 仪器

蒸馏式水分测定仪如图4-1所示（带可调电热套）。水分接收管容量5mL，最小刻度值0.1mL，容量误差<0.1mL。

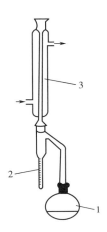

图4-1　蒸馏式水分测定仪装置图

1—蒸馏瓶　2—水分接收管（有刻度）　3—冷凝管

5. 分析步骤

（1）准确称取适量试样（应使最终蒸出的水在2～5mL，但最多取样量不得超过蒸馏瓶的2/3），放入蒸馏瓶中，加入新蒸馏的甲苯（或二甲苯）75mL，连接冷凝管与水分接收管，从冷凝管顶端注入甲苯，装满水分接收管。同时做甲苯（或二甲苯）的空白试剂。

（2）加热慢慢蒸馏，使每秒钟的馏出液为2滴，待大部分水分蒸出后，加速蒸馏约每秒钟4滴，当水分全部蒸出后，接收管内的水分体积不再增加时，从冷凝管顶端加入甲苯冲洗。如冷凝管壁附有水滴，可用附有小橡皮头的铜丝擦下，再蒸馏片刻至接收管上部及冷凝管壁无水滴附着，接收管水平面保持10min不变为蒸馏终点，读取接收管水层的容积。

6. 分析结果计算

按式（4-2）计算：

$$w = \frac{V - V_0}{m} \times 100 \tag{4-2}$$

式中　w——试样中水分的含量，mL/100g（或按水在20℃的相对密度0.998，20g/mL计算质量）；

　　　V——接收管内水的体积，mL；

　　　V_0——做试剂空白时，接收管内水的体积，mL；

　　　m——试样质量，g；

　　　100——单位换算系数。

以重复实验测定结果的算术平均值表示，结果保留3位有效数字。

7. 注意事项

（1）样品用量以含水量 2~5mL 为宜；

（2）温度不宜太高，否则冷凝管上端水汽难以全部回收；

（3）仪器必须洗涤干净，尽量避免接收管和冷凝管壁附着水滴。

三、 卡尔·费休法

1. 适用范围

卡尔·费休法是一种迅速而又准确的水分测定法。适用于脱水果蔬、面粉、糖果、人造奶油、巧克力、糖蜜、茶叶、油脂、乳粉、炼乳等含微量水分的食品测定。不适用于含有氧化剂、还原剂、碱性氧化物、氢氧化物、碳酸盐、硼酸等食品中水分的测定。

2. 原理

卡尔·费休法是一种以滴定法测定水分的化学分析法。其原理基于水存在时碘与二氧化硫的氧化还原反应。

$$2H_2O+I_2+SO_2 \longrightarrow 2HI+H_2SO_4$$

上述反应是可逆的。体系中加入了吡啶和甲醇，则使反应顺利进行。

$$C_5H_5N \cdot I_2+C_5H_5N \cdot SO_2+C_5H_5N+H_2O \longrightarrow 2C_5H_5N \cdot HI+C_5H_5N \cdot SO_3$$
$$C_5H_5N \cdot SO_3+CH_3OH \longrightarrow C_5H_5N（H）SO_4CH_3$$

由上列反应方程可知，每 1mol 水需要 1mol 碘、1mol 二氧化硫、3mol 吡啶和 1mol 甲醇。用卡尔·费休试剂滴定水分的终点，可用试剂本身中的碘作为指示剂，试液中有水存在时，呈淡黄色，接近终点时呈琥珀色，当刚出现微弱的黄棕色时，即为滴定终点，棕色表示有过量碘存在。卡尔·费休水分测定法又分为库仑法和滴定法。

3. 试剂和材料

①无水甲醇（CH_3OH）：含水量在 0.05% 以下；

②无水吡啶（C_5H_5N）：含水量在 0.1% 以下；

③碘：将碘（I_2）置硫酸干燥器内，干燥 48h 以上；

④卡尔·费休试剂：取无水吡啶 133mL 与碘 42.33g，置具塞烧瓶中，注意冷却，振摇至碘全部溶解后，加无水甲醇 333mL，称重。将烧瓶置冰盐浴充分冷却，通入经硫酸（H_2SO_4）脱水的二氧化硫（SO_2）至重量增加 32g。密塞，摇匀。在暗处放置 24h 后，按下法标定。本液应避光，密封，置阴凉干燥处保存。每次临用前均需标定。

4. 仪器

卡尔·费休测定仪，天平（感量为 0.0001g）等。

5. 分析步骤

（1）试剂的标定（滴定法）　在反应瓶中加一定体积（浸没铂电极）的甲醇，在搅拌下用卡尔·费休试剂滴定至终点。加入 10mg 水（精确至 0.0001g），滴定至终点并记录卡尔·费休试剂的用量（V）。卡尔·费休试剂的滴定度按式（4-3）计算：

$$T = \frac{m}{V} \tag{4-3}$$

式中　T——卡尔·费休试剂的滴定度，mg/mL；

　　　m——水的质量，mg；

V——滴定水消耗的卡尔·费休试剂的用量，mL。

（2）试样中水分的测定　于反应瓶中加入一定体积的甲醇或卡尔·费休测定仪中规定的溶剂浸没铂电极，在搅拌下用卡尔·费休试剂滴定至终点。迅速将易溶于甲醇或卡尔·费休测定仪中规定的溶剂的试样直接加入滴定杯中（不易溶解的试样，可对滴定杯进行加热或加入其他溶剂辅助溶解）滴定至终点。对于滴定时，平衡时间较长且引起漂移的试样，需要扣除其漂移量。

（3）漂移量的测定　在滴定杯中加入与测定样品一致的溶剂，并滴定至终点，放置时间≥10min后再滴定至终点，两次滴定之间的单位时间内的体积变化即为漂移量（D）。

6. 分析结果计算

固体试样和液体试样中水分的含量分别按式（4-4）和式（4-5）进行计算：

$$X = \frac{(V_1 - D \times t) \times T}{m} \times 100 \tag{4-4}$$

$$X = \frac{(V_1 - D \times t) \times T}{V_2 \rho} \times 100 \tag{4-5}$$

式中　X——试样中水分的含量，g/100g；

　　　V_1——滴定样品时卡尔·费休试剂体积，mL；

　　　D——漂移量，mL/min；

　　　t——滴定时所消耗的时间，min；

　　　T——卡尔·费休试剂的滴定度，g/mL；

　　　m——样品质量，g；

　　　V_2——液体样品体积，mL；

　　　ρ——液体样品的密度，g/mL；

　　　100——单位换算系数。

水分含量≥1g/100g时，计算结果保留3位有效数字；水分含量<1g/100g时，计算结果保留两位有效数字。在重复性条件下获得的两次独立测定结果的绝对差值不得超过算术平均值的10%。

7. 注意事项

（1）样品细度约为40目，研磨过程防止水分损失。

（2）样品溶剂可用甲醇或吡啶，这些无水试剂宜加入无水硫酸钠保存。此外，其他溶剂有甲酰胺或二甲基甲酰胺。

（3）香料等一些含有醛、酮的脱水产物，它与卡尔·费休试剂中的甲醇会发生反应而生成水。因而，用乙二醇甲醚代替卡尔·费休试剂中的甲醇，用甲酰胺作为样品的溶剂。

第三节　水分活度的分析

水分活度（Water Activity，A_w）是指一定温度下食品中的水蒸气分压与同温度下纯水的饱和蒸汽压之比。水分活度可用于描述食品中水分的结合程度（或游离程度）。水分活度值越高，结合程度越低，反之亦然。

食品的水分活度与食品的保藏性密切有关。如图4-2和图4-3所示，食品的水分活度降低到某一限度时，食品中的生化反应（除脂质氧化反应除外）和微生物的繁殖都能得到较好的抑制。因此，水分活度是影响产品保质期、质地、味道及微生物和化学稳定性的关键参数。严格控制产品的水活度有利于控制产品的保质期。

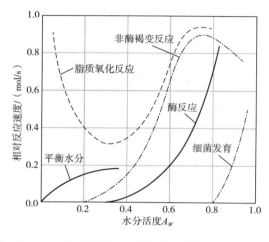

图 4-2　水分活度与食品生化反应速率的关系

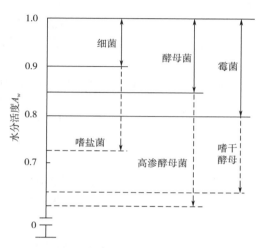

图 4-3　水分活度与微生物生长的关系

食品水分活度的测定原理如下：把被测食品置于密封的空间内，恒温条件下，食品与周围空气的蒸汽压达到平衡，此时气体空间的水蒸气压和食品蒸汽压的数值相等，根据水分活度和相对湿度的定义式可知，达到平衡时空气的相对湿度与食品的水分活度在数值上相等。因此，只要测定空气的相对湿度即可得到食品的水分活度。

一、　康卫氏皿扩散法

1. 适用范围

GB 5009.238—2016《食品安全国家标准　食品水分活度的测定》第一法。可用于预包装谷物制品类、肉制品类、水产制品类、蜂产品类、薯类制品类、水果制品类、蔬菜制品类、乳粉、固体饮料的食品水分活度的测定。不适用于冷冻和含挥发性成分的食品。适用食品水分活度为 0.00~0.98。

2. 原理

在密封、恒温的康卫氏皿中，试样中的自由水与水分活度（A_w）较高和较低的标准饱和溶液相互扩散，达到平衡后，根据试样质量的变化量，求得样品的水分活度。

3. 试剂和材料

标准水分活度试剂如表4-3所示。

表 4-3　　　　　　　　　　　　标准水分活度试剂及其在 25℃时的 A_w

试剂名称	A_w	试剂名称	A_w
硫酸钾（K_2SO_4）	0.973	氯化锶（$SrCl_2 \cdot 6H_2O$）	0.709
硝酸钾（KNO_3）	0.936	氯化钴（$CoCl_2 \cdot 6H_2O$）	0.649
氯化钡（$BaCl_2 \cdot 2H_2O$）	0.902	溴化钠（$NaBr \cdot 2H_2O$）	0.576
硝酸锶［$Sr（NO_3）_2$］	0.851	硝酸镁［$Mg（NO_3）_2 \cdot 6H_2O$］	0.529
氯化钾（KCl）	0.843	碳酸钾（K_2CO_3）	0.432
硫酸铵［$（NH_4）_2SO_4$］	0.810	氯化镁（$MgCl_2 \cdot 6H_2O$）	0.328
溴化钾（KBr）	0.807	氯化锂（$LiCl \cdot H_2O$）	0.113
氯化钠（NaCl）	0.753	溴化锂（$NaOH \cdot 2H_2O$）	0.064
硝酸钠（$NaNO_3$）	0.743		

注：采用易于溶解的温度溶解盐类；冷却至形成固液两相的饱和溶液，储于棕色试剂瓶中，常温下放置一周后使用。

4. 仪器

康卫氏皿（带磨砂玻璃盖，如图 4-4 所示），称量皿，天平（感量为 0.1g 和 0.0001g），恒温培养箱（±1℃），电热恒温鼓风干燥箱。

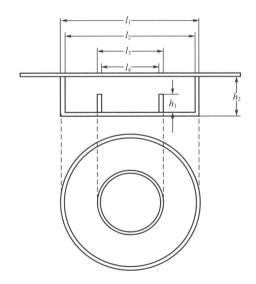

图 4-4　康卫氏扩散皿

l_1—外室外直径，100mm　l_2—外室内直径，92mm　l_3—内室外直径，53mm

l_4—内室内直径，45mm　h_1—内室高度，10mm　h_2—外室高度，25mm

5. 分析步骤

（1）试样的制备

①粉末状固体、颗粒状固体及糊状样品：取≥200g 混匀，置于密闭的玻璃容器内。

②块状样品：取≥200g。在室温、湿度50%~80%的条件下，迅速切成小于3mm×3mm×3mm的小块，不得使用组织捣碎机，混匀后置于密闭的玻璃容器内。

③瓶装固体、液体混合样品：取液体部分。

④质量多样混合样品：取混合均匀样品。

⑤液体或流动酱汁样品：直接采取均匀样品进行称重。

（2）预处理 将盛有试样的密闭容器、康卫氏皿及称量皿置于恒温培养箱内，于（25±1）℃条件下，恒温30min。取出后立即使用及测定。

（3）预测定 分别取12.0mL溴化锂饱和溶液、氯化镁饱和溶液、氯化钴饱和溶液、硫酸钾饱和溶液（表4-3）于4只康卫氏皿的外室，用经恒温的称量皿，迅速称取与标准饱和盐溶液相等份数的同一试样（预处理好的）约1.5g（精确至0.0001g，下同），于已知质量的称量皿中（精确至0.0001g，下同），放入盛有标准饱和盐溶液的康卫氏皿的内室。沿康卫氏皿上口平行移动盖好涂有凡士林的磨砂玻璃片，放入（25±1）℃的恒温培养箱内，恒温24h。取出盛有试样的称量皿，加盖，立即称量。

（4）预测定结果的计算

①试样质量的增减量按式（4-6）计算：

$$X = \frac{m_1 - m}{m - m_2} \tag{4-6}$$

式中 X——试样质量的增减量，g/g；

m_1——扩散平衡后，试样和称量皿的质量，g；

m——扩散平衡前，试样和称量皿的质量，g；

m_2——称量皿的质量，g。

②绘制二维直线图：以所选饱和盐溶液（25℃）的水分活度（A_w）数值为横坐标，对应标准饱和盐溶液的试样质量增减数值为纵坐标，绘制二维直线图（图4-5）。取横坐标截距值，即为该样品的水分活度预测值。

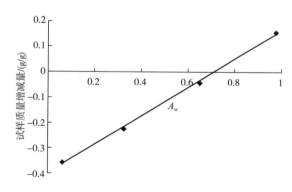

图4-5 蛋糕水分活度预测结果二维直线图

（5）试样的测定 依据预测定结果，分别选用水分活度数值大于和小于试样预测结果数值的饱和盐溶液各3种，各取12.0mL，注入康卫氏皿的外室。用经恒温的称量皿，迅速称取与标准饱和盐溶液相等份数的同一试样（预处理好的）约1.5g，于已知质量的称量皿中，放入盛有标准饱和盐溶液的康卫氏皿的内室。后面步骤同预测定。

6. 分析结果计算

同预测定结果的计算。

取横坐标截距值，即为该样品的水分活度值，如图4-6所示。取三次平行测定的算术平均值作为结果。计算结果保留两位有效数字。在重复性条件下获得的两次独立测定结果的绝对差值不得超过算术平均值的10%。

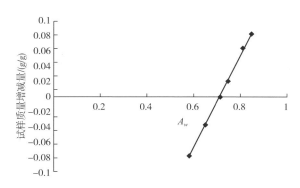

图4-6　蛋糕水分活度二维直线图

7. 注意事项

（1）取样要均匀，称样要迅速，样品测定确保在同一条件进行。每个样品测定时应做平行实验。

（2）米饭类、油脂类、油浸烟熏鱼类需要4d左右时间才能完成测定，需加入样品量0.2%的山梨酸钾防腐，测定时以山梨酸钾的水溶液做空白对照。

（3）康卫氏皿应具有良好的密封性。

二、　水分活度仪扩散法

1. 适用范围

GB 5009.238—2016《食品安全国家标准　食品水分活度的测定》第二法。适用范围同康卫氏皿扩散法。适用食品水分活度为0.60~0.90。

2. 原理

在密闭、恒温的水分活度仪测量舱内，试样中的水分扩散平衡。此时水分活度仪测量舱内的传感器或数字化探头显示出的响应值（相对湿度对应的数值）即为样品的水分活度（A_w）。

3. 试剂和材料

标准水分活度试剂如表4-3所示。

4. 仪器

水分活度测定仪（图4-7），天平（感量为0.01g），样品皿。

5. 分析步骤

（1）水分活度仪的校正　在室温18~25℃，湿度50%~80%的条件下，用饱和盐溶液校正水分活度仪。

（2）水分活度值的测定　称取约1g（精确至0.01g）按照康卫氏皿扩散法的处理方法处

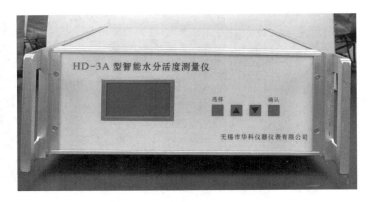

图4-7 水分活度测定仪

理好的试样，迅速放入样品皿中，封闭测量仓，在温度20~25℃、相对湿度50%~80%的条件下测定。每间隔5min记录水分活度仪的响应值。当相邻两次响应值之差<$0.005A_w$时，即为测定值。仪器充分平衡后，同一样品重复测定3次。

6. 分析结果计算

当符合精密度所规定的要求时，取两次平行测定的算术平均值作为结果。计算结果保留两位有效数字。在重复性条件下获得的两次独立测定结果的绝对差值不得超过算术平均值的10%。

7. 注意事项

（1）取样时，对于果蔬类样品应迅速捣碎或者按照比例取汤汁与固形物，肉和鱼等样品需要适当切细。

（2）仪器要用氯化钡饱和溶液经常校正。

（3）测定时，切勿使表头上黏上样品盒内的样品。

（4）不经常使用时，测量舱应放置干燥剂保持干燥。

（5）为防止不同样品之间的干扰，测试盒打开取出样品，传感器放置3~5min再检测下一个样品。

本章微课二维码

微课2-马铃薯淀粉中水分含量的测定

小结

食品中的水分含量和水分活度直接影响食品的保质期、质地、风味，同时与食品中微生物的繁殖、食品成分的稳定性也有密切的关系。因此，测定水分含量和水分活度对食品生产、质量控制等具有十分重要的指导意义。

食品中水分含量分析方法主要有四种，即常压干燥法、减压干燥法、蒸馏法和卡尔·费休法，根据食品中水分的特点、状态及含量选取不同的测定方法。其中，常压干燥法、减压干燥法和蒸馏法操作简便，应用最为广泛。对于含有挥发性物质的食品，特别是香辛料，蒸馏法更为合适；卡尔·费休法是测定食品中痕量水分含量的理想方法。测定食品水分活度主要有康卫氏皿扩散法和水分活度仪扩散法。其中康卫氏皿扩散法比较准确，是国标中的第一法，但是耗时较长；而水分活度仪能够快速、准确地测定食品中的水分活度，在实际的食品分析检测工作中应用广泛。

总之，食品中水分含量和水分活度值的分析方法的选择需要根据待测样品的具体情况选定。除此之外，还需要对分析过程的精确掌握以预防和控制误差，才能够获得准确的分析结果。

🔍 思考题

1. 阐述食品中水分含量分析的意义。

2. 现需要分析某品牌面粉、白砂糖和酱油的水分含量，试问各采用什么方法？简述其原理和分析步骤。

3. 阐述水分活度值的概念及在食品工业生产中的重要意义。

4. 简述水分含量与水分活度之间的关系。

5. 阐述食品中微生物的繁殖和化学反应与水分活度之间的关系。

第五章 CHAPTER

碳水化合物的分析

5

第一节 概述

碳水化合物（carbohydrates），是 C、H、O 三元素组成一类多羟基醛或多羟基酮化合物，其分子组成可用通式 $C_n(H_2O)_m$ 表示。但有些碳水化合物并不符合此通式（如鼠李糖 $C_6H_{12}O_5$）；而有些符合此通式的物质并不是碳水化合物（如甲醛 CH_2O），因此碳水化合物的名称并不确切，但由于沿用已久，目前仍使用"碳水化合物"这一说法。

碳水化合物是自然界最丰富的有机物质，主要存在于植物界，如谷类食物和水果蔬菜等，是食品的重要组成成分，也是人和动物体的重要能源。碳水化合物包含单糖、寡糖和多糖三大类，一般糖泛指单糖、双糖和糖醇。单糖是碳水化合物的最基本组成单位，有葡萄糖、果糖、半乳糖、核糖、阿拉伯糖和木糖。双糖包括蔗糖、麦芽糖、乳糖等。糖醇由 3~9 个单糖通过糖苷键连接而成，如低聚果糖、异麦芽低聚糖、低聚木糖、低聚半乳糖等。多糖则是由 10 个以上单糖缩合而成，包括淀粉、半纤维素、果胶、活性多糖等。其中，单糖、双糖、淀粉能为人体所消化吸收，提供热能；果胶、纤维素对维持人体健康具有重要作用。

一、 碳水化合物在食物中的含量

碳水化合物在不同食物中的存在形式和含量不同。单糖（葡萄糖、果糖）主要存在于水果、蔬菜中；蔗糖主要存在于植物中，一般含量较低，但在甘蔗和甜菜中含量较高；乳糖主要存在于哺乳动物的乳汁中；寡糖在自然界中含量较少，一般作为功能性成分加入到食品中。淀粉广泛存在于农作物的根、籽粒和块茎中，含量可达干物质的 80%。纤维素主要存在于谷类的麸糠和果蔬的表皮中，果胶物质在植物表皮中含量较高。常见食品中的总碳水化合物含量和各种食物中主要的碳水化合物种类如表 5-1 和表 5-2 所示。

表 5-1　　　　　　　　常见食品中的总碳水化合物的质量分数

食品	总糖质量分数（湿重）/%	食品	总糖质量分数（湿重）/%
面包（白）	49	玉米粉、意大利面条	84
牛乳（全）	4.8	冰淇淋、巧克力	23
普通低脂酸奶	7	蜂蜜	82

续表

食品	总糖质量分数（湿重）/%	食品	总糖质量分数（湿重）/%
碳酸饮料、可乐	10	无脂沙拉调味品	27
苹果沙司	20	葡萄	18
带皮苹果	14	带皮马铃薯	18
橘子原汁	—	番茄、番茄叶	4.1
萝卜	9.6	鱼片（捣碎后加面包屑烹制）	—
牛肉腊肠	4.3	炸鸡	0

表 5-2 食品中主要的碳水化合物

碳水化合物		来源	构成单位
单糖	D-葡萄糖（glucose）	存在于蜂蜜、水果、果汁中、转化糖中	
	D-果糖（fructose）	存在于蜂蜜、水果、果汁中、转化糖中	
糖醇	山梨糖醇（sorbitol）	添加到食品中，主要作为保湿剂（humectant）	
双糖	蔗糖（sucrose）	广泛存在于水果蔬菜的细胞和汁液中，添加到食品、饮料中	D-果糖+D-葡萄糖
	乳糖（lactose）	存在于乳及乳制品中	D-半乳糖+D-葡萄糖
	麦芽糖（maltose）	存在于麦芽和玉米糖浆中	D-葡萄糖
其他低聚糖	麦芽低聚糖	麦芽糊精，各种葡萄糖浆中的不同含量	D-葡萄糖
	棉籽糖（raffinose）	少量存在于大豆中	D-葡萄糖+D-果糖+D-半乳糖
	水苏糖（stachyose）	少量存在于大豆中	D-葡萄糖+D-果糖+D-半乳糖
多糖	淀粉（starch）	广泛存在于谷物粒和块茎中，或添加到加工食品中	D-葡萄糖
细胞壁多糖	果胶（pectin）	天然存在	
	纤维素（cellulose）		
	半纤维素（hemicellulose）		
	β-葡聚糖（β-glucan）		

续表

碳水化合物		来源	构成单位
食品胶	羧甲基纤维素（carboxymethyleclluloses）	作为配料添加	
	瓜尔豆胶（guar gum）		
	鹿角藻胶（卡拉胶，carageenan）		
	黄原胶（xanthan）		
	褐藻胶（aligns）		
	阿拉伯胶（Arabic gum）		
	琼脂（agar）		
	魔芋葡甘聚糖（konjac glucomannan）		

二、碳水化合物分析的意义

在食品加工中，碳水化合物对食品的组织结构、物化性质及食品的色、香、味等感官指标具有十分重要的作用。如在焙烤食品中，糖与蛋白质发生美拉德反应，使焙烤制品产生金黄色的颜色。这种颜色可增加人们的食欲感，同时也增加了食品的色、香、味。食品中碳水化合物的种类和含量也在一定程度上标志着营养价值的高低，是某些食品的主要质量指标。如半乳糖是构成婴儿脑神经的重要物质。如果婴儿乳粉用蔗糖代替乳糖，婴儿大脑发育将受到影响。因此，碳水化合物的测定历来是食品分析的主要项目之一。

三、碳水化合物的分析方法

食品中碳水化合物的测定方法一般可分为直接法和间接法两大类。本章将对各种碳水化合物的测定分别介绍。其中，物理法、化学分析法、酶法、色谱法、电泳法、生物传感器及各种仪器分析法是利用糖的理化性质直接进行分析，称为直接法。而间接法则是根据测定的水分、粗脂肪、粗蛋白质、灰分等含量，利用差减法计算，常以总碳水化合物或无氮提取物表示。

第二节　可溶性糖类的分析

一、可溶性糖类的提取与澄清

食品中的可溶性糖类通常是指游离态的单糖、双糖和低聚糖等，测定时一般须选择适当的溶剂先将样品中的糖类物质提取出来，并对提取液进行纯化，排除干扰物质，方可进行测定。

1. 可溶性糖类的提取

进行可溶性糖类的提取时，常用溶剂有水和乙醇，在提取糖类时，先将样品磨碎浸泡成溶液，有脂肪的样品用石油醚提取，除去其中的脂肪和叶绿素。

（1）水作提取剂　用水作提取剂，温度控制在40~50℃，因为温度过高，可溶性淀粉和糊精等成分也很可能随之提出。利用水作提取剂时，除可溶性糖外，还有蛋白质、氨基酸、多糖、色素、有机酸等物质干扰，可能拖延过滤时间或影响分析结果，所以用水作提取剂应注意三个问题：

①温度过高时可溶性淀粉及糊精会被提取出来；

②酸性样品的酸性使糖水解（转化），所以酸性样品要用碳酸钙中和，提取时应控制在中性；

③萃取的液体有酶活性时，同样可以使糖水解，加氯化汞可防止（氯化汞可抑制酶活性）水解发生。

（2）乙醇作提取剂　乙醇也是常见的糖类提取剂，其浓度70%~80%。若样品中含水量较高，混合液的终浓度应在上述范围内。乙醇作提取剂适用于含酶多的样品，这样可避免糖被水解。

可溶性糖类物质的提取应遵循以下原则：

①根据所选用的方法，确定适宜的取样量和稀释倍数，一般提取液含糖量应控制在0.5~3.5mg/mL；

②含脂肪的样本应先经脱脂处理，一般用石油醚进行处理后再用水提取；

③含有大量淀粉和糊精的食品，最好采用乙醇溶液提取；

④含酒精和二氧化碳等挥发组分的液体样品，应先水浴，去除挥发组分，且加热时应保持溶液中性，以免造成低聚糖水解和单糖分解。

2. 提取液的澄清

澄清剂可以沉淀一些干扰物质，使提取液清亮透明，达到准确的测量糖类。澄清剂应该去除干扰物质完全，且不吸附被测物质糖，也不改变糖类的比旋光度及理化性质，过量澄清剂还不影响糖的测量。同时，形成的沉淀颗粒要小，操作简便。实验室常用的澄清剂有以下几种：

（1）中性乙酸铅　中性乙酸铅是食品分析中最常用的澄清剂，可除去蛋白质、单宁、有机酸、果胶，且不会沉淀样液中的还原糖，在室温下也不会形成铅糖化合物。但中性乙酸铅脱色力差，不能用于深色糖液的澄清，只适用于浅色的糖及糖浆制品、果蔬制品、焙烤制品等。若样品颜色较深，可加活性炭处理。同时应注意，铅盐有毒，使用时应注意安全。

（2）碱性乙酸铅　碱性乙酸铅适用于深色的蔗糖溶液，可除去色素、有机酸、蛋白质、单宁等杂质，也可以凝聚胶体。但它形成沉淀颗粒大，可带走糖，尤其是果糖。过量碱性乙酸铅可因其碱度及铅糖的形成而改变糖类的旋光度。

（3）乙酸锌和亚铁氰化钾　乙酸锌与亚铁氰化钾溶液反应生成的氰亚铁酸锌沉淀（白色沉淀）可以吸附干扰物质。因此，其去除蛋白质能力强，可用于颜色较浅、富含蛋白质的提取液，是乳制品、豆制品的理想澄清剂。

（4）氢氧化铝溶液（铝乳）　氢氧化铝能凝聚胶体，但对非胶态杂质的澄清效果不好。常用作浅色糖溶液的澄清剂，或作为辅助澄清剂使用。

（5）硫酸铜和氢氧化钠溶液　该澄清剂由 5 份硫酸铜溶液（69.29g $CuSO_4 \cdot 5H_2O$ 溶于1L 水中）和 2 份氢氧化钠溶液（1mol/L）组成，在碱性条件下，铜离子可使蛋白质沉淀，适用于牛乳等富含蛋白质的样品。

（6）活性炭　活性炭能去除植物样品中的色素，适用于颜色较深的提取液。但活性炭能吸附糖类特别是蔗糖，导致检测结果偏低。

总而言之，澄清剂的种类较多，性能特点也各不相同，澄清效果也不一样。在一般操作时，应根据样液的性质、干扰物质的种类和含量及采用的分析方法选择合适的澄清剂。

二、 还原糖的测定

某些单糖和仍保留有半缩醛羟基的低聚糖均能还原斐林试剂，因此被称为还原糖（reducing sugar）。它包括葡萄糖、果糖、麦芽糖等。在葡萄糖分子中含有醛基，在果糖分子中含有酮基，在乳糖中和麦芽糖中含有半缩醛羟基。另外，蔗糖和多糖虽无还原性，但当多糖或低聚糖水解成为单糖后，仍可参考还原糖的测定方法进行定量。

测定还原糖比较常见的方法有碱性铜盐法、铁氰化钾法、碘量法、比色法、酶法等。本文重点介绍 GB 5009.7—2016《食品安全国家标准　食品中还原糖的测定》中的直接滴定法。

1. 适用范围

适用于食品中还原糖含量的测定。

2. 原理

本法是在经典的费林试剂法基础上不断改进后得到的。将一定量的碱性酒石酸铜甲、乙液等量混合，立即生成氢氧化铜沉淀并与酒石酸钾钠反应，生成深蓝色的可溶性酒石酸钾钠铜络合物。样品除去蛋白质后，在加热条件下，以亚甲基蓝为指示剂，用样液滴定，样液中的还原糖与酒石酸钾钠铜反应，生成红色的氧化亚铜沉淀，此沉淀与亚铁氰化钾络合，生成无色络合物。二价铜全部被还原后，稍过量的还原糖把亚甲基蓝还原，溶液由蓝色变为无色，即到达反应终点。根据样液消耗量即可计算出还原糖的含量。

以葡萄糖为例，各步反应式如图 5-1 所示。

3. 试剂和材料

①106g/L 亚铁氰化钾 [$K_4Fe(CN)_6 \cdot 3H_2O$] 溶液；40g/L 氢氧化钠（NaOH）溶液；

②碱性酒石酸铜甲液：称取硫酸铜（$CuSO_4 \cdot 5H_2O$）15g，亚甲基蓝（$C_{16}H_{18}ClN_3S \cdot 3H_2O$）0.05g，加适量水溶解，定容至 1000mL；

③碱性酒石酸铜乙液：称取酒石酸钾钠（$C_4H_4O_6KNa \cdot 4H_2O$）50g，氢氧化钠 75g，加适量水溶解，再加入亚铁氰化钾 4g，完全溶解后，定容至 1000mL，用精制石棉过滤，储存于橡胶塞玻璃瓶中；

④乙酸锌溶液：称取乙酸锌 [$Zn(CH_3COO)_2 \cdot 2H_2O$] 21.9g，加乙酸（$CH_3COOH$）3mL，加水溶解并定容至 100mL；

⑤1.0mg/mL 葡萄糖标准溶液：准确称取 100℃ 干燥至恒重的无水葡萄糖（$C_6H_{12}O_6$）

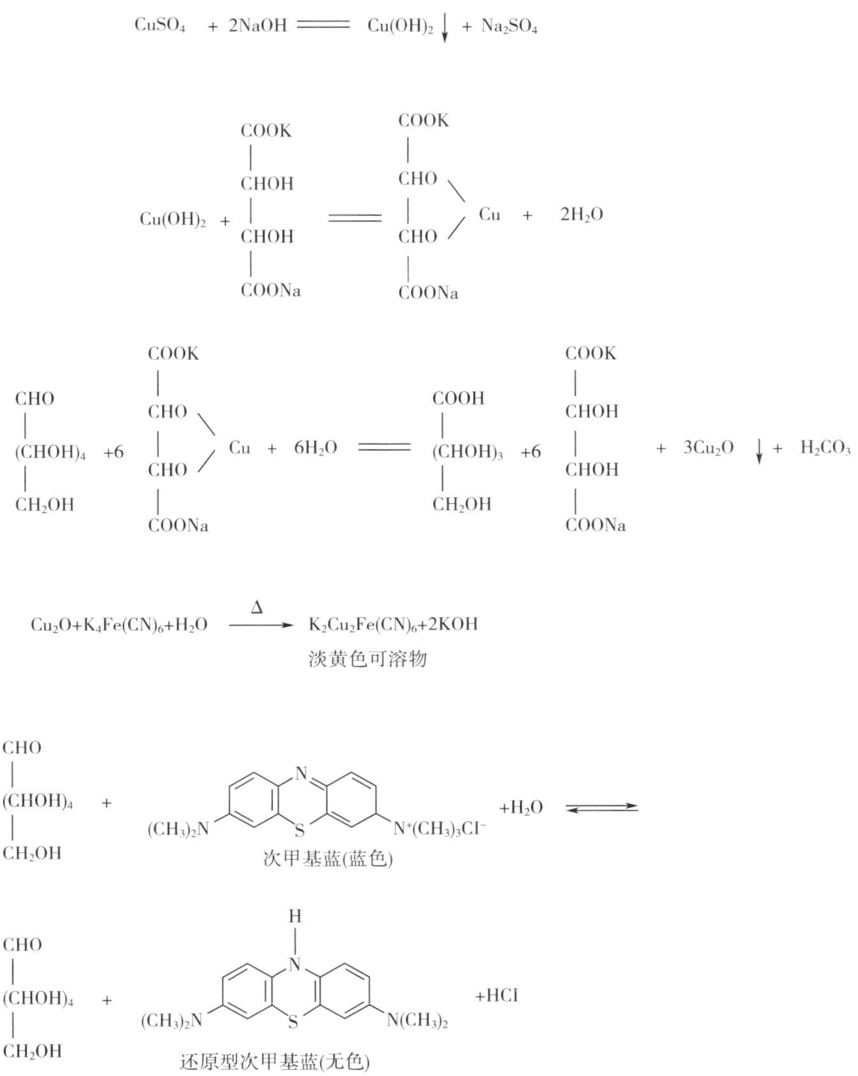

$$CuSO_4 + 2NaOH = Cu(OH)_2 \downarrow + Na_2SO_4$$

$$Cu(OH)_2 + \begin{matrix} COOK \\ | \\ CHOH \\ | \\ CHOH \\ | \\ COONa \end{matrix} = \begin{matrix} COOK \\ | \\ CHO \\ \diagdown \\ CHO \\ \diagup \\ COONa \end{matrix} Cu + 2H_2O$$

$$\begin{matrix} CHO \\ | \\ (CHOH)_4 \\ | \\ CH_2OH \end{matrix} + 6 \begin{matrix} COOK \\ | \\ CHO \\ \diagdown \\ CHO \\ \diagup \\ COONa \end{matrix} Cu + 6H_2O = \begin{matrix} COOH \\ | \\ (CHOH)_3 \\ | \\ CH_2OH \end{matrix} + 6 \begin{matrix} COOK \\ | \\ CHOH \\ | \\ CHOH \\ | \\ COONa \end{matrix} + 3Cu_2O \downarrow + H_2CO_3$$

$$Cu_2O + K_4Fe(CN)_6 + H_2O \xrightarrow{\Delta} K_2Cu_2Fe(CN)_6 + 2KOH$$
淡黄色可溶物

$$\begin{matrix} CHO \\ | \\ (CHOH)_4 \\ | \\ CH_2OH \end{matrix} + \underset{\text{次甲基蓝(蓝色)}}{(CH_3)_2N \text{—} \overset{N}{\underset{S}{\bigcirc\bigcirc\bigcirc}} \text{—} N^+(CH_3)_3Cl^-} + H_2O \rightleftharpoons$$

$$\begin{matrix} CHO \\ | \\ (CHOH)_4 \\ | \\ CH_2OH \end{matrix} + \underset{\text{还原型次甲基蓝(无色)}}{(CH_3)_2N \text{—} \overset{H}{\underset{\underset{S}{N}}{\bigcirc\bigcirc\bigcirc}} \text{—} N(CH_3)_2} + HCl$$

图 5-1 直接滴定法基本原理

1.0000g，加水溶解后移入 1000mL 容量瓶中，加入盐酸（HCl）5mL 以防止微生物生长，用水稀释至 1000mL。

4. 仪器

天平（感量为 0.0001g），水浴锅，可调温电炉，酸式滴定管。

5. 分析步骤

（1）试样预处理

①含淀粉的食品：称取粉碎或混匀后的试样 10~20g（精确至 0.001g），置 250mL 容量瓶中，加水 200mL，在 45℃水浴中加热 1h，并时时振摇，冷却后加水至刻度，混匀，静置，沉淀。吸取 200mL 上清液置于另一 250mL 容量瓶中，缓慢加入乙酸锌溶液 5mL 和亚铁氰化钾溶液 5mL，加水至刻度，混匀，静置 30min，用干燥滤纸过滤，弃去初滤液，取后续滤液备用。

②酒精饮料：称取混匀后的试样100g（精确至0.01g），置于蒸发皿中，用氢氧化钠溶液中和至中性，在水浴上蒸发至原体积的1/4后，移入250mL容量瓶中，后续步骤同含淀粉食品。

③碳酸饮料：称取混匀后的试样100g（精确至0.01g）于蒸发皿中，在水浴上微热搅拌除去二氧化碳后，移入250mL容量瓶中，用水洗涤蒸发皿，洗液并入容量瓶，加水至刻度，混匀后备用。

④其他食品：称取粉碎后的固体试样2.5~5g（精确至0.001g）或混匀后的液体试样5~25g（精确至0.001g），置250mL容量瓶中，加50mL水，后续步骤同含淀粉食品。

（2）碱性酒石酸铜溶液的标定　吸取碱性酒石酸铜甲液、乙液各5.0mL，置于150mL锥形瓶中并加水10mL，加玻璃珠2~4粒，控制在2min内加热至沸，保持沸腾，以先快后慢的速度，从滴定管滴加约9mL葡萄糖标准溶液，加热使其在2min内沸腾30s，趁热以1滴/2s的速度继续滴加葡萄糖标准溶液，直至溶液蓝色恰好褪去为终点，记录消耗的葡萄糖标准溶液体积，平行测定3次，取平均值。

注：也可按上述方法标定4~20mL碱性酒石酸铜溶液（甲液、乙液各半）来适应试样中还原糖的浓度变化。

（3）试样溶液的预测　吸取碱性酒石酸铜甲液5.0mL和碱性酒石酸铜乙液5.0mL于150mL锥形瓶中，加水10mL，加入玻璃珠2~4粒，控制在2min内加热至沸，保持沸腾以先快后慢的速度，从滴定管滴加试样溶液，并保持沸腾状态，待溶液颜色变浅时，以1滴/2s的速度滴定，直至溶液蓝色刚好褪去为终点，记录样品溶液消耗体积。

（4）试样溶液的测定　吸取碱性酒石酸铜甲液5.0mL和碱性酒石酸铜乙液5.0mL，置于150mL锥形瓶中，加水10mL，加入玻璃珠2~4粒，从滴定管滴加比预测体积少1mL的试样溶液至锥形瓶中，控制在2min内加热至沸，保持沸腾继续以1滴/2s的速度滴定，直至蓝色刚好褪去为终点，记录样液消耗体积，同法平行操作3份，得出平均消耗体积（V）。

6. 分析结果计算

按式（5-1）计算：

$$X = \frac{m_1}{m \times F \times V/250 \times 1000} \times 100 \tag{5-1}$$

式中　　X——试样中还原糖的含量（以某种还原糖计），g/100g；

　　　m_1——碱性酒石酸铜溶液（甲、乙液各半）相当于某种还原糖的质量，mg；

　　　m——试样质量，g；

　　　F——系数，对酒精饮料为0.8，其余为1；

　　　V——测定时平均消耗试样溶液体积，mL；

　　　250——定容体积，mL；

100和1000——单位换算系数。

当浓度过低时，试样中还原糖的含量（以某种还原糖计）按式（5-2）计算：

$$X = \frac{m_2}{m \times F \times 10/250 \times 1000} \times 100 \tag{5-2}$$

式中　　X——试样中还原糖的含量（以某种还原糖计），g/100g；

　　　m_2——标定时体积与加入样品后消耗的还原糖标准溶液体积之差相当于某种还原糖的质量，mg；

　　　　　m——试样质量，g；

　　　　　F——系数，对含酒精饮料为 0.8，其余为 1；

　　　　10——样液体积，mL；

　　　250——定容体积，mL；

100 和 1000——单位换算系数。

　　7. 注意事项

　　（1）本方法测定的是一类具有还原性质的糖，包括葡萄糖、果糖、乳糖、麦芽糖等，只是结果用葡萄糖或其他转化糖的方式表示，所以不能误解为还原糖等于葡萄糖或其他糖。

　　（2）分别用葡萄糖、果糖、乳糖、麦芽糖标准品配制标准溶液分别滴定等量已标定的碱性酒石酸铜液，所消耗标准溶液的体积有所不同。证明即便同是还原糖，在物化性质上仍有所差别，所以还原糖的结果只是反映样品整体情况，并不完全等于各还原糖含量之和。如果已知样品只含有某种还原糖，则应以该还原糖做标准品，结果为该还原糖的含量。如果样品中还原糖的成分未知，或为多种还原糖的混合物，则以某种还原糖做标准品，结果以该还原糖计，但不代表该糖的真实含量。

　　（3）加热沸腾后，要始终保持在微沸的状态下滴定，一是可以加快还原糖与 Cu^{2+} 的反应速度，二是亚甲基蓝变色反应是可逆的，还原型亚甲基蓝遇空气中氧气时又会氧化为氧化型。此外，氧化亚铜极不稳定，易被空气中氧所氧化。保持沸腾可防止空气进入，避免亚甲基蓝和氧化亚铜被氧化而增加耗氧量。

　　（4）滴定时不能随意摇动锥形瓶，更不能把锥形瓶从热源上取下来滴定，以防止空气进入反应溶液中。

　　（5）样品液中还原糖浓度不宜过高或者过低，可先进行预实验预测实验结果，调节样品中还原糖的含量在 1mg/mL 左右为宜。

　　（6）滴定至终点蓝色褪去之后，溶液呈黄色，此后又重新变蓝，此时不应再进行滴定。这是因为亚甲基蓝被糖还原后，蓝色消失。接触空气后，又被氧化变成蓝色。

　　（7）影响测定结果的主要因素为反应液碱度、热源强度、煮沸时间和滴定速度。反应液碱度直接影响二价铜与还原糖反应的速度、反应进行的程度及测定结果。在一定范围内，溶液碱度越高，二价铜还原速度越快。因此应严格控制反应液体积，标定和测定时消耗的体积应接近，使反应体系碱度一致。热源强度应控制在使反应液在 2min 内沸腾，且应保持一致。否则加热至沸腾的时间不一致会导致蒸发量不同，使反应液碱度发生变化，从而导致误差。沸腾时间和滴定速度对结果影响也较大，一般沸腾时间短，消耗糖液多；反之，消耗糖液少。滴定速度快，消耗糖液多；反之，消耗糖液少。因此，测定时应严格控制实验条件一致，在平行试验时样液消耗量相差 ≤0.1mL。

三、　总糖的测定

　　食品中的总糖主要指具有还原性的葡萄糖、果糖、戊糖、乳糖和在测定条件下能水解为还原性单糖的蔗糖（水解后为 1 分子葡萄糖和 1 分子果糖）、麦芽糖（水解后为 2 分子葡萄糖）以及可能部分水解的淀粉（水解后为 2 分子葡萄糖）。总糖的测定是食品工业中常规分析项目，是麦乳精、糕点、果蔬罐头、饮料等许多食品的重要质量指标。它反映的是食品中可溶性单糖和低聚糖的总量，其含量高低对产品的色、香、味、组织形态、营养价值等有一定影响。

测定总糖的经典化学方法都是以其能被各种试剂氧化为基础的。另外，非还原糖性糖类，如双糖、三糖、多糖等，本身不具有还原性，但可以通过水解形成具有还原性的单糖，再按照还原糖的测定方法进行测定，然后换算成样品中的相应的糖类的含量。目前不同食物中总糖的测定方法不完全一致，本文重点介绍 GB/T 9695.31—2008《肉制品　总糖含量测定》中总糖的测定方法——苯酚硫酸法。

1. 适用范围

适用于肉制品中总糖含量的测定。

2. 原理

碳水化合物在浓硫酸作用下，非单糖水解为单糖，单糖再脱水，生成的糠醛或糠醛衍生物能与苯酚缩合生成一种黄色化合物，在一定浓度范围内其颜色深浅与糖的含量成正比，470nm 波长下可比色测定。

3. 试剂和材料

①苯酚溶液：称取 5g 苯酚（C_6H_5OH）溶于 100mL 水中，避光储存；

②浓硫酸（$\rho_{20} \approx 1.84g/mL$）；

③1.0mg/mL 葡萄糖标准溶液：准确称取 1.000g 经过（96±2）℃ 干燥 2h 的纯葡萄糖（$C_6H_{12}O_6$），加水溶解后加入 5mL 盐酸（HCl），并以水定容至 1000mL；

④淀粉酶溶液：称取 0.5g 淀粉酶溶于 100mL 水中；

⑤碘–碘化钾溶液：称取碘化钾（KI）3.6g、碘（I_2）1.3g 溶于水中并稀释至 100mL。

4. 仪器

分光光度计，水浴锅，绞肉机。

5. 分析步骤

（1）试样前处理　称取试样约 1g（精确至 0.001g）于烧杯中，加入 50mL 水，在沸水浴上加热 30min，冷却后用水定容到 500mL。含淀粉的试样，加热后冷却到 60℃ 左右，加入淀粉酶溶液 10mL 混匀，在 55~60℃ 水浴中保温 1h。用碘–碘化钾溶液检查酶解是否完全。若显蓝色，再加淀粉酶溶液 10mL 继续保温直到酶解完全。加热至沸冷却后移入 500mL 容量瓶中用水定容至刻度。混匀后过滤，滤液备用。

（2）测定

①葡萄糖标准曲线的绘制：分别准确吸取葡萄糖标准溶液 0mL，1mL，2mL，3mL，4mL 和 5mL 分别置于 50mL 容量瓶中用水定容至刻度，摇匀。浓度分别为 0μg/mL，20μg/mL，40μg/mL，60μg/mL，80μg mL 和 100μg/mL。准确吸取上述标准葡萄糖溶液 1mL（相当于葡萄糖 0μg，20μg，40μg，60μg，80μg 和 100g），加入 20mL 比色管中，加入苯酚溶液 1mL 充分混合，加入浓硫酸 5mL 并立即摇匀。室温下放置 20min，在 470nm 波长，以零管为参比，测定吸光度值，以葡萄糖含量为横坐标、吸光度值为纵坐标，绘制标准曲线。

②试样溶液的测定：准确吸取滤液 1mL，加入 20mL 比色管中，按①自"加入苯酚溶液……"起进行操作。

6. 分析结果计算

按式（5-3）计算：

$$X_1 = \frac{m_1 \times V_0 \times 10^{-6}}{m_0 \times V_1} \times 100 \qquad (5-3)$$

式中　X_1——试样中总糖的含量（以葡萄糖计），g/100g；

　　　m_1——从标准曲线上查得葡萄糖含量，μg；

　　　V_0——试样经前处理后定容的体积，mL；

　　　m_0——试样质量，g；

　　　V_1——测定时吸取滤液的体积，mL；

　　　100——单位换算系数。

7. 注意事项

（1）本法简单，灵敏度高，基本不受蛋白质的影响，且颜色稳定时间在 160min 以上。虽然本法可测定几乎所有的碳水化合物，但由于不同糖吸光度不同，若已知样品中不同糖的比率，最好用混合糖做标准溶液；若不知样品中不同糖的比例，则常用葡萄糖做标准溶液；

（2）苯酚有毒，浓硫酸有腐蚀性，实验过程应注意安全，戴手套操作。

四、　蔗糖的测定

食品中的蔗糖是葡萄糖和果糖组成的双糖，它是判断食品加工原料的成熟程度，鉴别白糖、蜂蜜等食品原料的品质，控制糖果、果脯、加糖乳制品等产品的重要质量指标。蔗糖没有还原性，但在一定条件下，蔗糖可水解为具有还原性的葡萄糖和果糖。因此，可先将蔗糖水解为还原糖，再通过还原糖的方法进行测量。本文重点介绍 GB 5009.8—2016《食品安全国家标准　食品中果糖、葡萄糖、蔗糖、麦芽糖、乳糖的测定》中的酸水解–莱茵–埃农氏法。

1. 适用范围

适用于各类食品中蔗糖的测定。

2. 原理

样品脱脂后，用水或乙醇提取，提取液经澄清处理，去除蛋白质等杂质。加入盐酸水解，其中的蔗糖经盐酸水解转化为还原糖，用还原糖的测定方法，确定样品中蔗糖的含量。实际上测定还原糖包括两部分：一是样品中原有的还原糖、二是蔗糖经酸水解后的还原糖。二者差值即为蔗糖水解后的还原糖量，即转化糖含量，乘以换算系数即为蔗糖含量。

3. 试剂和材料

①6mol/L 盐酸：量取 50mL 盐酸（HCl）加水稀释至 100mL；

②甲基红指示液：称取甲基红（$C_{15}H_{15}N_3O_2$）盐酸盐 0.1g，用 0.95g/mL 乙醇（C_2H_5OH）溶解并定容至 100mL；

③200g/L 氢氧化钠（NaOH）溶液；其余试剂同还原糖测定部分。

4. 仪器

天平（感量为 0.0001g），水浴锅，可调温电炉，酸式滴定管。

5. 分析步骤

样品按直接滴定法中方法处理。吸取 2 份 50mL 还原糖样品处理稀释液，置于 100mL 容量瓶中，一份加入 5mL 6mol/L 盐酸，在 68～70℃ 水浴中加热 15min，迅速冷却后加 1g/L 甲基红乙醇指示液 2 滴，用 0.2g/mL 氢氧化钠溶液中和至中性，加水定容至刻度，混匀。另一份直接加水稀释至100mL，然后取上述两种溶液，分别按还原糖的测定方法测定。

6. 分析结果计算

按式（5-4）计算：

$$蔍糖（g/100g）=（R_2-R_1）×0.95 \tag{5-4}$$

式中　R_1——不经水解处理还原糖的含量，g/100g；

　　　　R_2——水解处理后还原糖的含量，g/100g；

　　0.95——转化糖（以葡萄糖计）换算为蔗糖的系数。

7. 注意事项

（1）蔗糖水解速度比其他双糖、低聚糖和多糖快得多。在本法规定的水解条件下，蔗糖可以完全水解，而其他糖的水解作用很小，可忽略不计。

（2）为获得准确的结果，必须严格控制水解条件。取样液体积、酸的浓度及用量、水解温度和时间都严格控制，到达规定时间后应迅速冷却，以防止低聚糖和多糖水解、果糖分解。

（3）用还原糖法测定蔗糖时，为减少误差，测得的还原糖含量应以转化糖表示。

五、 多种糖的分离与同时测定

在生产和科研活动中，多种糖常混合在一起，有时需进行多种糖的组成及含量测定。常用方法如高效液相色谱法、气相色谱法、毛细管电泳、质谱法等。由于食品种类繁多，组成各异，具体应用时应根据样品性质，选择恰当的样品处理方法和色谱条件。

1. 高效液相色谱法

样品经适当的前处理后，将糖类的水溶液注入反相化学键合相色谱体系，用乙腈和水作为流动相，糖类分子按照相对分子质量由小到大的顺序流出，经示差折光检测器检测，与标准品比较定量。

2. 离子色谱法

糖是一种多羟基醛或酮化合物，具有弱酸性，当pH 12~14时，会发生解离，所以能被阴离子交换树脂保留，用pH 12或碱性更大的氢氧化钠溶液淋洗，可实现糖的分离，再以脉冲安培检测器检测，峰保留时间定性，峰高外标法定量。

3. 气相色谱法

糖类分子间引力一般较强，挥发性弱，不适合直接用气相色谱法检测。但把糖制成具有挥发性的衍生物，就可以用气相色谱法进行分离定量。常用的衍生物有三氯硅烷衍生物、三氟乙酰衍生物、乙酰和甲基衍生物等。

4. 电泳法

具有电荷的糖类物质，在外加直流电场作用下，能做定向移动，其移动速度与其所带的电荷量、分子大小和形状等有关。将糖类物质分离开之后，用适当的试剂显色，或用紫外、荧光等方法进行定性和定量。

5. 酶法

多种糖共存时，除可用色谱法先分离再测定外，还可利用酶作用于底物的专一性，选择性地测定某种糖，如用葡萄糖氧化酶可测定多种糖中的葡萄糖。

第三节　淀粉含量的分析

淀粉是食品中主要营养成分之一，广泛存在于植物的根、茎、叶、种子等组织中，是人类食物的重要组成部分，也是人体热能的主要来源。淀粉是可消化性多糖，主要包括直链淀粉和支链淀粉，二者性质不同。直链淀粉不溶于冷水，可溶于热水，支链淀粉常压下不溶于水，在加热加压时可溶于水。直链淀粉遇碘可生成深蓝色络合物，而支链淀粉遇碘不能形成稳定络合物，呈现较浅的蓝色。

淀粉不溶于30%以上的乙醇溶液，在酸或酶的作用下可以水解，最终产物是葡萄糖。同时，淀粉水溶液具有右旋性，比旋光度为（+）201.5°~205°。淀粉的测定方法多是根据上述理化性质建立的。常用的测定方法包括酸水解法、酶水解法、旋光法、酸化酒精沉淀法等。本文重点介绍 GB/T 5009.9—2016《食品安全国家标准　食品中淀粉的测定》中的酶水解法和酸化酒精沉淀法。

一、酶水解法

1. 适用范围

适用于食品（除肉制品）中淀粉测定。

2. 原理

试样经去除脂肪及可溶性糖后，淀粉用淀粉酶水解成小分子糖，再用盐酸水解成单糖，最后按还原糖测定，并折算成淀粉含量。

3. 试剂和材料

①碘溶液：称取3.6g碘化钾（KI）溶于20mL水中，加入1.3g碘（I_2），溶解后加水定容至100mL；

②5g/L淀粉酶溶液：称取高峰氏淀粉酶0.5g，加100mL水溶解，临用时配制；也可加入数滴甲苯（C_7H_8）或三氯甲烷（$CHCl_3$）防止长霉，置于4℃冰箱中；

③85%乙醇溶液：取85mL无水乙醇（C_2H_5OH），加水定容至100mL混匀。也可用95%乙醇配制；

④石油醚：沸程为60~90℃，乙醚（$C_4H_{10}O$），甲苯（C_7H_8），三氯甲烷（$CHCl_3$）；

⑤盐酸溶液（1+1）：量取50mL盐酸（HCl）与50mL水混合；

⑥200g/L氢氧化钠溶液：称取20g氢氧化钠（NaOH），加水溶解并定容至100mL；

⑦碱性酒石酸铜甲液：称取15g硫酸铜（$CuSO_4 \cdot 5H_2O$）及0.050g亚甲蓝（$C_{16}H_{18}ClN_3S \cdot 3H_2O$），溶于水中并定容至1000mL；

⑧碱性酒石酸铜乙液：称取50g酒石酸钾钠（$C_4H_4O_6KNa \cdot 4H_2O$）、75g氢氧化钠，溶于水中，再加入4g亚铁氰化钾 [$K_4Fe(CN)_6 \cdot 3H_2O$]，完全溶解后，用水定容至1000mL，储存于橡胶塞玻璃瓶内；

⑨2g/L甲基红指示液：称取甲基红（$C_{15}H_{15}N_3O_2$）0.20g，用少量乙醇溶解后，加水定容至100mL；

⑩1.0mg/mL 葡萄糖标准溶液：准确称取 1g（精确至 0.0001g）经过 98~100℃ 干燥 2h 的 D-无水葡萄糖（$C_6H_{12}O_6$，纯度≥98%），加水溶解后加入 5mL 盐酸，并以水定容至 1000mL。

4. 仪器

天平（感量分别为 0.001g 和 0.0001g）、恒温水浴锅、组织捣碎机、电炉。

5. 分析步骤

（1）试样制备

①易于粉碎的试样：将样品磨碎过 0.425mm 筛（相当于 40 目），称取 2~5g（精确到 0.001g），置于放有折叠慢速滤纸的漏斗内，先用 50mL 石油醚或乙醚分 5 次洗除脂肪，再用约 100mL 0.85g/mL 乙醇分次充分洗去可溶性糖类。根据样品的实际情况，可适当增加洗涤液的用量和洗涤次数，以保证干扰检测的可溶性糖类物质洗涤完全。滤干乙醇，将残留物移入 250mL 烧杯内，并用 50mL 水洗净滤纸，洗液并入烧杯内，将烧杯置于沸水浴上加热 15min，使淀粉糊化，放冷至 60℃ 以下，加 20mL 淀粉酶溶液，在 55~60℃ 保温 1h，并时时搅拌。然后取 1 滴淀粉酶溶液加 1 滴碘溶液，应不显现蓝色。若显蓝色，再加热糊化并加 20mL 淀粉酶溶液，继续保温，直至加碘溶液不显蓝色为止。加热至沸，冷后移入 250mL 容量瓶中，并加水至刻度，混匀、过滤，并弃去初滤液。

取 50.00mL 滤液，置于 250mL 锥形瓶中，加 5mL 盐酸（1+1），装上回流冷凝器，在沸水浴中回流 1h，冷后加 2 滴甲基红指示液，用氢氧化钠溶液（200g/L）中和至中性，溶液转入 100mL 容量瓶中，洗涤锥形瓶，洗液并入 100mL 容量瓶中，加水至刻度，混匀备用。

②其他样品：称取一定量样品，准确加入适量水在组织捣碎机中捣成匀浆（蔬菜、水果需先洗净晾干取可食部分），称取相当于原样质量 2.5~5g（精确到 0.001g）的匀浆，后续操作同易于粉碎的试样处理。

（2）测定

①标定碱性酒石酸铜溶液：吸取 5.00mL 碱性酒石酸铜甲液及 5.00mL 碱性酒石酸铜乙液，置于 150mL 锥形瓶中，加水 10mL，加入玻璃珠两粒，从滴定管滴加约 9mL 葡萄糖标准溶液，控制在 2min 内加热至沸，保持溶液呈沸腾状态，以每两秒一滴的速度继续滴加葡萄糖，直至溶液蓝色刚好褪去为终点，记录消耗葡萄糖标准溶液的总体积，同时做三份平行，取其平均值，计算每 10mL（甲、乙液各 5mL）碱性酒石酸铜相当于葡萄糖的质量 m_1（mg）。

注：也可以按上述方法标定 4~20mL 碱性酒石酸铜溶液（甲、乙液各半）来适应试样中还原糖的浓度变化。

②试样溶液预测：吸取 5.00mL 碱性酒石酸铜甲液及 5.00mL 碱性酒石酸铜乙液，置于 150mL 锥形瓶中，加水 10mL，加入玻璃珠两粒，控制在 2min 内加热至沸，保持沸腾状态，以先快后慢的速度，从滴定管中滴加试样溶液，并保持溶液沸腾状态，待溶液颜色变浅时，以每两秒一滴的速度滴定，直至溶液蓝色刚好褪去为终点。记录试样溶液的消耗体积。当样液中葡萄糖浓度过高时，应适当稀释后再进行正式测定，使每次滴定消耗试样溶液的体积控制在与标定碱性酒石酸铜溶液时所消耗的葡萄糖标准溶液的体积相近，约 10mL。

③试样溶液测定：吸取 5.00mL 碱性酒石酸铜甲液及 5.00mL 碱性酒石酸铜乙液，置于 150mL 锥形瓶中，加水 10mL，加入玻璃珠两粒，从滴定管滴加比预测体积少 1mL 的试样溶液至锥形瓶中，使在 2min 内加热至沸，保持沸腾状态继续以每两秒一滴的速度继续滴定，直至蓝色刚好褪去为终点，记录样液消耗体积。同法平行操作三份，得出平均消耗体积。

当浓度过低时，则采取直接加入 10.00mL 样品液，免去加水 10mL，再用葡萄糖标准溶液滴定至终点，记录消耗的体积与标定时消耗的葡萄糖标准溶液体积之差相当于 10mL 样液中所含葡萄糖的量（mg）。

④试剂空白测定：同时量取 20.00mL 水及与试样溶液处理时相同量的淀粉酶溶液，按反滴法做试剂空白试验。即：用葡萄糖标准溶液滴定试剂空白溶液至终点，记录消耗的体积与标定时消耗的葡萄糖标准溶液体积之差相当于 10mL 样液中所含葡萄糖的量（mg）。

6. 分析结果计算

（1）试样中葡萄糖含量　按式（5-5）计算：

$$X_1 = \frac{m_1}{\frac{V_1}{100} \times \frac{50}{250}} \tag{5-5}$$

式中　X_1——所称试样中葡萄糖量，mg；

$\quad\quad m_1$——10mL 碱性酒石酸铜溶液（甲、乙液各半）相当于葡萄糖质量，mg；

$\quad\quad V_1$——测定时平均消耗试样溶液体积，mL；

$\quad\quad 50$——测定用样品溶液体积，mL；

$\quad 250$——样品定容体积，mL；

$\quad 100$——测定用样品的定容体积，mL。

（2）当试样中淀粉浓度过低时葡萄糖含量　按式（5-6）和式（5-7）进行计算：

$$X_2 = \frac{m_2}{\frac{10}{100} \times \frac{50}{250}} \tag{5-6}$$

$$m_2 = m_1 \left(1 - \frac{V_2}{V_s}\right) \tag{5-7}$$

式中　X_2——所称试样中葡萄糖的质量，mg；

$\quad\quad m_2$——标定 10mL 碱性酒石酸铜溶液（甲、乙液各半）时消耗的葡萄糖标准溶液的体积与加入试样后消耗的葡萄糖标准溶液体积之差相当于葡萄糖的质量，mg；

$\quad\quad m_1$——10mL 碱性酒石酸铜溶液（甲、乙液各半）相当于葡萄糖的质量，mg；

$\quad\quad V_2$——加入试样后消耗的葡萄糖标准溶液体积，mL；

$\quad\quad V_s$——标定 10mL 碱性酒石酸铜溶液（甲、乙液各半）时消耗的葡萄糖标准溶液的体积，mL；

$\quad\quad 50$——测定用样品溶液体积，mL；

$\quad 250$——样品定容体积，mL；

$\quad 10$——直接加入的试样体积，mL；

$\quad 100$——测定用样品的定容体积，mL。

（3）试剂空白值　按式（5-8）和式（5-9）计算：

$$X_0 = \frac{m_0}{\frac{10}{100} \times \frac{50}{250}} \tag{5-8}$$

$$m_0 = m_1 \left(1 - \frac{V_0}{V_s}\right) \tag{5-9}$$

式中 X_0——试剂空白值，mg；

m_0——标定10mL碱性酒石酸铜溶液（甲、乙液各半）时消耗的葡萄糖标准溶液的体积与加入空白后消耗的葡萄糖标准溶液体积之差葡萄糖的质量，mg；

m_1——10mL碱性酒石酸酮溶液（甲、乙液各半）相当于葡萄糖的质量，mg；

V_0——加入空白试样后消耗的葡萄糖标准溶液体积，mL；

V_s——标定10mL碱性酒石酸铜溶液（甲、乙液各半）时消耗的葡萄糖标准溶液的体积，mL；

50——测定用样品溶液体积，mL；

250——样品定容体积，mL；

10——直接加入的试样体积，mL；

100——测定用样品的定容体积，mL。

（4）试样中淀粉的含量   按式（5-10）计算：

$$X = \frac{(X_1 - X_0) \times 0.9}{m \times 1000} \times 100$$

或

$$X = \frac{(X_2 - X_0) \times 0.9}{m \times 1000} \times 100 \qquad (5\text{-}10)$$

式中 X——试样中淀粉的含量，g/100g；

X_1——所称试样中葡萄糖的质量，mg；

X_2——试样中淀粉浓度过低时葡萄糖的含量，mg；

X_0——试剂空白值，mg；

m——试样质量，g；

0.9——还原糖（以葡萄糖计）换算成淀粉的换算系数；

100和1000——单位换算系数。

7. 注意事项

（1）样品含脂肪量很少时，可不用乙醚洗除。

（2）在使用淀粉酶之前，可用含淀粉的溶液少许，加定量的淀粉酶溶液，置于55~60℃水浴加热1h，用碘液观察经水解后蓝色是否减退或消失，以确定酶活及用量。一般淀粉酶活性为1∶25，1∶50，1∶100。

二、 肉制品中淀粉含量的测定 （ 酸化酒精沉淀法 ）

1. 原理

试样中加入氢氧化钾-乙醇溶液，在沸水浴上加热后，滤去上清液，用热乙醇洗涤沉淀除去脂肪和可溶性糖，沉淀经盐酸水解后，用碘量法测定形成的葡萄糖并计算淀粉含量。

2. 试剂和材料

①乙酸（CH_3COOH）；

②氢氧化钾-乙醇溶液：称取氢氧化钾（KOH）50g，用0.95g/mL乙醇（C_2H_5OH）溶解并稀释至1000mL；

③0.8g/mL乙醇溶液：量取0.95g/mL乙醇842mL，用水稀释至1000mL；

④1.0mol/L 盐酸溶液：量取盐酸（HCl）83mL，用水稀释至 1000mL；

⑤氢氧化钠溶液：称取固体氢氧化钠（NaOH）30g，用水溶解并稀释至 100mL；

⑥碘化钾溶液：称取碘化钾（KI）10g，用水溶解并稀释至 100mL；

⑦盐酸溶液：取盐酸 100mL，用水稀释至 160mL；

⑧0.1mol/L 硫代硫酸钠标准溶液：按 GB/T 601—2016《化学试剂　标准滴定溶液的制备》制备；

⑨溴百里酚蓝指示剂：称取溴百里酚蓝（$C_{27}H_{28}Br_2O_5S$）1g，用 0.95g/mL 乙醇溶液并稀释到 100mL；

⑩淀粉指示剂：称取可溶性淀粉 0.5g，加少许水调成糊状，倒入盛有 50mL 沸水中调匀，煮沸，临用时配制；

⑪蛋白沉淀剂分溶液 A 和溶液 B：溶液 A 为称取铁氰化钾（$C_6FeK_3N_6$）106g，用水溶解并稀释至 1000mL；溶液 B 为称取乙酸锌（$C_4H_8O_4Zn$）220g，加乙酸 30mL，用水稀释至 1000mL；

⑫碱性铜试剂：溶液 a 为称取硫酸铜（$CuSO_4 \cdot 5H_2O$）25g，溶于 100mL 水中；溶液 b 为称取无水碳酸钠（Na_2CO_3）144g，溶于 300~400mL、50℃ 水中；溶液 c 为称取柠檬酸（$C_6H_8O_7 \cdot H_2O$）50g，溶于 50mL 水中。

将溶液 c 缓慢加入溶液 b 中，边加边搅拌直至气泡停止产生。将溶液 a 加到此混合液中并连续搅拌，冷却至室温后，转移到 1000mL 容量瓶中，定容至刻度，混匀。放置 24h 后使用，若出现沉淀需过滤。取 1 份此溶液加入到 49 份煮沸并冷却的蒸馏水，pH 10.0±0.1。

3. 仪器

天平（感量为 0.01g），恒温水浴锅，冷凝管，绞肉机（孔径≤4mm），电炉。

4. 分析步骤

（1）试样制备　取有代表性的试样≥200g，用绞肉机绞两次并混匀。

①淀粉分离：称取试样 25g（精确至 0.01g，淀粉含量约 1g）放入 500mL 烧杯中，加入热氢氧化钾-乙醇溶液 300mL，用玻璃棒搅匀，盖上表面皿，在沸水浴上加热 1h，不时搅拌。然后，将沉淀完全转移到漏斗上过滤，用 0.8g/mL 热乙醇溶液洗涤沉淀数次。根据样品的特征，可适当增加洗涤液的用量和洗涤次数，以保证糖洗涤完全。

②水解：将滤纸钻孔，用 1.0mol/L 盐酸溶液 100mL，将沉淀完全洗入 250mL 烧杯中，盖上表面皿，在沸水浴中水解 2.5h，不时搅拌。

溶液冷却到室温，用氢氧化钠溶液中和至 pH 约为 6（不要超过 6.5）。将溶液移入 200mL 容量瓶中，加入 3mL 蛋白质沉淀剂溶液 A，混合后再加入 3mL 蛋白质沉淀剂溶液 B，用水定容到刻度。摇匀，经不含淀粉的滤纸过滤。滤液中加入氢氧化钠溶液 1~2 滴，使之对溴百里酚蓝指示剂呈碱性。

（2）测定　准确取一定量滤液（V_1）稀释到一定体积（V_2），然后取 25.00mL（最好含葡萄糖 40~50mg）移入碘量瓶中，加入 25.00mL 碱性铜试剂，装上冷凝管，在电炉上 2min 内煮沸。随后改用温火继续煮沸 10min，迅速冷却至室温，取下冷凝管，加入碘化钾溶液 30mL，小心加入盐酸溶液 25.0mL，盖好盖待滴定。

用硫代硫酸钠标准溶液滴定上述溶液中释放出来的碘。当溶液变成浅黄色时，加入淀粉指示剂 1mL，继续滴定直到蓝色消失，记下消耗的硫代硫酸钠标准溶液体积（V）。

同一试样进行两次测定并做空白试验。

5. 分析结果计算

（1）葡萄糖量的计算　按式（5-11）计算：

$$X = 10 \times (V_0 - V) \times c \qquad (5-11)$$

式中　X——消耗硫代硫酸钠物质的量；

　　　V_0——空白试验消耗硫代硫酸钠标准溶液的体积，mL；

　　　V——试样液消耗硫代硫酸钠标准溶液的体积，mL；

　　　c——硫代硫酸钠标准溶液的浓度，mol/L。

根据 X 从表5-3中查出相应的葡萄糖质量（m_1）。

表5-3　　　　　硫代硫酸钠的毫摩尔数同葡萄糖量（m_1）的换算关系

X	相应的葡萄糖量	
	m_1/mg	$\Delta m_1/\mathrm{mg}$
1	2.4	
2	4.8	2.4
3	7.2	2.4
4	9.7	2.5
5	12.2	2.5
6	14.7	2.5
7	17.2	2.5
8	19.8	2.6
9	22.4	2.6
10	25.0	2.6
11	27.6	2.6
12	30.3	2.7
13	33.0	2.7
14	35.7	2.7
15	38.5	2.8
16	41.3	2.8
17	44.2	2.9
18	47.1	2.9
19	50.0	2.9
20	53.0	3.0
21	56.0	3.0
22	59.1	3.1
23	62.2	3.1
24	65.3	3.1
25	68.4	3.1

（2）淀粉含量的计算　淀粉含量按式（5-12）计算：

$$X_1 = \frac{m_1 \times 0.9}{1000} \times \frac{V_2}{25} \times \frac{200}{V_1} \times \frac{100}{m} = 0.72 \times \frac{V_2}{V_1} \times \frac{m_1}{m}$$
(5-12)

式中　X_1——淀粉含量，g/100g；

　　　m_1——葡萄糖质量，mg；

　　　V_1——取原液的体积，mL；

　　　V_2——稀释后的体积，mL；

　　　m——试样质量，g；

　　0.9——葡萄糖折算成淀粉的换算系数。

第四节　纤维素的分析

食品中的纤维素在化学上不是单一组分的物质，而是包括纤维素、半纤维素、木质素等多种成分的混合物，是植物性食品的主要成分之一，其含量随食物种类不同而异。

粗纤维主要成分是纤维素、半纤维素、木质素及少量含氮物。集中存于谷类的麸、糠、秸秆及果蔬的表皮等处。对稀酸、稀碱难溶，是人体不能消化利用的部分。纤维素是构成植物细胞壁的主要成分，是葡萄糖聚合物，有 β-1，4 糖苷键连接，人类及大多数动物利用它的能力很低，不溶于水，但能吸水。而半纤维素为一种混合多糖，不溶于水而溶于碱、稀酸，加热比纤维素易水解，水解产物有木糖、阿拉伯糖、甘露糖、半乳糖等。木质素不是碳水化合物，是一种复杂的芳香族聚合物，是纤维素的伴随物。难以用化学手段或酶法降解，在个别有机溶剂中缓慢溶解。膳食纤维（食物纤维）则是指食品中不能被人体消化酶所消化的多糖类和木质素的总和。它包括纤维素、半纤维素、戊聚糖、木质素、果胶、树胶等，至于是否应包括作为添加剂添加的某些多糖（羧甲基纤维素、藻酸丙二醇等）尚无定论。本文重点介绍 GB 5009.88—2014《食品安全国家标准　食品中膳食纤维的测定》中的酶-重量法。

1. 适用范围

可进行所有植物性食品及其制品中总的，可溶性和不可溶性膳食纤维的测定，但不包括低聚糖、低聚半乳糖、聚葡萄糖、抗性麦芽糊精、抗性淀粉等膳食纤维组分。

2. 原理

干燥试样经热稳定 α-淀粉酶、蛋白酶和葡萄糖苷酶酶解消化，去除蛋白质和淀粉后，经乙醇和丙酮洗涤，干燥称重，即为总膳食纤维残渣（TDF）；若酶解液直接抽滤并用热水洗涤，残渣干燥称重，即为不溶性膳食纤维残渣（IDF）；滤液用 4 倍体积的乙醇沉淀、抽滤、干燥称重，即可得可溶性膳食纤维残渣（SDF）；TDF、IDF 和 SDF 残渣中扣除蛋白质、灰分和试剂空白含量，即可计算出试样中 TDF、IDF 和 SDF 含量。

3. 试剂和材料

①0.85g/mL 乙醇溶液：取 895mL 0.95g/mL 乙醇（C_2H_5OH），用水稀释并定容至 1L，混匀；

②0.78g/mL 乙醇溶液：取 821mL 0.95g/mL 乙醇，用水稀释并定容至 1L，混匀；

③6mol/L 氢氧化钠溶液：称取 24g 氢氧化钠（NaOH），用水溶解至 100mL，混匀；

④1mol/L 氢氧化钠溶液：称取 4g 氢氧化钠，用水溶解至 100mL，混匀；

⑤1mol/L 盐酸溶液：取 8.33mL 盐酸（HCl），用水稀释至 100mL，混匀；

⑥2mol/L 盐酸溶液：取 167mL 盐酸，用水稀释至 1L，混匀；

⑦0.05mol/L MES-TRIS 缓冲液：称取 19.52g 2-（N-吗啉代）乙烷磺酸（$C_6H_{13}NO_4S \cdot H_2O$，MES）和 12.2g 三羟甲基氨基甲烷（$C_4H_{11}NO_3$，TRIS），用 1.7L 水溶解，根据室温用 6mol/L 氢氧化钠溶液调 pH，20℃时调 pH 8.3，24℃时调 pH 8.2，28℃时调 pH 8.1，20~28℃其他室温用插入法校正 pH。加水稀释至 2L；

⑧蛋白酶溶液：用 0.05mol/L MES-TRIS 缓冲液配成浓度为 50mg/mL 的蛋白酶溶液，使用前现配并于 0~5℃暂存；

⑨酸洗硅藻土：取 200g 硅藻土于 600mL 的 2mol/L 盐酸溶液中，浸泡过夜，过滤，用水洗至滤液为中性，置于（525±5）℃马弗炉中灼烧灰分后备用；

⑩重铬酸钾洗液：称取 100g 重铬酸钾（$K_2Cr_2O_7$），用 200mL 水溶解，加入 1800mL 浓硫酸混合；

⑪3mol/L 乙酸溶液：取 172mL 乙酸（CH_3COOH），加入 700mL 水，混匀后用水定容至 1L。

4. 仪器

坩埚，高型无导流口烧杯，马弗炉，烘箱，干燥器，pH 计，恒温震荡水浴箱，真空抽滤装置。

5. 分析步骤

（1）试样制备

①脂肪含量<10%的样品：取混匀后样品 70℃真空干燥过夜，置于干燥器中冷却，干样粉碎后过 0.3~0.5mm 筛。若试样不能加热，则冷冻干燥后再粉碎过筛，过筛后干燥样品保存于干燥器中待用。

②脂肪含量>10%的样品：试样需先经脱脂处理。取干燥样品经石油醚脱脂 3 次，脱脂后样品 70℃真空干燥过夜，冷却。干燥后记录由石油醚导致的试样损失，最后计算膳食纤维含量时校正。过筛后干燥样品保存于干燥器中待用。

③含糖量≥5%的样品：取适量样品加 85%乙醇 10mL/g 进行脱糖处理，连续 2~3 次。40℃干燥过夜。过筛后干燥样品保存于干燥器中待用。

（2）酶处理

①称量：准确称取双份试样各 1g（精确至 0.0001g），两份质量差≤0.005g。置于 400~600mL 高型烧杯中，加入 0.05mol/L MES-TRIS 缓冲液 40mL，磁力搅拌至试样完全分散。同时制备两份空白样液与试样液平行操作。

②热稳定 α-淀粉酶酶解：加 50μL 热稳定 α-淀粉酶溶液，加盖铝箔，置于 95~100℃恒温震荡水浴箱中持续震荡。当温度升至 95℃时开始计时，反应 35min。取出烧杯，冷却至 60℃。用刮勺将烧杯内壁的环状物及底部的胶状物刮下，用 10mL 蒸馏水冲洗杯壁和刮勺。

③蛋白酶酶解：加 100μL 蛋白酶溶液，加盖铝箔，置于 60℃恒温震荡水浴箱中持续震荡。当温度升至 60℃时开始计时，反应 30min。保持在 60℃，边搅拌边加入 5mL 3mol/L 盐酸调节 pH 4.5±0.2。

④淀粉葡糖苷酶处理：边搅拌边加入 100μL 淀粉葡萄糖苷酶溶液，加盖铝箔，置于 60℃

恒温震荡水浴箱中持续震荡。当温度升至60℃时开始计时，反应30min。

（3）总膳食纤维（TDF）测定

①沉淀：向上述溶液中，按乙醇与试样的体积比4∶1加入预热至60℃的0.95g/mL乙醇，然后取出烧杯，盖上铝箔，室温下沉淀1h。

②抽滤：在干燥的坩埚中加入1g硅藻土，70℃真空干燥至恒重。用15mL 0.78g/mL乙醇将硅藻土润湿，抽去乙醇并使硅藻土平铺于坩埚中。将试样乙醇沉淀液缓慢转移至对应坩埚中，抽滤。用刮勺和0.78g/mL乙醇将所有残渣转移至坩埚中。

③洗涤：用0.78g/mL乙醇、0.95g/mL乙醇和丙酮15mL各洗涤残渣2次，抽滤去除洗涤液后，将坩埚连同残渣在105℃烘干过夜。将坩埚置于干燥器中冷却1h，称重（精确至0.1mg），减去处理后坩埚质量，计算残渣质量。

（4）蛋白质和灰分的测定　取两份试样残渣中的一份按GB 5009.5—2016《食品安全国家标准　食品中蛋白质的测定》测定氮含量，以6.25为换算系数，计算蛋白质质量（m_P）；另一份试样测定灰分，即在525℃灰化5h，于干燥器中冷却，精确称量坩埚总质量（精确至0.0001g），减去处理后坩埚质量，计算灰分质量（m_A）。

（5）不溶性膳食纤维测定（IDF）　试样按上述方法酶解后，全部转移至坩埚中过滤，残渣用70℃蒸馏水10mL洗涤两次，合并滤液，备测IDF。残渣分别用0.78g/mL乙醇、0.95g/mL乙醇和丙酮15mL各洗涤残渣2次，洗涤、干燥、称重，记录残渣质量。

（6）可溶性膳食纤维测定（SDF）　将上述滤液加4倍体积0.95g/mL乙醇（预热至60℃），室温下沉淀1h，然后过滤、干燥、称重，记录残渣质量。

6. 分析结果计算

样品中膳食纤维含量（DF）以质量分数（%）表示，试剂空白质量按式（5-13）计算：

$$m_B = \bar{m}_{BR} - m_{BP} - m_{BA} \tag{5-13}$$

式中　　m_B——为试剂空白质量，g；

$\bar{m}_{BR}$——两份试剂空白残渣质量均值，g；

m_{BP}——试剂空白残渣中蛋白质质量，g；

m_{BA}——试剂空白残渣中灰分质量，g。

TDF、IDF、SDF质量按照式（5-14）、式（5-15）和式（5-16）计算：

$$m_R = m_{GR} - m_G \tag{5-14}$$

$$X = \frac{\bar{m}_R - m_P - m_A - m_B}{\bar{m} \times f} \times 100 \tag{5-15}$$

$$f = \frac{m_C}{m_D} \times 100 \tag{5-16}$$

式中　　m_R——试样残渣质量，g；

m_{GR}——处理后坩埚质量及残渣质量，g；

m_G——处理后坩埚质量，g；

X——试样中膳食纤维体积质量，g/mL；

$\bar{m}_R$——两份试样残渣质量均值，g；

m_P——试样残渣中蛋白质质量，g；

m_A——试样残渣中残渣中灰分质量，g；

m_B——试剂空白质量，g；

$\bar{m}$——两份试样取样质量均值，g；

f——试样制备时因干燥、脱脂、脱糖导致质量变化的校正因子；

m_C——试样制备前质量，g；

m_D——试样制备后质量，g。

第五节　果胶含量的分析

果胶是由半乳糖醛酸、乳糖、阿拉伯糖、葡萄糖醛酸等组成的高分子聚合物，存在于水果、蔬菜及其他植物的细胞膜中，是植物细胞的主要成分之一。植物中果胶含量与其成熟程度有关，并影响植物组织的强度和密度。果胶以甲氧基含量或酯化程度不同，分为原果胶、果胶酯酸、果胶酸。原果胶是与纤维素、半纤维素结合在一起的高度甲酯化的聚半乳糖醛酸，存在于细胞壁中，不溶于水，在原果胶酶或酸的作用下可水解为果胶酯酸。果胶酯酸是羧基不同程度甲酯化和中和的半乳糖醛酸，存在于植物细胞汁液中，可溶于水，溶解度与酯化程度有关，在果胶酶或酸、碱作用下可水解为果胶酸。果胶酸是指甲氧基含量<1%的果胶物质，它可溶于水，在细胞质中可与 Ca^{2+}、Mg^{2+}、K^+、Na^+ 等离子形成不溶于水或微溶于水的果胶酸盐。

果胶在食品工业和医学中用途广泛。如利用果胶水溶液在适当条件下形成凝胶的特性，可生产果冻、果酱等食品；利用果胶与铅、汞等重金属络合，形成人体不能吸收的不溶性物质的性质，可制备解毒药物或食品；利用果胶治疗胃溃疡等。本文重点介绍 NY/T 2016—2011《水果及其制品中果胶含量的测定分光光度法》中的分光光度法。

1. 适用范围

适用于水果及其制品中果胶含量的测定。

2. 原理

用无水乙醇沉淀试样中的果胶，果胶经水解后生成半乳糖醛酸，在硫酸中与咔唑试剂发生缩合反应，生成紫红色化合物，该化合物在 525 nm 处有最大吸收，其吸收值与果胶含量成正比，以半乳糖醛酸为标准物质，标准曲线法定量。

3. 试剂和材料

①0.67g/mL 乙醇溶液：无水乙醇（C_2H_5OH）与水体积比 2：1；

②pH 0.5 硫酸溶液：用硫酸（H_2SO_4，优级纯）调节水 pH 0.5；

③40g/L 氢氧化钠溶液：称取 4.0g 氢氧化钠（NaOH），用水溶解并定容至 100mL；

④lg/L 咔唑乙醇溶液：称取 0.1000g 咔唑（$C_{12}H_9N$），用无水乙醇溶解并定容至 100mL；做空白实验检测，即 1mL 水、0.25mL 咔唑乙醇溶液和 5mL 硫酸混合后应清澈、透明、无色；

⑤1000mg/L 半乳糖醛酸标准储备液：准确称取无水半乳糖醛酸 0.1000g，用少量水溶解，加入 0.5mL 氢氧化钠溶液，定容至 100mL，混匀；

⑥半乳糖醛酸标准使用液：分别吸取 0.0mL、1.0mL、2.0mL、3.0mL、4.0mL 和 5.0mL 半乳糖醛酸标准储备液于 50mL 容量瓶中，定容，溶液质量浓度分别为 0.0mg/L，20.0mg/L，

40.0mg/L，60.0mg/L，80.0mg/L 和 100.0mg/L。

4. 仪器

分光光度计，组织捣碎机，天平（感量为 0.0001g），恒温水浴振荡器，离心机。

5. 分析步骤

（1）试样制备　果酱及果汁类制品将样品搅拌均匀即可；新鲜水果取水果样品的可食部分，用自来水和去离子水依次清洗后，用干净纱布轻轻擦去其表面水分。苹果、桃等个体较大的样品采用对角线分割法，取对角可食部分，将其切碎，充分混匀；山楂、葡萄等个体较小的样品可随机取若干个体切碎混匀。用四分法取样或直接放入组织捣碎机中制成匀浆。少汁样品可按一定质量比例加入等量去离子水。将匀浆后的试样冷冻保存。

（2）预处理　称取 1.0~5.0g（精确至 0.001g）试样于 50mL 刻度离心管中，加入少量滤纸屑，再加入 35mL 约 75℃的无水乙醇，在 85℃水浴中加热 10min，充分振荡。冷却，再加无水乙醇使总体积接近 50mL，在 4000r/min 的条件下离心 15min，弃去上清液。在 85℃水浴中用 0.67g/mL 乙醇溶液洗涤沉淀，离心分离，弃去上清液，此步骤反复操作直至上清液中不再产生糖的穆立虚反应为止（检验方法：取上清液 0.5mL 注入小试管中，加入 0.05g/mL α-萘酚的乙醇溶液 2~3 滴，充分混匀，此时溶液稍有白色浑浊，然后使试管轻微倾斜，沿管壁慢慢加入 1mL 硫酸，若在两液层的界面不产生紫红色色环，则证明上清液中不含有糖分），保留沉淀 A。同时做试剂空白试验。

（3）果胶提取液的制备

①酸提取方式：将上述制备出的沉淀 A，用 pH 0.5 的硫酸溶液全部洗入三角瓶中，混匀，在 85℃水浴中加热 60min，期间应不时摇荡，冷却后移入 100mL 容量瓶中，用 pH 0.5 的硫酸溶液定容，过滤，保留滤液 B 供测定用。

②碱提取方式：对于香蕉等淀粉含量高的样品宜采用碱提取方式。将上述制备出的沉淀 A，用水全部洗入 100mL 容量瓶中，加入 5mL 40g/L 氢氧化钠溶液，定容，混匀。至少放置 15min，期间应不时摇荡。过滤，保留滤液 C 供测定用。

（4）标准曲线的绘制　吸取 0.0mg/L，20.0mg/L，40.0mg/L，60.0mg/L，80.0mg/L 和 100.0mg/L 半乳糖醛酸标准使用溶液各 1.0mL 于 25mL 玻璃试管中，分别加入 0.25 mL 咔唑乙醇溶液，产生白色絮状沉淀，不断摇动试管，再快速加入 5.0 mL 硫酸，摇匀。立刻将试管放入 85℃水浴振荡器内水浴 20min，取出后放入冷水中迅速冷却。在 1.5h 内用分光光度计在波长 525 nm 处测定标准溶液的吸光度，以半乳糖醛酸浓度为横坐标，吸光度值为纵坐标，绘制标准曲线。

（5）样品的测定　吸取 1.0mL 滤液 B 或滤液 C 于 25mL 玻璃试管中，加入 0.25mL 咔唑乙醇溶液，同标准溶液显色方法进行显色，在 1.5h 内用分光光度计在波长 525nm 处测定其吸光度，根据标准曲线计算出滤液 B 或滤液 C 中果胶含量，以半乳糖醛酸计。按上述方法同时做空白试验，用空白调零。如果吸光度超过 100mg/L 半乳糖醛酸的吸光度时，将滤液 B 或滤液 C 稀释后重新测定。

6. 分析结果计算

按式（5-17）计算：

$$\omega = \frac{\rho \times V}{m \times 1000} \tag{5-17}$$

式中　ω——试样中果胶的含量，g/kg；

　　　ρ——滤液 B 或滤液 C 中半乳糖醛酸质量浓度，mg/L；

　　V ——果胶沉淀 A 定容体积，mL；

　　m ——试样质量，g；

　1000——单位换算系数。

本章微课二维码

微课 3-沙棘饮料中还原糖含量的测定

小结

　　碳水化合物的测定是食品分析的主要项目之一。碳水化合物不但标志着食品营养价值的高低，而且对食品的形态、组织结构、物理化学性质及感官体验等都具有重要意义。食品中碳水化合物的测定方法包括直接法和间接法两大类。直接法是利用碳水化合物的某些理化性质进行分析，包括物理法、化学法、酶法、色谱法、电泳法等。间接法是根据样品的总重量与水分、粗脂肪、粗蛋白等含量的差值计算得到，常以总碳水化合物或无氮抽提物来表示。物理法包括旋光法、折光法、相对密度法等，可测定糖液浓度、样品中的蔗糖含量等。其中，化学法是应用最为广泛的分析方法，包括高锰酸钾法、碘量法、铁氰化钾法、直接滴定法、蒽酮比色法、咔唑比色法等。食品中总糖、还原糖、蔗糖、果胶物质和淀粉的测定常采用此法。但其对混合糖的组成和各种糖分难以区分和定量。而利用薄层色谱法、气相色谱法、高效液相色谱法和离子色谱法等则可对混合糖中的多种糖组分进行分离、定性和定量。另外，电泳法可对食品中的可溶性糖分、低聚糖和活性多糖进行分离和定量。酶法具有灵敏度高，干扰少的特点，可对葡萄糖、蔗糖和淀粉进行测定。

🔍 思考题

1. 什么是碳水化合物？碳水化合物的分类是什么？

2. 还原糖的测定中，直接滴定法和高锰酸钾法有什么区别？

3. 直接滴定法中，进行样品溶液预测的目的是什么？

4. 何为淀粉？淀粉测定的方法有哪些？

5. 还原糖测定的注意事项有哪些？

6. 现需要分析中药当归中的纤维素含量，可以采用什么方法？简述其原理和分析步骤。

7. 请阐述还原糖的测定在食品工业生产中的重要意义。

蛋白质和氨基酸的分析

第一节　概述

一、　蛋白质的定义

　　蛋白质（Protein）是生命的物质基础，是构成机体细胞的重要成分，是人体的重要营养物质。人体的生长发育、酸碱平衡、水平衡的维持、遗传信息的传递、物质的代谢及运转以及各种生理活动等都需要蛋白质参与。因此，人体必须从食物中获得蛋白质及其分解产物，以合成自身所需蛋白质。如果蛋白质长期缺乏，就会引起严重的疾病。

　　蛋白质是由氨基酸组成的高分子化合物。构建人体蛋白质的氨基酸有 20 种，其中 9 种被称为必需氨基酸，它们无法在人体内合成或合成不足，不能满足人体的需求，必须从食物中获得，包括异亮氨酸、亮氨酸、赖氨酸、苯丙氨酸、甲硫氨酸、苏氨酸、色氨酸、缬氨酸和组氨酸。当必需氨基酸摄入不足时，会影响人体的生长发育以及正常的生理功能。其他称为非必需氨基酸。

　　组成蛋白质的元素主要有碳、氢、氧、氮四种，除此还含有少量的硫、磷、铁、镁、碘等元素。氮是构成蛋白质的特征元素，一般蛋白质中的氮元素含量在 13.4%～19.1%。平均含氮量大约为 16%，即测得 16g 氮相当于 100g 蛋白质，因此 6.25 通常作为蛋白质的换算系数。不同食物中蛋白质含氮量略有差别，故换算系数也略有不同的，常见食物的换算系数列于表 6-1 中。由于食物中的总氮包括蛋白氮和部分非蛋白氮（如尿素氮、游离氨氮、生物碱氮和无机盐氮等），因此用总氮量来换算的结果被称为粗蛋白（Crude Protein）。测定食物中的蛋白质含量一般通过测定食物的总氮量并将其换算成蛋白质的含量，是一种间接的测定方法。

表 6-1　　　　　　　　　　　　　蛋白质的换算系数

食物种类	换算系数/F	食物种类	换算系数/F
小麦	—	油料	—
麦胚粉、黑麦、普通小麦、面粉	5.70	芝麻、棉籽、葵花籽、蓖麻、红花籽	5.30
麦糠麸皮	6.31	其他油料	6.25
麦胚芽	5.80	菜籽	5.53

续表

食物种类	换算系数/F	食物种类	换算系数/F
全小麦粉	5.83	大米及米粉	5.95
大麦、燕麦、黑麦粉、裸麦、小米	5.83	玉米、黑小麦、饲料小麦、高粱	6.25
鸡蛋	—	酪蛋白	6.40
鸡蛋（全）	6.25	胶原蛋白	5.79
蛋黄	6.12	豆类	—
蛋白	6.32	大豆及其粗加工制品	5.71
坚果、种子类	—	大豆蛋白制品	6.25
巴西果、花生	5.46	肉与肉制品	6.25
杏仁	5.18	动物明胶	5.55
核桃、榛子、椰果等	5.30	复合配方食物	6.25
纯乳与纯乳制品	6.38	其他食物	6.25

蛋白质是食物的重要组成部分之一。食物中的蛋白质来源种类繁多，主要来源于肉类、豆类和粮谷类等，果蔬中含量较少。在食品加工过程中，蛋白质起到十分重要的作用。

1. 营养功能

蛋白质是构成人体最基本的物质，人体组织、肌肉、骨骼、血液、皮肤、毛发、酶等的主要成分就是蛋白质。

2. 食品加工功能

蛋白质在食品加工过程中起到十分重要的作用，如鲜香味、风味、特定的色泽、造型以及增稠、起泡、乳化、凝胶等都是蛋白质在食品加工过程中食品功能的表现。

3. 生物功能

蛋白质在人体机能调节起着非常重要的作用，如胰岛素、免疫球蛋白、血红蛋白等。同时有许多蛋白质对人体有保健功能，如大豆异黄酮可预防女性乳腺疾病，大豆卵凝脂可促进胆固醇的代谢，马铃薯糖蛋白具有良好的抗氧化功能等。

4. 安全性问题

有些蛋白质存在抗营养因子（如蛋白酶抑制剂等），有些蛋白质会引起人体过敏，有些蛋白质在微生物污染下，会产生蛋白质类毒素如金黄色葡萄球菌毒素，造成食品安全问题。

二、 蛋白质和氨基酸分析的意义

蛋白质、氨基酸含量是评价食物品质及营养价值的重要指标之一。测定食物中蛋白质、氨基酸含量具有以下意义：

1. 对食物的营养学价值进行评价

蛋白质是人体最重要的营养素之一，蛋白质的营养价值评价包括含量、消化率、利用率等指标。食物蛋白质中的氨基酸组成不同，其消化率、利用率的差异很大，对人体健康的影响也不同，以利用率中的氨基酸评分为例，氨基酸评分（Amino Acid Score，AAS）是被测食物蛋白质每克氮相应第一限制氨基酸量（mg/g）与参考蛋白质每克氮相应氨基酸量（mg/g）

之比。它表明了当某种必需氨基酸缺乏的时候，会使人体对氨基酸的利用率降低，多余的蛋白质要经过肾脏代谢，如长期这种饮食，会对健康带来负面影响。再如，对肝脏病人，如摄入的氨基酸比例不对，多余的蛋白质就会经过肝脏代谢，而使病情加重。因此，了解蛋白质、氨基酸的组成，可指导正确选择食物，以利健康。

2. 食品营养成分表中标明蛋白质含量

我国 GB 28050—2011《食品安全国家标准　预包装食品营养标签通则》中要求标示蛋白质含量，以及食用每 100g 食物相当于中国营养学会推荐蛋白质含量的百分比。食品营养标签是指向消费者提供食品营养成分信息和特性的说明，包括营养成分表、营养声称和营养成分功能声称以及注意事项，如是否含有某些蛋白过敏源等，以满足消费者的知情权、帮助消费者科学选择食物，促进合理膳食。同时也能规范食品企业在营养标签上的正确标注，促进食品贸易。

3. 优化食物配方，改善食物蛋白质、氨基酸的数量与结构

不同食物其氨基酸尤其是必需氨基酸的组成不同，几种常见食物和人体蛋白质氨基酸的模式如表 6-2 所示。

表 6-2　　　　　　　　　　几种常见食物和人体蛋白质氨基酸模式

氨基酸	人体	全鸡蛋	牛乳	牛肉	大豆	面粉	大米
异亮氨酸	4.0	3.2	3.4	4.4	4.3	3.8	4.0
亮氨酸	7.0	5.1	6.8	6.8	5.7	6.4	6.3
赖氨酸	5.5	4.1	5.6	7.2	4.9	1.8	2.3
甲硫氨酸+半胱氨酸	3.5	3.4	2.4	3.2	1.2	2.8	2.3
苯丙氨酸+酪氨酸	6.0	5.5	7.3	6.2	3.2	7.2	3.8
苏氨酸	4.0	2.8	3.1	3.6	2.8	2.5	2.9
缬氨酸	5.0	3.9	4.6	4.6	3.2	3.8	4.8
色氨酸	1.0	1.0	1.0	1.0	1.0	1.0	1.0

如表 6-2 所示，人体对不同食物的蛋白质利用不同，营养价值不同，因此，可以通过对食物蛋白质氨基酸的分析，进行食物配方的优化，使蛋白质氨基酸的组成满足人体需求。这项工作对于特殊人群如孕妇、婴幼儿、儿童、青少年、患病者、特殊工作岗位、老年人群等十分重要。

4. 对食品企业或开发工作中有重要促进作用

在食品加工工业或食品研发工作中，蛋白质对食品的色、香、味以及形等感官品质有十分重要的影响与贡献，常见食品所需的蛋白质功能如表 6-3 所示。

表 6-3　　　　　　　　　　常见食品所需蛋白质的主要功能

食品	功能	蛋白质
饮料	溶解性	乳清

续表

食品	功能	蛋白质
甜点、调味汁、汤等	黏度	明胶
香肠、面点	持水性	肌肉蛋白、鸡蛋蛋白
肉、焙烤食品等	胶凝	肌肉蛋白、牛乳蛋白
肉、香肠等	黏度	肌肉蛋白、乳清蛋白
肉、面点等	凝胶	肌肉蛋白、谷类蛋白
香肠、甜点等	乳化	肌肉蛋白、鸡蛋蛋白
甜点、冰淇淋等	起泡	鸡蛋蛋白、乳清蛋白
油炸、焙烤等	风味	牛乳蛋白、鸡蛋蛋白

　　食品的加工、研发必须要运用蛋白质的食品功能，使食品有更好的功能性。另外，蛋白质、氨基酸对食品风味的影响也十分显著。例如，在适度加热的情况下，亮氨酸、缬氨酸、赖氨酸、脯氨酸与葡萄糖一起产生诱人的香气；麦芽糖与苯丙氨酸产生令人愉快的焦糖香，果糖与苯丙氨酸则产生不愉快的焦糖味等。因此，了解食品原料蛋白质、氨基酸的组成对食品加工与研发十分重要。

第二节　凯氏定氮法

　　由于多数食物的蛋白质平均含氮量较稳定，且食物中的氮多来源于蛋白质，非蛋白氮含量很少，故可通过测定食物的总氮量来计算食物所含蛋白质的量。本文重点介绍 GB 5009.5—2016《食品安全国家标准　食物中蛋白质的测定》的第一法——凯氏定氮法。

　　1. 适用范围

　　适用于各种食物中蛋白质的测定。不适用于添加无机含氮物质和有机非蛋白质含氮物质的食物。

　　2. 原理

　　在酸性条件下食物中的蛋白质在硫酸铜的催化加热条件下被分解，产生的氨与硫酸结合生成硫酸铵。碱化蒸馏使氨游离，用硼酸吸收后以硫酸或盐酸标准滴定溶液滴定，根据酸的消耗量计算氮含量，再乘以换算系数，即为蛋白质的含量。反应方程为：

$$(NH_4)_2SO_4 + 2NaOH = 2NH_3 + 2H_2O + Na_2SO_4$$
$$2NH_3 + 4H_3BO_3 = (NH_4)_2B_4O_7 + 5H_2O$$
$$(NH_4)_2B_4O_7 + 2HCl + 5H_2O = 2NH_4Cl + 4H_3BO_3$$

　　3. 试剂和材料

　　①20g/L 硼酸（H_3BO_3）溶液，400g/L 氢氧化钠（NaOH）溶液，0.0250mol/L 硫酸（H_2SO_4）标准滴定溶液或 0.0500mol/L 盐酸（HCl）标准滴定溶液，1g/L 甲基红（$C_{15}H_{15}N_3O_2$）乙醇溶液，1g/L 亚甲基蓝（$C_{16}H_{18}ClN_3S \cdot 3H_2O$）乙醇溶液，1g/L 溴甲酚绿（$C_{21}H_{14}Br_4O_5S$）

乙醇溶液，硫酸铜（CuSO$_4$·5H$_2$O），硫酸，硫酸钾（K$_2$SO$_4$）；

②A混合指示液：2份甲基红乙醇溶液与1份亚甲基蓝乙醇溶液临用时混合；

③B混合指示液：1份甲基红乙醇溶液与5份溴甲酚绿乙醇溶液临用时混合。

4. 仪器

凯氏定氮瓶，电炉，凯氏定氮蒸馏装置，天平（感量为0.001g）。

5. 分析步骤

（1）凯氏定氮法

①样品消化：称取混合充分混匀的固体样品0.2~2g，或半固体样品2~5g，或液体样品（相当于30~40mg氮）10~20g，精确至0.001g，根据试样量的多少移入干燥的100mL，250mL或500mL凯氏定氮瓶中，加入0.4g硫酸铜、6g硫酸钾和20mL硫酸，轻摇后于瓶口放一小漏斗，将瓶以45°角斜支于有小孔的石棉网上。小火加热，待内容物全部炭化，泡沫完全停止后，加大火力，并保持瓶内液体微沸，至液体呈蓝绿色澄清透明后，再继续加热0.5~1h。取下冷却，小心加入20mL水。移入100mL容量瓶中，用少量蒸馏水洗涤烧瓶2~3次，洗液合并于容量瓶中，加水定容并混匀备用。同时做试剂空白试验。

②蒸馏：按图6-1装好凯氏定氮蒸馏装置，向水蒸气发生瓶内装水至2/3处，加入甲基红乙醇溶液数滴及数毫升硫酸，以保持水呈酸性，并加入数粒玻璃珠以防暴沸。加热煮沸水蒸气发生瓶内的水并保持沸腾。

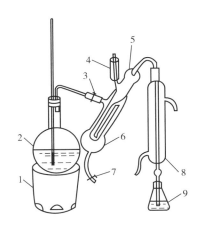

图6-1　凯氏定氮蒸馏装置

1—电炉　2—水蒸气发生器（2L烧瓶）　3—螺旋夹　4—小玻杯及棒状玻塞　5—反应室
6—反应室外层　7—橡皮管及螺旋夹　8—冷凝管　9—蒸馏液接收瓶

③吸收：向接收瓶内加入20g/L硼酸溶液10mL，以及A混合指示剂或B混合指示剂1~2滴，并使冷凝管的下端插入液面下。根据试样中氮含量，准确吸取2.0~10.0mL试样处理液由小玻杯注入反应室，以10mL水洗涤小玻杯并使之流入反应室，随后塞紧棒状玻塞。将氢氧化钠溶液10.0mL倒入小玻杯，提起棒状玻塞使其缓慢流入反应室，立即塞紧棒状玻塞，并加入少量蒸馏水密封进样口。夹紧进样口下端的螺旋夹，开始蒸馏。蒸馏10min后移动接收瓶，使冷凝管下端离开液面，再蒸馏1min，然后用少量水冲洗冷凝管下端外部，取下接收瓶。

④滴定：分别取样液和试剂空白溶液，立即用硫酸或盐酸标准溶液滴定吸收液至终点。如用 A 混合指示剂，终点为灰蓝色；如用 B 混合指示剂，终点为浅灰红色。同时做试剂空白。

（2）自动凯氏定氮仪法　称取混合充分混匀的固体样品 0.2～2g，或半固体样品 2～5g，或液体样品（相当于 30～40mg 氮）10～20g，精确至 0.001g，至消化管中，再加入 0.4g 硫酸铜、6g 硫酸钾及 20mL 硫酸于消化炉进行消化。当消化炉温度达到 420℃之后，继续消化 1h，此时消化管中的液体呈绿色透明状，取出冷却后加入 50mL 水，于自动凯氏定氮仪（使用前加入氢氧化钠溶液，盐酸或硫酸标准溶液以及含有混合指示剂 A 或 B 的硼酸溶液）上实现自动加液、蒸馏、滴定和记录滴定数据的过程。

6. 分析结果计算

按式（6-1）计算：

$$X = \frac{(V_1 - V_2) \times c \times 0.014}{m \times V_3/100} \times F \times 100 \qquad (6-1)$$

式中　X——试样中蛋白质的含量，g/100g；

　　　V_1——试液消耗硫酸或盐酸标准溶液的体积，mL；

　　　V_2——试剂空白消耗硫酸或盐酸标准溶液的体积，mL；

　　　c——硫酸或盐酸标准溶液的浓度，mol/L；

　　　m——样品的质量，g；

　　　V_3——吸取消化液的体积，mL；

　　　F——氮换算为蛋白质的系数；

0.014——0.5mol/L 硫酸或 1mol/L 盐酸标准溶液 1mL 相当于氮的质量，g；

　　100——单位换算系数。

7. 注意事项

（1）消化应在通风橱进行，并使试样全部浸泡在消化液中。为缩短消化时间，加入硫酸铜作催化剂。样品不易消化时，可将定氮瓶取下放冷却后，缓缓加入 0.3g/mL 过氧化氢 2～3mL，促进消化，但不能加入高氯酸，以免生成氮氧化物，使结果偏低。

（2）加入的氢氧化钠是否足量，可根据硫酸铜在碱性情况下生成的褐色沉淀或深蓝色的铜氨络离子判断。若溶液的颜色不变，则说明所加的碱不足。

（3）蒸馏时，蒸气发生应均匀、充足，蒸馏中途不得停火断气，否则会发生倒吸。加碱要足量，动作要快，防止生成的氨气逸散损失。还应防止碱液污染冷凝管及吸收瓶，如发现碱液污染，应立即停止蒸馏样品，待清洗干净后再重现蒸馏。冷凝管口一定要浸入吸收液中，防止氨挥发损失。蒸馏结束后应先将吸收液离开冷凝管口，以免发生倒吸。蒸馏是否完全，可以用精密 pH 试纸测试冷凝管口的冷凝液来确定。

第三节　其他蛋白质分析方法介绍

凯氏定氮法是测定食物中粗蛋白质最准确的方法，但操作烦琐、耗时长，因此实际工作中常选用其他较为快速的分析方法，如燃烧法、分光光度法和红外光谱法等。

一、　燃烧法

燃烧法（杜马斯法）是 GB 5009.5—2016《食物安全国家标准　食物中蛋白质的测定》的第三法，NY/T 2007—2011《谷类、豆类粗蛋白质含量的测定　杜马斯燃烧法》方法。燃烧法是凯氏定氮法的一个替代方法，有测定时间短，可自动化的特点，但所需仪器价格昂贵。

1. 适用范围

适用于蛋白质含量在 10g/100g 以上的粮食、豆类乳粉、米粉、蛋白质粉等固体试样的测定，不适用于添加无机含氮物质和有机非蛋白质含氮物质的食物。

2. 原理

试样在 900~1200℃ 高温下燃烧，燃烧过程中产生混合气体，其中的碳、硫等干扰气体和盐类被吸收管吸收，氮氧化物被全部还原成氮气，形成的氮气气流通过热导检测器进行检测。

3. 仪器

氮/蛋白质分析仪，天平（感量为 0.0001g）。

4. 分析步骤

称取 0.1~1g（精确至 0.0001g）充分混匀的试样，用锡箔包好后置于样品盘上。试样进入燃烧反应炉（900~1200℃）后，在高纯氧（≥99.99%）中充分燃烧。燃烧炉中的产物（NO_x）被载气二氧化碳或氦气运送至还原炉（800℃）中，经还原生成氮气后检测其含量。

5. 分析结果计算

按式（6-2）计算：

$$X = C \times F \tag{6-2}$$

式中　X——试样中蛋白质的含量，g/100g；

　　　C——试样中氮的含量，g/100g；

　　　F——氮换算为蛋白质的系数。

二、　双缩脲比色法

1. 适用范围

NY/T 1678—2008《乳与乳制品中蛋白质的测定　双缩脲比色法》，适用于乳与乳制品中蛋白质含量的测定。该法较快速，干扰物较少，但灵敏度差。常用于需要快速检测但不需要十分精确的蛋白质测定。

2. 原理

双缩脲是两个脲分子经 180℃ 左右加热释放出一个分子氨后得到的产物。在强碱性溶液中，双缩脲与硫酸铜形成紫色络合物，称为双缩脲反应。蛋白质和双缩脲一样，在碱性溶液中能与铜离子形成紫色络合物，其颜色深浅与蛋白质含量成正比，因此可用于蛋白质的定量测定。利用三氯乙酸沉淀样品中的蛋白质，将沉淀物与双缩脲试剂进行显色，通过分光光度计测定显色液的吸光度值，采用外标法定量，计算样品中蛋白质含量。

3. 试剂和材料

①150g/L 三氯乙酸（CCl_3COOH）溶液，乙醇（C_2H_5OH），四氯化碳（CCl_4）；

②双缩脲试剂：将 10mol/L 氢氧化钾（KOH）溶液 10mL 和 250g/L 酒石酸钾钠（KNaC$_4$H$_4$O$_6$·4H$_2$O）溶液 20mL 加到约 800mL 蒸馏水中，剧烈搅拌，同时慢慢加入 40g/L 硫酸铜（CuSO$_4$·5H$_2$O）溶液 30mL 定容至 1000mL。

4. 仪器

分光光度计，天平（感量为 0.0001g），离心机，超声波清洗仪。

5. 分析步骤

（1）标准曲线的制备 取 6 支试管，分别加入酪蛋白标准品 0mg，10mg，20mg，30mg，40mg 和 50mg，和双缩脲试剂 20.0mL，充分混匀。即配制得浓度为 0mg/mL，0.5mg/mL，1.0mg/mL，1.5mg/mL，2.0mg/mL 和 2.5mg/mL 的酪蛋白溶液。

（2）样品前处理

①固体试样：准确称取 0.2g 试样，置于 50mL 离心管中，加入 5mL 水。

②液体试样：准确称取 1.5g 试样，置于 50mL 离心管中。

③沉淀和过滤：在已经加入样品的离心管中加入 150g/L 的三氯乙酸溶液 5mL，静置 10min 使蛋白质充分沉淀，在 10000r/min 下离心 10min，倾去上清液，经 95% 乙醇 10mL 洗涤。向沉淀中加入四氯化碳 2mL 和双缩脲试剂 20mL，置于超声波清洗器中震荡均匀，使蛋白质溶解，静置显色 10min，在 10000r/min 下离心 20min，取上层清液，待测。

（3）蛋白质含量的测定 用标准溶液的 0 号管（即加入 0mg 酪蛋白的管）调零，540nm 下测定各标准溶液的吸光度值，以吸光度值为纵坐标，以蛋白质浓度为横坐标，绘制标准曲线。同时测定试液的吸光度值，并根据标准曲线的线性回归方程读取制备样品的蛋白质浓度。

6. 分析结果计算

按式（6-3）计算：

$$X = \frac{2c}{m} \tag{6-3}$$

式中　X——试样中蛋白质含量，g/100g；

c——试样中蛋白质浓度，mg/mL；

m——取样量，g。

7. 注意事项

（1）本反应非蛋白质特有，凡是分子内有两个或两个以上肽键的化合物，以及分子内有—CH$_2$—NH$_2$等结构的化合物，双缩脲反应均呈阳性。

（2）主要的干扰物有硫酸铵、三羟甲基氨基甲烷（Tris）缓冲液和某些氨基酸等。

三、 考马斯亮蓝法

1. 适用范围

SN/T 3926—2014《出口乳、蛋、豆类食物中蛋白质含量的测定　考马斯亮蓝法》被作为出入境检验检疫行业标准，适用于乳、蛋、豆类食物中蛋白质含量的测定。该法灵敏度较高，可检测到微量蛋白质，操作简便、快捷，试剂配制简单，重复性好，但会受非离子和离子型去垢剂的干扰。

2. 原理

考马斯亮蓝 G-250 染料具有红色和蓝色两种色调，在稀酸溶液中游离状态下为棕红色，通过疏水作用与蛋白质结合后变为蓝色，其最大吸收波长从 465nm 变为 595nm。在一定范围内，其蓝色蛋白质染料复合物在 595nm 波长下的吸光度与蛋白质含量成正比。

3. 试剂和材料

①乙醇（C_2H_5OH），磷酸（H_3PO_4），牛血清白蛋白（BSA）；

②考马斯亮蓝 G-250 溶液：称取约 100mg 考马斯亮蓝 G-250，溶于 50mL 0.95g/mL 的乙醇后，再加入 100mL 0.85g/mL 的磷酸，用水稀释至 1L，滤纸过滤；

③牛血清白蛋白标准溶液：精确称取牛血清白蛋白 50mg，加水溶解并定容至 500mL，配制成 0.1mg/mL 的蛋白质标准溶液。

4. 仪器

分光光度计，天平（感量为 0.001g 和 0.0001g），超声波清洗器，离心机等。

5. 分析步骤

（1）样品处理

①液体试样：称取混匀试样 1g（精确至 0.001g）于 100mL 容量瓶，用水定容至刻度。取部分溶液于 4000r/min 离心 15min，上清液为试样待测液。

②固体、半固体试样：称取粉碎匀浆后的试样 1g（精确至 0.001g），用 80mL 水洗入 100mL 容量瓶，超声提取 15min。用水定容至刻度，取部分溶液于 4000r/min 离心 15min，上清液为试样待测液。

（2）标准曲线的绘制　分别吸取蛋白质标准溶液 0.0mL，0.03mL，0.06mL，0.12mL，0.24mL，0.48mL，0.72mL，0.84mL 和 0.96mL 于 10mL 的比色管中（以上各管蛋白质含量分别为 0mg，0.003mg，0.006mg，0.012mg，0.024mg，0.048mg，0.072mg，0.084mg 和 0.096mg），分别加入蒸馏水 1.0mL，0.97mL，0.94mL，0.88mL，0.76mL，0.52mL，0.28mL，0.16mL 和 0.04mL，再分别加入 5mL 考马斯亮蓝 G-250 溶液，振荡混匀，静置 2min。用 1cm 比色皿以试剂空白为参比液或调零点，用分光光度计于波长 595nm 处测定吸光度（应在出现蓝色 2min～1h 完成），以吸光度为纵坐标，标准蛋白质浓度（mg/mL）为横坐标，绘制标准曲线。

（3）试样测定　吸取 0.5mL 试样待测液（根据样品中蛋白质含量，可适当调节待测液体积），置于 10mL 比色管中，加 0.5mL 蒸馏水，再加 5mL 考马斯亮蓝 G-250 溶液，振荡混匀，静置 2min。用 1cm 比色皿以试剂空白为参比液或调零点，用分光光度计于波长 595nm 处测定吸光度（应在出现蓝色 2～60min 内完成），根据标准曲线计算出样品中蛋白质含量。

6. 分析结果计算

按式（6-4）计算：

$$X = \frac{(c - c_0) \times V}{m \times 1000} \times 100 \tag{6-4}$$

式中　　X——试样中蛋白质的含量，g/100g；

　　　　c——从标准曲线得到的试液中蛋白质浓度，mg/mL；

　　　　c_0——空白试验中蛋白质浓度，mg/mL；

　　　　V——最终样液的定容体积，mL；

　　　　m——测试所用试样质量，g；

　100 和 1000——单位换算系数。

7. 注意事项

（1）显色结果受时间与温度影响较大，需注意保证样品和标准的测定在相同条件下进行。

（2）考马斯亮蓝 G-250 的染色能力很强，需特别注意比色皿的清洗。可将比色皿在 0.1mol/L HCl 中浸泡数小时，冲洗干净使用。

四、 红外光谱法

食物中不同的功能基团能吸收不同频率的辐射，对于蛋白质和多肽，多肽键在中红外波段（6.5μm）和近红外波段（如 3300~3500nm，2080~2220nm，1560~1670nm）的特征吸收可用于测定食物中的蛋白质含量。农业行业标准 NY/T 2659—2014《牛乳脂肪、蛋白质、乳糖、总固体的快速测定 红外光谱法》适用于牛乳中脂肪、蛋白质、乳糖、总固体的快速测定。农业行业标准 NY/T 3298—2018《植物油料中粗蛋白质的测定 近红外光谱法》适用于油菜、大豆、花生、芝麻等植物油料中粗蛋白质含量的快速测定。红外光谱法可进行快速分析，但仪器昂贵。

第四节 氨基酸总量及个别氨基酸的分析

一、 氨基酸分析仪法

氨基酸分析仪是一种高效液相色谱，用于测定蛋白质、肽及其他药物制剂的氨基酸组成或含量的方法。根据生产厂家仪器型号的不同，可测定不同数量的氨基酸，常见的氨基酸分析仪一般可分析 50 多种氨基酸。由于是专门分析氨基酸的仪器，因此在分析前，必须将蛋白质及肽水解成单个氨基酸。氨基酸分析仪由色谱柱、自动进样器、检测器、数据记录和处理系统组成。其基本原理是流动相推动氨基酸混合物流经装有阳离子交换树脂的色谱柱，各氨基酸与树脂中的交换基团进行离子交换，当用不同的 pH 缓冲溶液进行洗脱时因交换能力的不同而将氨基酸混合物分离，分离出的单个氨基酸组分与茚三酮试剂反应，生成紫色化合物或黄色化合物，用光检测器检测并测定其的吸光度。产物对应的吸收强度与洗脱出来的各氨基酸浓度之间的关系符合朗伯-比尔定律。氨基酸分析仪可对氨基酸各组分进行定性和定量分析。本文重点介绍 GB 5009.124—2016《食物安全国家标准 食物中氨基酸的测定》的测定方法。

1. 适用范围

适用于食物中酸水解氨基酸的测定，包括天冬氨酸、苏氨酸、丝氨酸、谷氨酸、脯氨酸、甘氨酸、丙氨酸、缬氨酸、甲硫氨酸、异亮氨酸、亮氨酸、酪氨酸、苯丙氨酸、组氨酸、赖氨酸和精氨酸共 16 种氨基酸。

2. 原理

食物中的蛋白质经盐酸水解成游离氨基酸，经离子交换柱分离后，与茚三酮溶液产生颜色反应，再通过可见光分光光度检测器测定氨基酸含量。

3. 试剂和材料

①盐酸（HCl）溶液（6mol/L）：取 500mL 盐酸加水稀释至 1000mL，混匀；

②冷冻剂：市售食盐与冰块按质量 1∶3 混合；

③氢氧化钠（NaOH）溶液（500g/L）：称取 50g 氢氧化钠，溶于 50mL 水中，冷却至室温后用水稀释至 100mL，混匀；

④柠檬酸钠缓冲溶液 [c（Na⁺）= 0.2mol/L]：称取 19.6g 柠檬酸钠（$Na_3C_6H_5O_7 \cdot 2H_2O$）加入 500mL 水溶解，加入 16.5mL 盐酸，用水稀释至 1000mL，混匀，用 6mol/L 盐酸溶液或 500g/L 氢氧化钠溶液调节 pH 2.2；

⑤不同 pH 和离子强度的洗脱用缓冲溶液：参照仪器说明书配制或购买；

⑥茚三酮溶液：参照仪器说明书配制或购买。

4. 仪器

组织捣碎机，匀浆机，天平（感量分别为 0.0001g 和 0.00001g）；水解管：耐压螺盖玻璃试管或安瓿瓶，体积为 20~30mL；真空泵：排气量≥40L/min；酒精喷灯，电热鼓风恒温箱或水解炉，试管浓缩仪或平行蒸发仪（附带配套 15~25mL 试管）；氨基酸分析仪：茚三酮柱后衍生离子交换色谱仪。

5. 分析步骤

（1）标准溶液配制 混合氨基酸标准储备液（1μmol/mL）：准确称取单个氨基酸标准品（精确至 0.00001g）于同一 50mL 烧杯中，用 8.3mL 6mol/L HCl 溶液溶解，精确转移至 250mL 容量瓶中，用水稀释定容至刻度，混匀（各氨基酸标准品称量质量参考值如表 6-4 所示）。混合氨基酸标准工作液（100nmol/mL）：准确吸取混合氨基酸标准储备液 1.0mL 于 10mL 容量瓶中，加 pH 2.2 柠檬酸钠缓冲溶液定容至刻度，混匀，为标准上机液。

（2）样品处理

①称样：固体或半固体试样使用组织粉碎机或研磨机粉碎，液体试样用匀浆机打成匀浆密封冷冻保存，分析用时将其解冻后使用。

a. 均匀性好的样品，准确称取一定量试样（精确至 0.0001g），使试样中蛋白质含量在 10~20mg。对于蛋白质含量未知的样品，可先测定样品中蛋白质含量。将称量好的样品置于水解管中。

b. 对很难获得高均匀性的试样，如鲜肉等，为减少误差可适当增大称样量，测定前再做稀释。

c. 对于蛋白质含量低的样品，如蔬菜、水果、饮料和淀粉类食物等，固体或半固体试样称样量≤2g，液体试样称样量≤5g。

②水解：根据试样的蛋白质含量，在水解管内加 10~15mL 6mol/L 盐酸溶液。对于含水量高、蛋白质含量低的试样，如饮料、水果、蔬菜等，可先加入约相同体积的盐酸混匀后，再用 6mol/L 盐酸溶液补充至大约 10mL。继续向水解管内加入苯酚 3~4 滴。将水解管放入冷冻剂中，冷冻 3~5min，接到真空泵的抽气管上，抽真空（接近 0Pa），然后充入氮气，重复抽真空、充入氮气 3 次后，在充氮气状态下封口或拧紧螺丝盖。将已封口的水解管放在（110±1）℃的电热鼓风恒温箱或水解炉内，水解 22h 后，取出，冷却至室温。打开水解管，将水解液过滤至 50mL 容量瓶内，用少量水多次冲洗水解管，水洗液移入同一 50mL 容量瓶内，最后用水定容至刻度，振荡混匀。准确吸取 1.0mL 滤液移入到 15mL 或 25mL 试管内，

用试管浓缩仪或平行蒸发仪在 40～50℃加热环境下减压干燥，干燥后残留物用 1～2mL 水溶解，再减压干燥，最后蒸干。用 1.0～2.0mL pH 2.2 柠檬酸钠缓冲溶液加入到干燥后试管内溶解，振荡混匀后，吸取溶液通过 0.22μm 滤膜后，转移至仪器进样瓶，为样品测定液，供仪器测定用。

（3）测定　混合氨基酸标准工作液和样品测定液分别以相同体积注入氨基酸分析仪，以外标法通过峰面积计算样品测定液中氨基酸的浓度。

6. 分析结果计算

（1）混合氨基酸标准储备液中各氨基酸的含量　按式（6-5）计算，氨基酸标准品称量质量及摩尔质量参考值见表 6-4。

$$c_j = \frac{m_j}{M_j \times 250} \times 1000 \tag{6-5}$$

式中　c_j——混合氨基酸标准储备液中氨基酸 j 的浓度，μmol/mL；

　　　m_j——称取氨基酸标准品 j 质量，mg；

　　　M_j——氨基酸标准品 j 的相对分子质量；

　　　250——定容体积，mL；

　　　1000——单位换算系数。

表 6-4　　配制混合氨基酸标准储备液时氨基酸标准品的称量质量及摩尔质量参考值

氨基酸标准品名称	称量质量参考值/mg	摩尔质量/（g/mol）	氨基酸标准品名称	称量质量参考值/mg	摩尔质量/（g/mol）
L-天门冬氨酸	33	133.1	L-甲硫氨酸	37	149.2
L-苏氨酸	30	119.1	L-异亮氨酸	33	131.2
L-丝氨酸	26	105.1	L-亮氨酸	33	131.2
L-谷氨酸	37	147.1	L-酪氨酸	45	181.2
L-脯氨酸	29	115.1	L-苯丙氨酸	41	165.2
甘氨酸	19	75.07	L-组氨酸盐酸盐	52	209.7
L-丙氨酸	22	89.06	L-赖氨酸盐酸盐	46	182.7
L-缬氨酸	29	117.2	L-精氨酸盐酸盐	53	210.7

（2）样品中氨基酸含量的计算

①样品测定液中氨基酸含量　按式（6-6）计算：

$$c_i = \frac{c_s}{A_s} \times A_i \tag{6-6}$$

式中　c_i——样品测定液氨基酸 i 的浓度，nmol/mL；

　　　A_i——试样测定液氨基酸 i 的峰面积；

　　　A_s——氨基酸标准工作液氨基酸 s 的峰面积；

　　　c_s——氨基酸标准工作液氨基酸 s 的浓度，nmol/mL。

②试样中各氨基酸的含量 按式（6-7）计算，16 种氨基酸的名称及摩尔质量见表 6-5。

$$X_i = \frac{c_i \times F \times V \times M}{m \times 10^9} \times 100 \tag{6-7}$$

式中 X_i——试样中氨基酸含量，g/100g；

c_i——试样测定液中氨基酸 i 的浓度，nmol/mL；

F——稀释倍数；

V——试样水解液转移定容的体积，mL；

M——氨基酸 i 的摩尔质量，g/mol；

m——称样量，g；

10^9——将试样含量由纳克（ng）折算成克（g）的系数；

100——单位换算系数。

表 6-5 16 种氨基酸的名称和摩尔质量

氨基酸名称	摩尔质量/（g/mol）	氨基酸名称	摩尔质量/（g/mol）
天门冬氨酸	133.1	甲硫氨酸	149.2
苏氨酸	119.1	异亮氨酸	131.2
丝氨酸	105.1	亮氨酸	131.2
谷氨酸	147.1	酪氨酸	181.2
脯氨酸	115.1	苯丙氨酸	165.2
甘氨酸	75.1	组氨酸	155.2
丙氨酸	89.1	赖氨酸	146.2
缬氨酸	117.2	精氨酸	174.2

7. 注意事项

（1）试样氨基酸含量在 1.00g/100g 以下，保留 2 位有效数字；含量在 1.00g/100g 以上，保留 3 位有效数字。

（2）在重复性条件下获得的两次独立测定结果的绝对差值不得超过算术平均值的 12%。

（3）混合氨基酸标准工作液色谱图如图 6-2 所示。

（4）GB/T 30987—2020《植物中游离氨基酸的测定》第一法也是氨基酸分析仪法，适用于茶叶、中药材、烟叶等植物样品中游离氨基酸的测定。在测定游离氨基酸时，样品不经酸水解，而用沸水提取后用氨基酸分析仪进行测定。

二、 茚三酮比色法

1. 适用范围

适用于除脯氨酸和羟脯氨酸以外的氨基酸的微量检测。GB/T 8314—2013《茶 游离氨基酸总量的测定》推荐采用茚三酮比色法测定茶叶中的游离氨基酸总量。

2. 原理

氨基酸在碱性条件下与茚三酮共热，形成紫色络合物，其颜色深浅与氨基酸含量成正

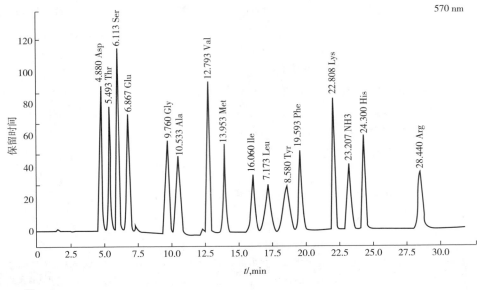

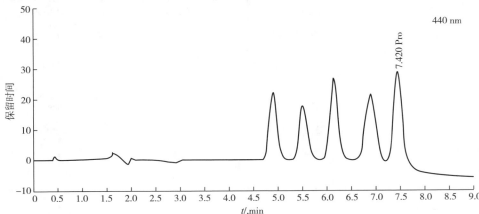

图 6-2　混合氨基酸标准工作液色谱图

比，最大吸收波长为 570nm，用分光光度法测定其含量。

3. 试剂和材料

①pH 8.0 的磷酸盐缓冲溶液；

②1/15mol/L 磷酸氢二钠：称取 23.9g 十二水磷酸氢二钠（$Na_2HPO_4 \cdot 12H_2O$），加水溶解后转入 1L 容量瓶中，定容至刻度，摇匀；

③1/15mol/L 磷酸二氢钾：称取经 100℃烘干 2h 的磷酸二氢钾（KH_2PO_4）9.08g，加水溶解后转入 1L 容量瓶中，定容至刻度，摇匀；取 1/15mol/L 磷酸氢二钠和 1/15mol/L 磷酸二氢钾各 5mL，混匀即可；

④0.02g/mL 茚三酮溶液：称取水合茚三酮（纯度≥99%）2g，加 50mL 水和 80mg 氯化亚锡（$SnCl_2 \cdot H_2O$）搅拌均匀，分次加少量水溶解，放在暗处，静置一昼夜，过滤后加水定容至 100mL；

⑤10mg/mL 标准储备液：称取 250mg 茶氨酸或谷氨酸（纯度不低于 99%）溶于适量水

中，转移定容至 25mL，摇匀。该标准储备液 1mL 含有 10mg 的茶氨酸或谷氨酸。

4. 仪器

天平（感量为 0.001g），分光光度计。

5. 分析步骤

（1）标准曲线的绘制 准确吸取氨基酸标准储备液配制成含 0μg，200μg，300μg，400μg，500μg 和 600μg 氨基酸的标准溶液系列，分别置于 25mL 比色管中，各加 pH 8.0 磷酸盐缓冲液 0.5mL 和 2% 茚三酮溶液 0.5mL，在沸水浴中加热 15min，冷却后加水定容至 25mL。放置 10min 后用 5mm 比色杯，在 570nm 处以试剂空白溶液作参比，测定吸光度。以氨基酸质量（μg）为横坐标，吸光度值为纵坐标，绘制标准曲线。

（2）测定 准确吸取试液 1mL，注入 25mL 比色管中，加 0.5mL pH 8.0 磷酸盐缓冲液和 0.5mL 0.02g/mL 茚三酮溶液，在沸水浴中加热 15min。冷却后加水定容至 25mL。放置 10min 后用 5mm 比色杯，在 570nm 处以试剂空白溶液做参比，测定吸光度，带入标准曲线获得对应的氨基酸质量。

6. 分析结果计算

按式（6-8）计算：

$$X = \frac{m_1 \times V_1}{V_2 \times m \times w \times 1000} \times 100\% \tag{6-8}$$

式中 X——游离氨基酸总量（以茶氨酸或谷氨酸计）（质量分数），%；

m_1——从标准曲线中获得的试液氨基酸质量，mg；

m——测定的样品的质量，g；

V_1——试液制备的总量，mL；

V_2——测定时的试液量，mL；

w——试样干物质含量（质量分数），%；

1000——单位换算系数。

7. 注意事项

茚三酮受阳光、空气、温度、湿度等影响而被氧化呈淡红色或深红色，使用前须进行纯化。

三、 甲醛滴定法

1. 适用范围

适用于游离氨基酸的测定。该法不能作为混合氨基酸的定量依据，常用于测定蛋白质的水解程度，当水解完成后，滴定值不再增加。在发酵工业中常用于测定发酵液中氨基酸含量的变化，以了解可被微生物利用氮源的量及利用情况，可作为控制发酵生产的指标之一。

2. 原理

氨基酸具有酸性的羧基（—COOH）和碱性的氨基（—NH$_2$），它们相互作用而使氨基酸呈中性的内盐。当加入甲醛溶液时，氨基与甲醛结合使碱性消失，羧基显现出酸性，可用氢氧化钠标准溶液滴定。

3. 试剂和材料

中性红（$C_{15}H_{17}ClN_4$），氢氧化钠（NaOH），百里酚酞（$C_{28}H_{30}O_4$），甲醛（HCHO）。

4. 分析步骤

吸取含氨基酸 20~30mg 的样品溶液两份，分别置于 250mL 锥形瓶中，各加入 50mL 蒸馏水，其中一份加入 3 滴中性红指示剂，用 0.1mol/L 氢氧化钠标准溶液滴定至由红色变为琥珀色终点；另一份加 3 滴百里酚酞指示剂和中性甲醛 20mL，摇匀，静置 1min。用 0.1mol/L 氢氧化钠标准溶液滴定至淡蓝色终点。分别记录两次消耗氢氧化钠标准溶液的体积。

5. 分析结果计算

按式（6-9）计算：

$$X = \frac{(V_1 - V_2) \times c \times 0.014}{m} \qquad (6-9)$$

式中　X——氨基酸态氮含量（质量分数），%；

　　　V_1——以中性红为指示剂滴定时消耗氢氧化钠标准溶液体积，mL；

　　　V_2——以百里酚酞为指示剂滴定时消耗氢氧化钠标准溶液体积，mL；

　　　c——氢氧化钠标准溶液的浓度，mol/L；

　　　m——测定用样品溶液相当于样品的质量，g；

　0.014——1/2 N_2 的摩尔质量，g/mmol。

6. 注意事项

（1）固体样品应先粉碎，准确称样后用水萃取，然后测定萃取液；液体样品如酱油、饮料等可直接吸取试样进行测定。

（2）萃取可在 50℃ 水浴中进行 0.5h 即可。

（3）若样品颜色较深，可加适量活性炭脱色后再测定，或用电位滴定法测定。

四、 电位滴定法

1. 适用范围

适用于样品游离氨基酸含量的测定。该法快速、准确，浑浊和色深样液可不做处理直接测定。

2. 原理

根据氨基酸的两性作用，加入甲醛以固定氨基的碱性，使羧基显示出酸性，用自动电位滴定仪（或自己组装：将酸度计的玻璃电极及甘汞电极同时插入被测液中构成原电池，用氢氧化钠标准溶液滴定）依据电位滴定仪指示的 pH 判断滴定终点。

3. 试剂和材料

氢氧化钠（NaOH），甲醛（HCHO）。

4. 仪器

自动电位滴定仪。

5. 分析步骤

（1）吸取含氨基酸约 20mg 的样品溶液于 100mL 容量瓶，加水定容。混匀后取 20.0mL 置于 200mL 烧杯，加 60mL 水，磁力搅拌，应 0.05mol/L 氢氧化钠标准溶液滴定至酸度计指示 pH 8.2，记录消耗氢氧化钠标准溶液的体积。加入 10.0mL 甲醛溶液，混匀，再用 0.05mol/L 氢氧化钠标准溶液滴定至 pH 9.2，记录消耗氢氧化钠标准溶液的体积。

（2）同时取 80mL 蒸馏水于另一个 200mL 烧杯中，先用氢氧化钠标准溶液调至 pH 8.2，再加入 10.0mL 中性甲醛溶液，用 0.05mol/L 氢氧化钠标准溶液滴定至 pH 9.2，作为试剂空白。

6. 分析结果计算

按式（6-10）计算：

$$X = \frac{(V_1 - V_2) \times c \times 0.014}{m \times 20/100}$$

（6-10）

式中　X——氨基酸态氮含量（质量分数），%；

V_1——样品稀释液在加入甲醛后滴定至 pH 9.2 终点所消耗的氢氧化钠标准溶液体积，mL；

V_2——试剂空白在加入甲醛后滴定至 pH 9.2 终点所消耗的氢氧化钠标准溶液体积，mL；

c——氢氧化钠标准溶液的浓度，mol/L；

m——测定用样品溶液相当于样品的质量，g；

0.014——1/2 N_2 的毫摩尔质量，g/mmol；

20——样品的取用量，mL；

100——样品稀释液的定容体积，mL。

五、　非水溶液滴定法

1. 适用范围

适用于氨基酸成品的含量测定。

2. 原理

由于弱碱在酸性溶液中碱性显得更强，弱酸在碱性溶液中酸性显得更强，因此，在水中无法被滴定的弱酸和弱碱，通过适当的溶剂增强其酸碱性后可被滴定。氨基酸所含氨基和羧基在水中呈中性，而在乙酸中能接受质子显示出碱性，因此可被高氯酸等强酸滴定。

3. 试剂和材料

乙酸（$C_2H_4O_2$），甲基紫（$C_{25}H_{30}ClN_3$），高氯酸（$HClO_4$），乙酸钠（CH_3COONa）。

4. 分析步骤

（1）直接法　适用于能溶解于乙酸的氨基酸。精确称取氨基酸样品约 50mg，溶解于 20mL 乙酸中，加 2 滴甲基紫指示剂，用 0.100mol/L 高氯酸标准溶液滴定，终点为紫色刚消失呈现出蓝色。同时用不含氨基酸的乙酸作试剂空白。

（2）回滴法　适用于不易溶解于乙酸而能溶解于高氯酸的氨基酸。精确称取氨基酸样品 30~40mg，溶解于 5mL 0.1mol/L 高氯酸标准溶液中，加 2 滴甲基紫指示剂，以乙酸钠溶液滴定，颜色变化由黄色、绿色、蓝色至初次出现不褪色的紫色为终点。

5. 注意事项

（1）直接法用于测定能溶解于乙酸的氨基酸，包括丙氨酸、精氨酸、甘氨酸、组氨酸、亮氨酸、甲硫氨酸、苯丙氨酸、色氨酸、缬氨酸、异亮氨酸和苏氨酸。回滴法用于测定不能溶于乙酸而能溶于高氯酸的氨基酸，包括赖氨酸、丝氨酸、胱氨酸和半胱氨酸。

（2）谷氨酸和天冬氨酸在乙酸和高氯酸中均无法溶解，可以将样品溶于 2mL 甲酸中，再加入 20mL 乙酸，直接用高氯酸标准溶液滴定。

本章微课二维码

微课 4-乳粉中蛋白质含量的测定

微课 5-酱油中氨基酸态氮

小结

　　食物中蛋白质和氨基酸含量的测定，对于评价食物的营养价值，合理开发利用食物资源，提高产品质量，优化食物配方等均具有重要意义。食物中蛋白质和氨基酸的测定方法有很多，不同分析方法的原理不同，适用范围、灵敏度、分析速度和分析成本也不同。在测定蛋白质的方法中，凯氏定氮法和燃烧法直接测定食物中有机氮的总量；双缩脲法是利用铜-肽键的反应来进行测定；考马斯亮蓝法涉及氨基酸的性质；红外光谱法则是基于多肽对红外波长光辐射的吸收性质。在这些方法中，凯氏定氮法最为准确，但耗时长、较烦琐；考马斯亮蓝法灵敏度较高，但所受干扰往往较多；红外光谱法分析速度快，但成本高。凯氏定氮法往往用于准确定量分析和方法校正，快捷的分析方法往往适用于质量控制，而灵敏的方法往往适用于微量蛋白质的分析。食物样品基质多样，需要根据待测物的情况和分析目的进行方法选择。另外，氨基酸分析仪虽然具有准确度高的特点，但分析成本高，分析比较费时。

　　综上所述，蛋白质、氨基酸的分析应根据实际工作的需要，包括准确度、灵敏度和仪器、试剂、人员、时间、成本、实验室条件等进行综合判断，合理选择分析方法，以达到分析检验的要求和目的。

🔍 思考题

　　1. 食物中蛋白质含量分析的意义是什么？

　　2. 为什么凯氏定氮法测定的结果为食物中粗蛋白质的含量？有什么方法可精确测定蛋白质的含量吗？

　　3. 凯氏定氮法测定蛋白质的结果计算为什么要乘蛋白质换算系数？

　　4. 可采用什么方法分析黄豆粉中蛋白质含量？简述其原理和分析步骤。

　　5. 食物中氨基酸含量分析的意义是什么？

第七章

CHAPTER

7

脂类物质的分析

第一节　概述

一、脂类的定义和存在形式

　　脂类（lipids）在人类膳食中占有重要地位，包括脂肪和类脂，是一类化学结构相似或完全不同的有机化合物。脂肪主要由碳、氢、氧三种元素组成的有机化合物，由三分子脂肪酸与一分子甘油酯化而成，因而又称甘油三酯。类脂是与脂肪分子结合的复合化合物，如磷脂、糖脂、甾醇、脂溶性维生素和固醇类等，主要分布在细胞膜、神经组织等机体组织中。食物中常见的脂肪酸如表7-1所示。

表7-1　　　　　　　　　　　　　　食物中常见的脂肪酸

名称	简写符号	常用缩写形式
丁酸（酪酸）	4：0	
乙酸（羊油酸）	6：0	
辛酸（羊脂酸）	8：0	
葵酸（羊蜡酸）	10：0	
十一酸	11：0	
十二酸（月桂酸）	12：0	
十三酸	13：0	
十四酸（肉豆蔻酸）	14：0	
十五酸	15：0	
十六酸（棕榈酸或软脂酸）	16：0	PA
十七酸（珠光脂酸或真珠酸）	17：0	
十八酸（硬脂酸）	18：0	SA
十九酸	19：0	
二十酸（花生酸）	20：0	

续表

名称	简写符号	常用缩写形式
二十二酸（山嵛酸）	22：0	
十四碳-9-烯酸（顺）（肉豆蔻油酸）	14：1（$n-5$）	
十五碳-10-烯酸	15：1（$n-5$）	
十六碳-9-烯酸（顺）（棕榈油酸）	16：1（$n-7$）	POA
十七碳-10-烯酸	17：1（$n-7$）	
十八碳-9-烯酸（顺）（油酸）	18：1（$n-9$）	OA
十八碳-9-烯酸（反）（反油酸）	18：1（$n-9$）tians	
二十碳-9-烯酸（顺）（鳕油酸）	20：1（$n-11$）	
二十二碳-13-烯酸（顺）（芥子酸）	22：1（$n-9$）	
二十二碳-13-烯酸（反）（蔓菁酸）	22：1（$n-9$）tians	
十八碳-9，12-二烯酸（顺，顺）（亚油酸）	18：2（$n-6$）	LA
十八碳-9，12，15-三烯酸（全顺）（α-亚麻酸）	18：3（$n-3$）	ALA
十八碳-6，9，12-三烯酸（全顺）（γ-亚麻酸）	18：3（$n-6$）	GLA
十八碳-6，9，9-三烯酸（顺，顺，反）（哥伦比酸）	18：3（$n-9$）	
二十碳-11，14-二烯酸（全顺）	20：2（$n-6$）	
二十碳-5，8，11-三烯酸（全顺）（"蜜"酸）	20：3（$n-9$）	MA
二十碳-8，11，14-三烯酸（全顺）（二高-γ-亚麻酸）	20：3（$n-6$）	DGLA
二十碳-5，8，11，14-四烯酸（全顺）（花生四烯酸）	20：4（$n-6$）	AA
二十碳-5，8，11，14，17-五烯酸（全顺）	20：5（$n-3$）	EPA
二十二碳-13，16，19-三烯酸（全顺）	22：3（$n-3$）	
二十二碳-7，10，13，16-四烯酸（全顺）	22：4（$n-6$）	
二十二碳-7，10，13，16，19-五烯酸（全顺）	22：5（$n-3$）	DPA
二十二碳-4，7，10，13，16，19-六烯酸（全顺）	22：6（$n-3$）	DHA
二十四碳-15-烯酸（顺）（神经酸或鲨油酸）	24：1（$n-9$）	

食品中的脂类主要由甘油三酯和类脂构成，不同的食品来源会得到不同结构的甘油三酯。例如，来自动物性食品的甘油三酯碳链长、饱和程度高，熔点高，自然状态下呈固态；来自植物性食品中的甘油三酯不饱和程度高，自然状态下呈液态。不同的食品脂肪含量也不同，动物性和植物性油脂中脂肪含量较高，而蔬菜和水果中脂肪含量较低。脂类对人体组织的健康起着至关重要的作用，已有研究发现，脂肪组织所分泌的因子参与了机体的代谢、免疫、生长和发育等过程，如瘦素、胰岛素样生长因子-1（IGF-1）、白介素-6（IL-6）、白介素-8（IL-8）、肿瘤坏死因子α（TNF-α）等。

食品中脂类的有两种存在形式：游离态和结合态。大多数食品中的脂类以游离态存在，如动物性食品中的脂肪和植物性食品（如种子、果实）中的油脂；食品中的以结合态存在的脂类含量较少，如天然存在的磷脂（脑、心、肝、肺含量较多）、糖脂、脂蛋白和某些加工食品（如麦乳精、烘焙食品等）中的脂肪，与蛋白质或碳水化合物等形成结合态。

二、　脂类的理化性质

1. 脂类的熔点

因为同质多晶现象，即化学组成相同而晶体结构不同的一类化合物，在熔化时可生成相同的液相。天然的固态油脂没有明确熔点，其熔化发生在一个温度区间。通常来说，天然固态油脂在 40～55℃ 熔化。对酰基甘油来说，其熔点与脂肪酸碳链长度与饱和度呈正相关。不同的脂类，当它们的脂肪酸碳链长度和饱和度都相同时，其中含非共轭双键脂肪酸的油脂熔点低于含共轭双键脂肪酸的油脂。此外，含顺式脂肪酸的油脂熔点低于含反式脂肪酸的油脂。

2. 脂类的溶解性

通常来说，脂类可溶于乙醚、石油醚、三氯甲烷、丙酮等有机溶剂，难溶于水。因此在对脂类物质进行理化分析时，基本上采用低沸点有机溶剂进行提取。

3. 脂类的水解反应

脂类化合物在碱（通常为强碱）、酸、酶的作用下或者加热条件下，水解后得到脂肪酸盐和甘油，又称皂化反应。常见的皂化反应有油脂与氢氧化钠或氢氧化钾反应，此外，油脂还可与浓氨水发生皂化反应。

皂化反应式如下：

$$C_3H_5(OCOR)_3 + 3KOH \longrightarrow C_3H_5(OH)_3 + 3RCOOK$$

大部分情况下，我们不希望油脂发生水解反应，但从食品风味的角度出发，某些油脂水解的发生可赋予食品其独特的风味，如干酪发酵过程中产生的游离短链脂肪酸赋予其独特的风味。

4. 脂类的氧化反应

脂类的氧化是导致含脂类食品变质的主要原因之一。脂类的氧化导致油脂和油基食品产生各种不愉快气味和不良风味，我们通常称为油脂酸败。食品中脂类被氧化后营养价值降低，甚至某些氧化产物还具有毒性。因此，在油基食品的研究中，防止脂类氧化是一个重要的课题。

脂类氧化反应式如下：

$$C_{17}H_{33}COOH \xrightarrow{[O]} ROCH + R'OCR'' + R'''OCCOOH$$

第二节　脂类物质的分析方法

一、　脂类物质分析的意义

食品中的脂肪作为一类重要的营养成分，在人类膳食中有非常重要的作用。提供能量。人体内每克脂肪可产生约 39.7kJ 的能量，高于同样质量下碳水化合物或蛋白质所产生能量 2 倍以上；提供必需脂肪酸。包括亚油酸和 α-亚麻酸，必需脂肪酸可在人体内合成 ω-3 系列和 ω-6 系列脂肪酸；提供脂溶性维生素。如维生素 A、维生素 D、维生素 E、维生素 K，并将它们运输至肠道并促进肠道吸收；节约蛋白质。充足的脂肪可保护体内蛋白质（包括食品蛋白质）不被用来供能，从而有效地发挥蛋白质的其他生理功能；脂肪可在肝脏中与蛋白质结合生成脂蛋白，在调节人体生理功能和完成体内生化反应方面发挥重要的作用。脂对人体来说非常重要，但是不宜摄入过多，特别是动物性食品，如肥肉、动物内脏等，因为人体脂肪细胞能够不断储存脂肪，至今未发现其吸收脂肪的上限，且《中国居民营养与慢性病状况报告（2015 年）》显示，高盐、高脂等不健康饮食是慢性病发生、发展的主要行为危险因素。

脂肪中的三个脂肪酸有多种不同组合，并且这些不同组合的甘油三酯又以不同比例混合在一起，有研究者称这为"混（不同）脂肪酸甘油三酯的混合物"。目前在自然界中还未发现只含有一种脂肪酸的甘油三酯。加上多种不同的类脂，这就构成了膳食脂类组成的复杂性。根据不同种类食物中脂肪的不同存在形式，需要选择不同的测定方法。通过对脂类相应指标进行分析，可以反映脂类的特征和质量，以此来判断其品质。

食品中脂肪含量是评价食品营养价值的重要指标。食品安全国家标准中对某些食品脂肪含量做出了规定。例如，奶油（黄油）脂肪含量≥80%，无水奶油（无水黄油）脂肪含量≥99.8%，婴儿配方食品中脂肪含量为 1.05～1.40g/100kJ，巴氏杀菌乳脂肪含量≥3.1g/100g。

因此，测定食品中脂肪含量和脂肪酸类型，可以衡量食品品质和营养价值，还可以在食品生产、储藏、运输过程中起到质量管理和工艺监督等方面起着重要的作用。

二、 提取剂的选择

测定脂类常用的方法是采用低沸点溶剂进行提取，分离出含有脂类的溶剂，蒸干溶剂后就得到"粗脂肪"的含量。根据食品中脂肪酸的不饱和程度、脂肪酸碳链长度、脂肪酸的结构以及甘油三酯的分子结构等不同，需要选择不同的溶剂进行提取。脂类具有复杂的结构，目前还没有发现用一种溶剂可以将纯脂肪提取出来，所以现有的提取剂所提取的都是含有一些其他成分的粗脂肪。

1. 乙醚提取剂

乙醚作为一种常用的脂肪提取剂，有较强的脂肪溶解能力。但乙醚在提取脂肪时存在几个问题。乙醚约含有 2% 的水分和少量醇，这使得水溶性盐类、可溶性糖类等非脂类成分被一并提取出来，导致脂肪含量测定结果偏高。因此应选用无水无醇乙醚，且试样前处理时需要去除水分。另外，乙醚沸点为 34.6℃，是一种易燃的有机溶剂，用乙醚提取时不能接触明火，需采用电热套、水浴等加热方式。乙醚使用完毕后不可长时间敞口存放，否则其蒸气可能将远处的明火引来，从而发生火灾。乙醚在储藏过程中，在空气作用、温度和光线的促进下发生氧化产生过氧化物，导致在脂肪氧化和干燥时温度过高会引起强烈爆炸，在使用储存时间过长的乙醚之前，应检测其是否产生过氧化物。

2. 石油醚提取剂

与乙醚相比，石油醚沸点较高，虽然溶解脂肪的能力稍差，但对试样的含水量可适当放宽。因为没有溶胶现象，也不会有夹带胶态的淀粉、蛋白质等，测定结果更准确。另外，石油醚没有乙醚易燃，使用过程中更加安全。

无论是乙醚还是石油醚，它们均是提取的游离态脂肪，如果要提取结合态脂肪或者食品中本来存在的脂蛋白、糖蛋白等，通常需要在试样中先加强酸（硫酸、盐酸等）破坏脂类和非脂类成分的结合，使食品中结合态脂肪游离出来，再用有机溶剂进行提取，需要注意的是，在酸水解过程中磷脂会水解而损失。在测定乳类及其制品试样中的脂肪含量时，可加入浓氨水将包裹脂肪的酪蛋白钙盐转变为可溶性的盐，再加入乙醇将溶解于氨水中的蛋白质析出，进而用乙醚提取。在实际应用中，常将乙醚和石油醚混合使用。

3. 三氯甲烷-甲醇混合溶液提取剂

对于脂蛋白、糖脂等结合态脂类含量较高，特别是磷脂含量较高的试样，可选用含一定水分的三氯甲烷-甲醇混合溶液提取。此外，此法也适合含水量高的试样，比如水产品、禽类、蛋制品等。要注意的是，使用三氯甲烷-甲醇混合溶液提取过程中，应尽可能让全部脂类溶于三氯甲烷层，非脂溶性成分进入甲醇层，再用石油醚提取出甲醇层的残留脂类。

三、 试样的预处理

预处理可以去掉试样中的部分杂质和不需要分析的成分，保证试样的均匀性，提高待测物的信号强度。

1. 均匀化处理

某些试样在进行分析之前还需要进一步粉碎、磨细、过筛和均匀化处理。尽可能使得试样中待检组分均匀一致，使得其中任何一部分都具有代表性。干燥的固体试样可选用研钵、磨粉机、多功能粉碎机、球磨机等工具进行粉碎混匀。粉碎后的试样用标准分样筛（20～40目）过筛；动物肌肉组织、脂肪组织等试样，可选用组织捣碎机、绞肉机等仪器进行研磨混匀；液态和半流体试样，如牛乳、植物油等，可选用搅拌机进行充分的搅拌混匀。无论采用何种方式对试样进行均匀化处理，都应当尽可能使试样中脂类的理化性质的变化和酶的降解减少到最小程度。在粉碎搅拌过程中会因为摩擦产热，因此还要注意控制试样均匀化过程中温度的变化，防止试样中脂类发生其他反应，如氧化等。

2. 干燥处理

当试样含水量稍高时，乙醚被水分饱和后无法渗入细胞内部，只能提取食品试样中的部分脂类，提取效率降低。因此，通过对试样进行干燥处理，可以提高脂类的提取效率。但干燥温度过高时，脂肪易被氧化或者导致游离态脂肪与蛋白质和碳水化合物形成结合态。而冷冻干燥法是一种较为理想的方法。冷冻干燥又称升华干燥，是将含水食品试样冷冻至冰点以下，此时水变为冰，然后在真空状态下将冰转变为水蒸气而去除的一种干燥方法。在冷冻干燥过程中，酶的活性大大降低，又因为在真空状态下，氧气极少，脂类不会发生氧化反应，此法能够去除99%以上的水分。

3. 疏松处理

食品试样颗粒大小会影响脂类的提取程度。加入海砂使样品充分分散，增大与提取剂的接触面积，防止样品在溶剂中成团、溶剂不能穿过样品，有利于提取。易结块试样可加入经处理后干净的海砂，通常加入试样的4～6倍。对于含水量高的试样，可加入无水硫酸钠，既可以减少试样含水量，又可以使试样呈散粒状。

常用的脂肪测定方法有直接提取法和经化学处理后提取法。直接提取法是先用有机溶剂将食品中的脂肪提取出来，然后用重量法测定，包括索氏抽提法和三氯甲烷-甲醇提取法。有机溶剂（乙醚、石油醚、三氯甲烷-甲醇）提取的是食品中的游离脂肪，并且同时还会将少量磷脂、固醇、树脂、色素、游离脂肪酸等其他脂溶性物质一并提取出来，所以用直接提取法测定的脂肪称为"粗脂肪"。经化学处理后提取法通常是先用酸或者是碱进行处理，将食品中结合态脂肪水解成游离脂肪，再用提取剂进行提取，用这类方法所测定的脂肪称为"总脂肪"。根据化学处理方法的不同包括有酸水解法、碱水解法、盖勃法和巴布科克氏法。其中索氏提取法、酸水解法、碱水解法和盖勃法为国家标准方法（GB 5009.6—2016《食品安全国家标准　食品中脂肪的测定》）。

四、索氏抽提法

1. 适用范围

适用于水果、蔬菜及其制品、粮食及粮食制品、肉及肉制品、蛋及蛋制品、水产及其制品、焙烤食品、糖果等食品中游离态脂肪及结合态脂肪总量的测定。特别是脂肪含量较高，结合态脂肪含量较少，能够被烘干磨细，不容易吸湿结块的试样。

2. 原理

利用溶剂回流和虹吸原理，将经预处理的食品试样用无水乙醚或石油醚等有机溶剂回流萃取，使试样每一次都能被纯的溶剂所萃取，蒸去溶剂后得到的残留物即为脂肪。因为残留物中还包含了游离脂肪酸、甾醇、磷脂、蜡及色素等类脂物质，因而索氏抽提法测定的结果又称粗脂肪。

3. 试剂和材料

无水乙醚（$C_4H_{10}O$），石油醚（C_nH_{2n+2}），石英砂，脱脂棉，滤纸。

4. 仪器

索氏抽提器，恒温水浴锅，天平（感量分别为 0.001g 和 0.0001g），电热鼓风干燥箱，干燥器。

5. 分析步骤

（1）试样预处理

①固体试样：称取充分混匀后的试样 2~5g（精确至 0.001g），全部移入滤纸筒内。

②液体或半固体试样：称取混匀后的试样 5~10g（精确至 0.001g），置于蒸发皿中，加入约 20g 石英砂，于沸水浴上蒸干后，在电热鼓风干燥箱中于（100±5）℃干燥 30min 后取出研细，全部移入滤纸筒内。蒸发皿及粘有试样的玻璃棒，均用粘有乙醚的脱脂棉擦净，并将棉花放入滤纸筒内。

（2）提取和称量　准确称取 2~5g 干燥后的试样（精确至 0.001g）。全部移入滤纸筒内。将滤纸筒放入索氏抽提器（图 7-1）的提取管内，接收瓶内加入提取剂，不超过接收瓶容积的 2/3。将提取管与已干燥至恒重的接收瓶连接，并将冷凝管上连接好，冷凝水低进高出，置于恒温装置上加热回流，使无水乙醚或石油醚不断回流提取（6~8 次/h），一般抽提 6~10h。提取结束时，用磨砂玻璃棒接取 1 滴提取液，磨砂玻璃棒上无油斑表明提取完毕。

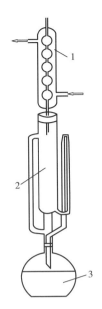

图 7-1 索氏抽提器

1—冷凝管 2—提取管 3—接收瓶

取下接收瓶，回收无水乙醚或石油醚，待接收瓶内溶剂剩余 1~2mL 时在水浴上蒸干，再于（100±5）℃干燥 1h，放干燥器内冷却 0.5h 后称量。重复以上操作直至恒重（前后两次称量差≤2mg）。

6. 分析结果计算

按式（7-1）计算：

$$X = \frac{m_1 - m_0}{m_2} \times 100 \tag{7-1}$$

式中 X——试样中脂肪的含量，g/100g；

m_0——接收瓶的质量，g；

m_1——恒重后接收瓶和脂肪的质量，g；

m_2——试样的质量，g；

100——单位换算系数。

7. 注意事项

（1）试样必须充分干燥并磨细，因为试样含水或颗粒大时会影响提取效果，可以将试样测定水分后再测定脂肪含量。

（2）用于提取的乙醚或石油醚应当不含水和过氧化物。提取剂中含水会造成非脂成分被提取出来，使得测定值偏高；提取剂中含过氧化物使其变得易爆，过氧化物还会导致脂肪被氧化。

（3）滤纸筒的高度应低于虹吸管，这样可将样品完全浸泡在提取剂中。

（4）石油醚沸点高于乙醚，对试样含水量要求没有乙醚高，并且不会出现胶溶现象，不会夹带胶溶的淀粉、蛋白质等物质，因此石油醚提取的脂肪含量更接近真实值。

（5）加热装置可选择水浴或电热套，切忌明火加热，温度控制在提取剂刚开始沸腾的状态即可。

五、　酸水解法

1. 适用范围

适用于水果、蔬菜及其制品、粮食及粮食制品、肉及肉制品、蛋及蛋制品、水产及其制品、焙烤食品、糖果等食品中游离态脂肪及结合态脂肪总量的测定。特别是容易吸湿、结块、不易烘干，不适合索氏抽提法的食品试样。

2. 原理

食品试样在强酸和加热的作用下破坏试样中的蛋白质、纤维素等，使其结合态或被包裹在组织里的脂肪游离出来，游离出的脂肪被有机溶剂提取。食品试样经盐酸水解后用无水乙醚或石油醚提取，除去溶剂即得脂肪的总含量，包括游离态和结合态。

3. 试剂和材料

①乙醇（C_2H_5OH），无水乙醚（$C_4H_{10}O$），石油醚（C_nH_{2n+2}），蓝色石蕊试纸，脱脂棉，滤纸；

②2mol/L盐酸（HCl）溶液：量取50mL盐酸，加入到250mL水中，混匀；

③0.05mol/L碘液：称取6.5g碘（I_2）和25g碘化钾（KI）于少量水中溶解，稀释至1L。

4. 仪器

恒温水浴锅，电热板（满足200℃高温），天平（感量0.1g和0.001g），电热鼓风干燥箱。

5. 分析步骤

准确称取试样（固体食品试样2~5g或液体食品试样约10g，精确至0.001g）置于50mL试管内，固体试样加8mL水混合后加入10mL盐酸（液体试样无须加水）。经70~80℃水浴加热水解，水解过程中需不时搅拌，以确保温度均匀，直至消化完全，使结合态脂肪析出。停止加热，加入10mL乙醇混合，冷却后将混合物移入100mL具塞量筒中，用25mL无水乙醚多次洗涤之前试管，洗涤后倒入量筒，摇匀1min后小心放气、静置12min，并用石油醚-乙醚等量混合溶液冲洗量筒口附着脂肪。再次静置10~20min分层，吸取上清液置于已恒重的锥形瓶内再加5mL无水乙醚干具塞量筒内，振摇静置后，将上层乙醚吸出，放入原锥形瓶内，蒸干提取剂，干燥、冷却后称重，重复操作至恒重（前后两次称量差不超过2mg）。

6. 分析结果计算

同索氏抽提法。

7. 注意事项

（1）固体食品试样需粉碎磨细，液体食品试样需充分混匀，这样才能够充分水解。

（2）水解完成停止加热后加入一定量乙醇，可以使蛋白质沉淀、降低表面张力，促进脂肪球聚合，使某些水溶性的非脂成分（碳水化合物、有机酸等）进入水层，减少乙醚层的杂质。因为乙醇可同时溶于水和乙醚，影响分层，所以后面加入石油醚可以降低乙醇极性，使得乙醇进入水层，促进乙醚层和水层的分离。如果出现浑浊现象，根据加入醚类的体积，将醚层吸出后用无水硫酸钠进行脱水，过滤，去除一定体积提取剂烘干称重。

（3）水解时要注意水分的挥发量，适当进行补充，避免水分大量挥发后导致溶液酸度过高。

（4）提取剂蒸干后如果有黑色焦油状杂质存在，是水解物和水一同混入所致，可以用石油醚-乙醚等量混合溶液洗涤后过滤，然后将混合醚类溶液蒸干再称重即可。

六、 碱水解法 （ 罗紫·哥特里法 ）

1. 适用范围

适用于巴氏杀菌乳、灭菌乳、发酵乳、调制乳、乳粉、婴幼儿配方食品、炼乳、奶油、稀奶油及干酪中脂肪的测定。

2. 原理

乳及乳类制品中的脂肪球被一层膜（主要成分是酪蛋白钙盐）包裹，使得脂肪球在乳中呈乳浊液温度状态。氨-乙醇溶液可以将乳液的胶体状态和包裹脂肪球的酪蛋白钙盐转变为可溶性的盐，从而将非脂成分溶解，将结合态脂类游离出来，再用无水乙醚-石油醚混合溶液提取出试样的碱（氨水）水解液，再将溶剂蒸干，除去溶剂即得游离态和结合态脂肪的总含量。

3. 试剂和材料

①淀粉酶（酶活力≥1.5U/mg）；氨水（$NH_3 \cdot H_2O$）：质量分数约25%；乙醇（C_2H_5OH）：体积分数至少为95%；无水乙醚（$C_4H_{10}O$）；石油醚（C_nH_{2n+2}），沸程为30～60℃；

②混合溶剂：等体积混合乙醚和石油醚，现用现配；

③0.1mol/L碘溶液：称取碘（I_2）12.7g和碘化钾（KI）25g，于水中溶解并定容至1L；

④刚果红（$C_{32}H_{22}N_6Na_2O_6S_2$）溶液：将1g刚果红溶于水中，稀释至100mL；

⑤6mol/L盐酸（HCl）溶液：量取50mL盐酸缓慢倒入40mL水中，定容至100mL，混匀。

4. 仪器

天平（感量为0.0001g），离心机（可用于放置抽脂瓶或管，转速为500～600r/min，可在抽脂瓶外端产生80～90g的重力场），电热鼓风干燥箱，恒温水浴锅，干燥器，抽脂瓶。

5. 分析步骤

（1） 试样预处理

①巴氏杀菌乳、灭菌乳、生乳、发酵乳、调制乳：称取充分混匀试样10g（精确至0.0001g）于毛氏抽脂瓶（图7-2）中。加入2.0mL氨水，充分混合后立即将抽脂瓶放入（65±5）℃的水浴中，加热15～20min，不时取出振荡。取出后，冷却至室温。静置30s。

②乳粉和婴幼儿食品：称取混匀后的试样，高脂乳粉、全脂乳粉、全脂加糖乳粉和婴幼儿食品约1g（精确至0.0001g），脱脂乳粉、乳清粉、酪乳粉约1.5g（精确至0.0001g）。其余操作同①。

③炼乳：脱脂炼乳、全脂炼乳和部分脱脂炼乳称取3～5g，高脂炼乳称取约1.5g（精确至0.0001g），用10mL水，分次洗入抽脂瓶小球中，充分混合均匀。其余操作同①。

④奶油、稀奶油：先将奶油试样放入温水浴中溶解并混合均匀后，称取试样约0.5g（精确至0.0001g），稀奶油称取约1g于抽脂瓶中，加入8～10mL约45℃的水。再加2mL氨水充分混匀。其余操作同①。

⑤干酪：称取约2g研碎的试样（精确至0.0001g）于抽脂瓶中，加10mL 6mol/L盐酸，混匀，盖上瓶塞，于沸水中加热20～30min，取出冷却至室温，静置30s。

（2）试样测定

①加入 10mL 乙醇，缓和但彻底地进行混合，避免瓶颈沾染上液体。

②加入 25mL 乙醚，塞上瓶塞，使抽脂瓶保持水平后振荡（可选择毛氏抽脂瓶摇混器），加入 25mL 石油醚，塞上瓶塞，使毛氏抽脂瓶保持水平后振荡（100 次/min 振荡 1min）。将加塞的毛氏抽脂瓶放入离心机离心（500~600r/min，5min），也可直接静置至少 30min，直到上层液澄清，并出现明显的两相分层。小心打开瓶塞，用少量的混合溶剂冲洗塞子和瓶颈内壁，使冲洗液流入抽脂瓶。将上层液澄清尽可能地倒入已准备好的加入沸石的脂肪收集瓶中，避免倒出水层。用少量混合溶剂冲洗瓶颈外部，冲洗液收集在脂肪收集瓶中。应防止溶剂溅到抽脂瓶的外面。

③向抽脂瓶中加入 5mL 乙醇，用乙醇冲洗瓶颈内壁，按①步所述进行混合。重复②步操作，用 15mL 无水乙醚和 15mL 石油醚，进行第 2 次抽提。重复②操作，用 15mL 无水乙醚和 15mL 石油醚，进行第 3 次抽提。空白试验与样品检验同时进行，采用 10mL 水代替试样，使用相同步骤和相同试剂。

④合并所有提取液，蒸馏或挥去溶剂。将脂肪收集瓶放入（100±5）℃的烘箱中干燥 1h，取出后置于干燥器内冷却 0.5h 后称量。重复以上操作直至恒重（直至两次称量的差不超过 2mg）。

图 7-2　毛氏抽脂瓶

6. 分析结果计算

按式（7-2）计算：

$$X = \frac{(m_1 - m_2) - (m_3 - m_4)}{m} \times 100 \qquad (7-2)$$

式中　X——样中脂肪的含量，g/100g；

　　　m_1——恒重后脂肪收集瓶和脂肪的质量，g；

　　　m_2——脂肪收集瓶的质量，g；

　　　m_3——空白试样中，恒重后脂肪收集瓶和抽提物的质量，g；

　　　m_4——空白试验中脂肪收集瓶的质量，g；

　　　m——试样的质量，g；

　　　100——单位换算系数。

7. 注意事项

（1）加入乙醇可以将溶于氨水的蛋白质沉淀析出，使醇溶性杂质溶解并留在水层。

（2）加入乙醚后要注意振荡，应注意避免形成持久乳化液。

（3）如果两相界面低于抽脂瓶小球与瓶身相接处，则沿瓶壁边缘慢慢地加入水，使液面高于小球和瓶身相接处，以便于倾倒。

七、　盖勃法

1. 适用范围

适用于乳及乳制品、婴幼儿配方食品中脂肪的测定。炼乳、加糖乳粉等含糖分高的乳品不适用此法，因为糖分易被酸碳化，导致结果误差较大。

2. 原理

在乳中加入硫酸，可破坏乳胶质性，使覆盖在脂肪球上的蛋白质外膜变成可溶性重硫酸酪蛋白化合物。加热离心后脂肪被分离出来，测量其体积可得乳的含脂率。

3. 试剂和材料

硫酸（H_2SO_4），异戊醇（$C_5H_{12}O$）。

4. 仪器

乳脂离心机，盖勃氏乳脂计（最小刻度值为 0.1%）（图 7-3），10.75mL 单标乳吸管。

图 7-3　盖勃氏乳脂计

5. 分析步骤

在盖勃氏乳脂计中先加入 10mL 硫酸，再沿着管壁小心准确加入 10.75mL 试样，使试样与硫酸不要混合，然后加入 1mL 异戊醇，塞上橡皮塞，用布包裹住瓶口并向下，这样可以防止振摇时酸液冲出，然后用力振摇至溶液呈均匀棕色。

保持瓶口向下静置数分钟，65~70℃恒温水浴 5min 后取出，置于乳脂离心机中以 1100r/min 离心，离心 5min 后再置于恒温水浴中 65~70℃保温 5min（注意水浴水面应高于乳脂计脂肪层）。取出，立即读取脂肪层刻度之差，即为试样中脂肪的百分数。

6. 注意事项

（1）试样无须做烘干处理。

（2）试验过程中需加入异戊醇，可降低脂肪球表面张力，促进脂肪析出，形成连续脂肪层。但不能加入过多，否则异戊醇会进入脂肪中，增大脂肪体积，此外异戊醇还会与硫酸反应生成硫酸酯。

（3）硫酸浓度不宜过浓，否则会将食品试样碳化，从而影响测定结果。但浓度过低将不能完全溶解酪蛋白钙盐，此时会导致测定结果偏低或脂肪层浑浊。

（4）移乳管为 11mL，实际能加入 10.9mL，试样质量为 11.25g，乳脂剂 0~8% 刻度部分容积为 1mL，脂肪充满时的质量为 0.9g。因此，11.25g 的试样中就含有 0.9g 脂肪，所以刻度满时脂肪含量为 8%（0.9/11.25×100），刻度度数为脂肪的百分含量。

第三节　食用油脂相关指标的分析

食用油脂在运输、储存和使用过程中会发生氧化、酸败等化学变化。因此，可以通过对油脂的酸价、过氧化值、碘值、皂化价和羰基价的测定，判断油脂原料、成品的品质和等级。

一、　酸价的测定

酸价是指中和 1g 游离脂肪酸所需的氢氧化钾（KOH）的质量（mg），食用油脂长期存放会因为氧化反应使其酸价升高。作为油脂酸败的主要指标，不仅可以判断油脂的品质，还可以为油脂碱炼工艺提供加碱量的参考值。根据我国相关标准规定，食用植物油（包括调和油）（GB 2716—2018）和动物油脂（GB 10146—2015）的酸价分别≤3 和≤2.5（KOH）/（mg/g）。在我国食品安全国家标准中（GB 5009.229—2016），各类食品中酸价有三种测定方法：冷溶剂指示剂滴定法、冷溶剂自动电位滴定法和热乙醇指示剂滴定法。本文重点介绍冷溶剂指示剂滴定法。

1. 适用范围

适用于常温下能够被冷溶剂完全溶解成澄清溶液的食用油脂样品，包括食用植物油（辣椒油除外）、食用动物油、食用氢化油、起酥油、人造奶油、植脂奶油、植物油料共计 7 类。

2. 原理

乙醚-异丙醇混合液溶解油脂，以酚酞作指示剂，再用氢氧化钾或氢氧化钠标准滴定溶液对游离脂肪酸进行中和滴定，以指示剂出现相应的颜色变化时可判定为滴定终点，最后通过滴定终点消耗的标准碱溶液用量来计算油脂试样的酸价。

3. 试剂和材料

①甲基叔丁基醚（$C_5H_{12}O$），无水硫酸钠（Na_2SO_4），无水乙醚（$C_4H_{10}O$），石油醚，氢氧化钾或氢氧化钠标准滴定水溶液（浓度为 0.1mol/L 或 0.5mol/L）；

②乙醚-异丙醇混合液（1+1）：500mL 乙醚（$C_4H_{10}O$）与 500mL 异丙醇（C_3H_8O）充分互溶混合，用时现配；

③酚酞指示剂：称取 1g 酚酞（$C_{20}H_{14}O_4$），加入 100mL 0.95g/mL 乙醇（C_2H_6O）并搅拌至完全溶解；

④百里香酚酞（$C_{28}H_{30}O_4$）指示剂：称取 2g 百里香酚酞，加入 100mL 0.95g/mL 乙醇并搅拌至完全溶解；

⑤碱性蓝（$C_{37}H_{31}N_3O_4$）6B 指示剂：称取 2g 碱性蓝 6B，加入 100mL 0.95g/mL 乙醇并搅拌至完全溶解。

4. 仪器

微量滴定管（最小刻度为 0.05mL），天平（感量为 0.001g），恒温水浴锅，恒温干燥箱，离心机，旋转蒸发仪，索氏脂肪提取装置等。

5. 分析步骤

（1）食用油脂试样的制备　若食用油脂样品常温下呈液态，且为澄清液体，则充分混匀后直接取样，否则须进行除杂和脱水干燥处理；若食用油脂样品常温下为固态，将其置于比其熔点高 10℃ 左右的水浴或恒温干燥箱内，加热完全熔化，若熔化后的油脂试样完全澄清，则可混匀后直接取样，否则须进行除杂和脱水干燥处理；若样品为经乳化加工的食用油脂，则加入石油醚提取出试样中油脂，旋转蒸干。

（2）植物油料试样的制备　先将植物油料粉碎成均匀的细颗粒。将粉碎后的植物油料细颗粒装入索氏脂肪提取器中，再加入适量的提取溶剂，加热回流提取 4h。把所有提取液收集起来，旋转蒸发，残留的液体油脂作为试样可进行酸价的测定。若残留的液态油脂浑浊、乳化、分层或有沉淀，需要先进行除杂和脱水干燥的处理。

（3）试样测定　试样称样量与自身酸价有关，选择的滴定液浓度应使滴定液用量在 0.2~10mL（扣除空白）为宜。若测得酸价之后，发现样品的实际称样量与该样品酸价所对应的相应称样量不符，应按照表 7-2 的要求，调整称样量后重新检测。

表 7-2　　　　　　　　　　　　　　试样称样表

估计的酸价/ （mg/g）	试样的最小 称样/g	使用滴定液的 浓度/（mol/L）	试样称重的 精确度/g
0~1	20	0.1	0.05
1~4	10	0.1	0.02
4~15	2.5	0.1	0.01
15~75	0.5~3.0	0.1 或 0.5	0.001
>75	0.2~1.0	0.5	0.001

准确称取油脂试样，加入 50~100mL 乙醚-异丙醇混合液和 3~4 滴酚酞指示剂，充分振荡摇匀。用标准滴定碱液滴定，当溶液出现微红色，且 15s 内无明显褪色，表示已滴定至滴定终点，立即停止滴定，记录碱液消耗体积。同时做空白试验。

如果油脂试样颜色较深，选用百里香酚酞或碱性蓝 6B 作为指示剂，滴定时，如果选用的是百里香酚酞指示剂，当溶液颜色变为蓝色时为滴定终点，如果选用的碱性蓝 6B 指示剂，当溶液颜色由蓝色变红色为滴定终点。米糠油（稻米油）用此法测定酸价时，只能用碱性蓝 6B 为指示剂。

6. 分析结果计算

按式（7-3）计算：

$$X_{AV} = \frac{(V - V_0) \times c \times 56.1}{m} \tag{7-3}$$

式中 X_{AV} ——酸价，mg/g；

　　　　V ——试样测定所消耗的标准滴定溶液的体积，mL；

　　　　V_0 ——相应的空白测定所消耗的标准滴定溶液的体积，mL；

　　　　c ——标准滴定溶液的浓度，mol/L；

　　　　m ——油脂试样的称样量，g；

　　56.1——氢氧化钾的摩尔质量，g/mol。

7. 注意事项

（1）对于颜色较深的油脂试样，可减少试样取样量，或适当增加乙醚-异丙醇混合液用量，指示剂选用酚酞、碱性蓝 6B 和麝香草酚酞均可以。

（2）测定蓖麻油酸价时，因为蓖麻油不溶于乙醚，因此选用中性乙醇作为溶剂，不能用乙醚-异丙醇混合液。

（3）植物油料粉碎后的细颗粒，试样制备时在不高于 45℃ 的水浴温度，0.08 ~ 0.1MPa 负压条件下旋转蒸发。

二、 碘值的测定

碘值是指 100g 油脂试样能够吸收卤素换算成碘的质量（g）。碘值表示油脂中不饱和脂肪酸的数量。油脂中所含的饱和脂肪酸的双键处不仅能与氢原子结合，还能够与碘结合，油脂中不饱和脂肪酸的双键越多，碘值越高，熔点越低，该油脂越容易被氧化和分解。本文重点介绍 GB/T 5532—2008《动植物油脂　碘值的测定》中的韦氏法。

1. 适用范围

适用于动植物油脂的碘值测定。

2. 原理

用环己烷-乙酸混合溶液将试样溶解，加入韦氏试剂后反应一段时间，再加入碘化钾和水，韦氏试剂中的氯化碘与油脂中不饱和脂肪酸发生加成反应，反应式如下：

$$C_3H_5COOH+ICl \longrightarrow CH_3CHICHClCOOH$$

之后加入过量碘化钾与剩余氯化碘反应生成碘：

$$KI+ICl =\!=\!= KCl+I_2$$

用硫代硫酸钠标准溶液滴定生成的碘：

$$I_2+2Na_2S_2O_3 =\!=\!= Na_2S_4O_6+2NaI$$

3. 试剂和材料

①韦氏试剂（可以采用市售试剂），环己烷（C_6H_{12}），乙酸（$C_2H_4O_2$），0.1mol/L 硫代硫酸钠（$Na_2S_2O_3 \cdot 5H_2O$）标准溶液；

②碘化钾（KI）溶液：100g/L，不含碘酸盐或游离碘；

③淀粉溶液：5g 可溶性淀粉加入到 30mL 水中，混合，加入 1000mL 沸水，煮沸 3min 后冷却。

4. 仪器

天平（感量为 0.001g）。

5. 分析步骤

根据表 7-3 的推荐称样量称取试样（精确至 0.001g）。通常来说碘值越高，试样取样量越少。称量好的试样放入锥形瓶中，加入环己烷-乙酸混合溶液溶解试样，再加入 25mL 韦氏试剂后加盖，摇匀，置于暗处。

表 7-3 　　　　　　　　　　　　　 试样称样量

预估碘值/（ g/100g ）	试样质量/g	环己烷-乙酸混合溶液体积/mL
<1.5	15.00	25
1.5~2.5	10.00	25
2.5~5	3.00	20
5~20	1.00	20
20~50	0.40	20
50~100	0.20	20
100~150	0.13	20
150~200	0.10	20

暗处反应时间结束后加 20mL 碘化钾溶液和 150mL 水，随后用标准硫代硫酸钠溶液滴定至微黄色，加入几滴淀粉指示剂溶液变为蓝色，边剧烈振荡边继续滴定至蓝色刚好消失。同时做空白试验。

6. 分析结果计算

按式（7-4）计算：

$$W_1 = \frac{0.1269 \times c \times (V_1 - V_2)}{m} \times 100 \tag{7-4}$$

式中　W_1——试样的碘值，g/100g；

　　　c——硫代硫酸钠标准溶液浓度，mol/L；

　　　V_1——空白溶液消耗硫代硫酸钠标准溶液体积，mL；

　　　V_2——试样溶液消耗硫代硫酸钠标准溶液体积，mL；

　　　m——试样质量，g；

0.1269——与 1.00mL 硫代硫酸钠标准滴定液 $\left[c_{Na_2S_2O_3} = 1.000mol/L \right]$ 相当的碘的质量；

　　 100——单位换算系数。

碘值<20g/100g，计算结果取值到 0.1；20g/100g<碘值≤60g/100g，计算结果取值到 0.5；碘值>60g/100g，计算结果取值到 1。

7. 注意事项

（1）韦氏试剂稳定性较差，需做空白对照标准其结果的准确。用于溶剂氯化碘的乙酸不得含有还原物质。另外，韦氏试剂中的氯化碘具有高毒性，并且受热后会释放出氯和碘烟雾，因此，不可用嘴吸取韦氏试剂。

（2）光线和水分会对氯化碘产生作用，影响其效果，因此，所用器皿均需干燥，碘液试剂用棕色瓶盛装放于暗处。

（3）加入韦氏试剂后的试样溶液，若试样碘值<150，放于暗处 1h；若碘值>150 的、已聚合的、含有共轭脂肪酸的（如脱水蓖麻油、桐油）、含有酮类脂肪酸的（如不同程度的氢化蓖麻油）和氧化到相当程度的试样，放于暗处 2h。

三、 过氧化值的测定

过氧化值是指用过氧化物相当于碘的质量分数或 1kg 试样中活性氧的毫摩尔数。油脂被氧化过程中会产生中间产物过氧化物，过氧化物容易分解产生挥发性和非挥发性的脂肪酸、醛、酮等，使得油脂发出特殊臭味和发苦的味道，从而影响油脂感官和食用价值。因此，可以通过过氧化物含量多少判断油脂的新鲜和酸败程度。我国食品安全国家标准中规定：食用植物油（包括调和油）（GB 2716—2018）、动物油脂（GB 10146—2015）和食用氢化油（GB 15196—2015）的过氧化值分别要 ≤0.25 g/100g，≤0.20 g/100g 和 ≤0.10 g/100g。在 GB 5009.227—2016《食品安全国家标准　食品中过氧化值的测定》中介绍了两种食品中过氧化值的测定方法——滴定法和电位滴定法。本文重点介绍滴定法。

1. 适用范围

适用于食用动植物油脂、食用油脂制品，以小麦粉、谷物、坚果等植物性食品为原料经油炸、膨化、烘烤、调制、炒制等加工工艺而制成的食品，以及以动物性食品为原料经速冻、干制、腌制等加工工艺而制成的食品。

2. 原理

制备的油脂试样在三氯甲烷-乙酸混合溶液中溶解，其中的过氧化物能与饱和碘化钾反应生成游离碘，用硫代硫酸钠标准溶液滴定析出的碘量可计算出试样过氧化值。反应式如下：

$$R_1CH_2OOR_2+2KI \longrightarrow R_1CH_2OR_2+I_2+2CH_3COOK+H_2O$$
$$I_2+Na_2S_2O_3 \longrightarrow 2I^-+Na_2S_4O_6$$

3. 试剂和材料

①石油醚（C_nH_{2n+2}）（30~60℃），无水硫酸钠（Na_2SO_4），可溶性淀粉，重铬酸钾（$K_2Cr_2O_7$）；

②三氯甲烷-乙酸混合液（体积比 40+60）：量取 40mL 三氯甲烷（$CHCl_3$），加 60mL 乙酸（CH_3COOH），混匀；

③碘化钾（KI）饱和溶液：称取 20g 碘化钾，加入 10mL 新煮沸冷却的水，摇匀后储于棕色瓶中，存放于避光处备用。要确保溶液中有饱和碘化钾结晶存在；

④0.01g/mL 淀粉指示剂：称取 0.5g 可溶性淀粉，加少量水调成糊状。边搅拌边倒入 50mL 沸水，再煮沸搅匀后，放冷备用。临用前配制；

⑤0.1mol/L 硫代硫酸钠（$Na_2S_2O_3 \cdot 5H_2O$）标准溶液：称取 26g 硫代硫酸钠，加 0.2g 无水碳酸钠，溶于 1000mL 水中，缓缓煮沸 10min，冷却。放置两周后过滤、标定；

⑥0.01mol/L 硫代硫酸钠标准溶液：以新煮沸冷却的水稀释 0.1mol/L 硫代硫酸钠标准溶液而成。临用前配制；

⑦0.002mol/L 硫代硫酸钠标准溶液：以新煮沸冷却的水稀释 0.1mol/L 硫代硫酸钠标准溶液而成。临用前配制。

4. 仪器

碘量瓶（250mL），滴定管（10mL，最小刻度为 0.05mL），滴定管（25mL，最小刻度为

0.1mL)，天平（感量分别为0.001g和0.00001g），电热恒温干燥箱，旋转蒸发仪。

5. 分析步骤

（1）动植物油脂试样制备　将液态油脂试样装入密闭容器中振摇，充分摇匀后直接取样；选取有代表性的固态油脂试样置于密闭容器中，混匀后取样。

（2）油脂制品的制备

①食用氢化油、起酥油、代可可脂：将液态试样装入密闭容器中振摇，充分混匀后直接取样；选取有代表性的固态试样置于密闭容器中混匀后取样。此外还可将盛有固态试样的密闭容器置于恒温干燥箱中，缓慢加温至刚好融化，振摇混匀后在试样为液态时立即取样测定。

②人造奶油：取试样置于密闭容器中，于60~70℃的恒温干燥箱中加热至融化，振摇混匀后，继续加热至破乳分层并将油层通过快速定性滤纸过滤到烧杯中，烧杯中滤液为待测试样。制备的待测试样应澄清。趁待测试样为液态时立即取样测定。

③加工制品：取试样后研碎，研碎后的粉碎试样置于广口瓶中，加入2~3倍试样体积的石油醚，摇匀，充分混合，静置浸提至少12h，用装有无水硫酸钠的漏斗过滤，取滤液，用旋转蒸发仪减压蒸干石油醚，水浴温度<40℃，残留物即为待测试样。

（3）测定　称取制备好的待测试样2~3g（精确至0.001g），置于250mL碘量瓶中，加入30mL三氯甲烷-乙酸混合液溶解试样。加入1.00mL饱和碘化钾溶液，塞紧瓶盖，轻轻振摇0.5min后放置暗处3min。取出加100mL水，摇匀后立即用硫代硫酸钠标准溶液滴定析出的碘，滴定至淡黄色时，加1mL淀粉指示剂使溶液变为蓝色，边剧烈振荡边继续滴定至蓝色刚好消失。同时进行空白试验。空白试验所消耗0.01mol/L硫代硫酸钠溶液体积V_0不得超过0.1mL。

6. 分析结果计算

用过氧化物相当于碘的质量分数表示过氧化值时，按式（7-5）计算：

$$X_1 = \frac{0.1269 \times c \times (V - V_0)}{m} \times 100 \tag{7-5}$$

式中　X_1——过氧化值，g/100g；

　　　V——试样消耗的硫代硫酸钠标准溶液体积，mL；

　　　V_0——空白试验消耗的硫代硫酸钠标准溶液体积，mL；

　　　c——硫代硫酸钠标准溶液的浓度，mol/L；

　　　m——试样质量，g；

　0.1269——与1.00mL硫代硫酸钠标准滴定液（$c_{Na_2S_2O_3}=1.000mol/L$）相当的碘的质量；

　　100——单位换算系数。

用1kg样品中活性氧的毫摩尔数表示过氧化值时，按式（7-6）计算：

$$X_2 = \frac{(V - V_0) \times c}{2m} \times 1000 \tag{7-6}$$

式中　X_2——过氧化值，mmol/kg；

　　　V——试样消耗的硫代硫酸钠标准溶液体积，mL；

　　　V_0——空白试验消耗的硫代硫酸钠标准溶液体积，mL；

　　　c——硫代硫酸钠标准溶液的浓度，mol/L；

m——试样质量，g；

1000——单位换算系数。

7. 注意事项

（1）本方法的试剂在保存和进行试样测定时都应避免在阳光直射下和带入空气。

（2）饱和的碘化钾溶液中不能有游离碘和碘酸盐。

（3）估计过氧化值在0.15g/100g及以下时，用0.002mol/L硫代硫酸钠标准溶液；过氧化值的估计值>0.15g/100g时，用0.01mol/L硫代硫酸钠标准溶液。

（4）三氯甲烷和乙酸的比例，加入碘化钾后静置时间的选择以及加水量等，都对测定结果有影响。

四、 皂化值的测定

皂化值是指皂化1g油脂所需氢氧化钾的质量（mg）。油脂中甘油酯的平均相对分子质量决定着皂化值的大小。当甘油酯或脂肪酸的平均相对分子质量越大时，皂化值就越小，反之亦然。油脂中的某些物质对皂化值有影响，当油脂含有不皂化物、甘油一酯和甘油二酯时，会使油脂皂化值降低；而游离脂肪酸的存在则会提高油脂皂化值。此外，油脂中脂肪酸的组成也影响其皂化值。通过皂化值可以测定油脂和脂肪酸中游离脂肪酸和甘油酯的含量。本文重点介绍GB/T 5534—2008《动植物油脂　皂化值的测定》中的测定方法。

1. 适用范围

适用于精炼动植物油脂和动植物油脂原油。

2. 原理

油脂与氢氧化钾-乙醇溶液发生共热皂化反应，皂化完全后用盐酸标准溶液滴定过量的氢氧化钾，同时做空白试验。通过氢氧化钾的消耗量计算出皂化值。反应式如下：

$$C_3H_5(OCOR)_3 + 3KOH \longrightarrow C_3H_5(OH)_3 + 3RCOOK$$

3. 试剂和材料

①0.5mol/L盐酸（HCl）标准溶液；

②氢氧化钾-乙醇溶液：约0.5mol氢氧化钾（KOH）溶于1L 0.95g/mL乙醇（C_2H_5OH）中；

③酚酞（$C_{20}H_{14}O_4$）溶液：（$\rho=0.1$g/100mL）溶于0.95g/mL乙醇；

④碱性蓝6B（$C_{37}H_{31}N_3O_4$）溶液：（$\rho=2.5$g/100mL）溶于0.95g/mL乙醇。

4. 仪器

天平（感量为0.001g）。

5. 测定方法

根据表7-4推荐的取样量称取油脂试样（精确至0.005g），加入25mL氢氧化钾-乙醇溶液和助沸剂，水浴回流加热煮沸，不时摇动，保持沸腾状态1h。热溶液中加入0.5~1mL酚酞指示剂，用盐酸标准溶液滴定至粉红色消失。同时做空白试验。

表7-4　　　　　　　　　　　根据皂化值油脂试样取样量

估计的皂化值（以KOH计）/（mg/g）	试样取样量/g
150~200	2.2~1.8

续表

估计的皂化值（以 KOH 计）/（mg/g）	试样取样量/g
200~250	1.7~1.4
250~300	1.3~1.2
>300	1.1~1.0

6. 分析结果计算

按式（7-7）计算：

$$I_s = \frac{(V_0 - V_1) \times c \times 56.1}{m} \tag{7-7}$$

式中　I_s——皂化值（以 KOH 计），mg/g；

　　　V_0——空白试验所消耗的盐酸标准溶液体积，mL；

　　　V_1——试样所消耗的盐酸标准溶液体积，mL；

　　　c——盐酸标准溶液实际浓度，mol/L；

　　　m——试样的质量，g；

56.1——氢氧化钾摩尔质量，g/mol。

在重复性实验中，两次独立测试结果绝对差值大于重复性限值（r）的情况≤5%时，取两次测定的算术平均值作为测定结果。

7. 注意事项

（1）对于高熔点油脂和难皂化试样，需要水浴回流加热煮沸保持沸腾 2h。

（2）如果皂化液为深色，选用碱性蓝 6B 作为指示剂，这样易于观察滴定终点。

（3）选用盐酸而不是硫酸滴定皂化后多余的碱，因为硫酸生成硫酸钾后不溶于乙醇，沉淀后影响测定结果。

（4）不同油脂的重复性极限值（r）为菜籽油 2.1，棕榈油 1.6，椰子油 2.0，含中碳链甘油三酯（MCT）3.9，60%椰子油与 40%MCT 的混合物 2.0。

五、 羰基价的测定

油脂被氧化后产生中间产物过氧化物，过氧化物会被分解成含羰基的化合物。随着储存时间的延长和不良环境的影响，羰基价越来越高，其大小代表着油脂中氧化物的含量和酸败劣变的程度，具有较高的灵敏度和准确性。羰基价常用来作为评价油脂氧化酸败的一项指标。羰基价的测定包括总羰基价和挥发性或游离羰基分离定量两种，后者一般采用蒸馏法或柱色谱法。本文重点介绍 GB 5009.230—2016《食品安全国家标准　食品中羰基价的测定》中的测定方法。

1. 适用范围

适用于油炸小食品、坚果制品、方便面、膨化食品以及食用植物油等食品中羰基价的测定。

2. 原理

羰基化合物与 2，4-二硝基苯肼反应，生成的腙在碱性溶液中生成褐红色或酒红色的醌离子。在 440nm 下测定吸光度，可计算出油脂的总羰基价。

3. 试剂和材料

①石油醚（$C_5H_{12}O_2$）（30~60℃）；

②精制乙醇（C_2H_5OH）：取 1000mL 乙醇，置于 2000mL 圆底烧瓶中，加入 5g 铝粉、沸石和 10g 氢氧化钾（KOH），标准磨口的回流冷凝管，水浴中加热回流 1h，然后用全玻璃蒸馏装置，蒸馏并收集馏液；

③三氯乙酸（$C_2H_6Cl_3O_2$）溶液：称取 4.3g 固体三氯乙酸，加 100mL 苯（C_6H_6）溶解；

④2，4-二硝基苯肼（$C_6H_6N_4O_4$）溶液：称取 50mg 2，4-二硝基苯肼，溶于 100mL 苯中；

⑤氢氧化钾-乙醇溶液：称取 4g 氢氧化钾，加 100mL 精制乙醇使其溶解；置冷暗处过夜，取上部澄清液使用。溶液变黄褐色则应重新配制。

4. 仪器

分光光度计，天平（感量分别为 1g 和 0.0001g），涡旋混合器，旋转蒸发仪，鼓风式烘箱。

5. 分析步骤

准确称取 0.025~0.5g 油脂试样（精确至 0.0001g），置于 25mL 具塞试管中，加入 5mL 苯溶解油样，再加入 3mL 三氯乙酸溶液及 5mL 2，4-二硝基苯肼溶液，仔细振摇混匀。在 60℃ 水浴中加热 30min，反应后取出经流水冷却至室温后，沿试管壁缓慢加入 10mL 氢氧化钾-乙醇混合溶液，使其分层，经涡旋振荡混匀后放置 10min。以 1cm 比色杯，用试剂空白调零，于波长 440nm 处测吸光度。

6. 分析结果计算

按式（7-8）计算：

$$X = \frac{A}{854 \times m} \times 1000 \qquad (7-8)$$

式中　X——试样的羰基价（以油脂计），mmol/kg；

A——测定时样液吸光度；

m——油样质量，g；

854——各种醛的毫摩尔吸光系数的平均值；

1000——单位换算系数。

7. 注意事项

（1）所用仪器耗材均需干燥。

（2）所用试剂如果含有干扰试验的物质，必须精制后用于试验。

（3）油脂试样取样量根据其羰基价来确定，<15mmol/kg 的油样称取 0.1g，15~30mmol/kg 的油样称取 0.05g，>30mmol/kg 的油样，称取 0.025g。

（4）在波长 440nm 处，以水为对照，测定的空白试验吸收值如果>0.20，是因为所用试剂纯度不高引起的。

本章微课二维码

微课 6–薯片中粗脂肪含量的测定

小结

在食品的生产加工过程中，无论是原料、半成品还是成品中的脂肪含量，都会对产品的风味、组织结构、品质、外观和口感等方面产生影响。因此，在食品质量管理中，对于含有脂肪的食品，测定其脂肪含量是一项非常重要的指标。

作为经典方法，索氏抽提法适用于脂肪含量较高，结合态脂类含量较少，可烘干磨细且不易吸湿结块的样品，因为经过多次抽提，可将样品中的粗脂肪几乎全部提出，对于大多数样品来说，结果误差较小。但是，此法只能抽提出游离脂肪，并且耗时较长，使用了易燃易爆的乙醚，危险性较大。对于因为易吸湿、结块、不易烘干而无法采用索氏提取法的样品，可以选用酸水解法，此法可测定样品中的总脂肪（包括游离脂肪和结合脂肪），但是不宜用于测定含糖量高的样品；因为在水解条件下几乎完全将磷脂分解成脂肪酸和碱，所以也不适用于测定磷脂含量较大的食品样品，如鱼类、贝类、蛋类等。罗紫–哥特里法是乳及乳制品中脂类定量的标准方法，适用于各种液状乳、炼乳、乳粉、奶油、冰淇淋以及豆乳等食品中脂类的测定。盖勃法操作简便、迅速，可用于液体乳和乳制品中脂类含量的测定，含糖量较多的乳品，如甜炼乳、乳粉不适用此法。因此，需要根据不同的食品样品来选择合适的测定方法。另外，在对食用油脂相关指标进行测定时，要特别注意的是，碘值和皂化值滴定的是过量的反应试剂，因此公式中扣除空白试验影响的计算方法与常规扣除法有所区别。

思考题

1. 食品中脂类物质测定的意义是什么？

2. 索氏抽提法测定食品中脂肪含量的原理是什么？为什么说此法测定的是食品中的粗脂肪？

3. 简述酸水解法测定食品中脂肪含量的原理和分析步骤。

4. 测定乳及乳制品中脂肪含量可选择哪些方法？它们的原理分别是什么？

5. 通过测定食用油脂的哪些指标来判断油脂原料及成品的品质和等级？简述这些指标测定的意义。

第八章

CHAPTER

8

酸度的分析

第一节 概述

一、 酸度的定义

1. 总酸度

总酸度（Total Acidity）是指食品中所有酸性成分的总量，用主要酸的质量分数来表示。它包括未离解的酸和已离解的酸，其浓度大小可用标准碱溶液滴定来表示，故总酸度又称"可滴定酸度"。

2. 有效酸度

有效酸度（Available Acidity）是指被测液中 H^+ 浓度，准确地说应是溶液中 H^+ 活度，所反映的是已离解的那部分酸的浓度，常用 pH 表示。其大小可采用酸度计（即 pH 计）来测定。

3. 挥发酸

挥发酸（Volatile Acids）是指食品中易挥发的有机酸，主要指乙酸和微量的甲酸、丁酸等低碳链的直链脂肪酸。其大小可通过蒸馏挥发分离，再借标准碱溶液滴定来测定。

4. 牛乳酸度

牛乳酸度是外表酸度和真实酸度的总和。

（1）外表酸度 外表酸度又称固有酸度，是指新鲜牛乳本身所具有的酸度。主要来源于鲜牛乳中酪蛋白、白蛋白、柠檬酸盐及磷酸盐等酸性成分。外表酸度在酸牛乳中占 0.15%～0.18%（以乳酸计）。

（2）真实酸度 真实酸度又称发酵酸度，是指牛乳放置过程中在乳酸菌作用下乳糖发酵产生了乳酸而升高的那部分酸度。若牛乳的含酸量>0.20%，即认为有乳酸存在。习惯上把含酸量在 0.20% 以上的牛乳不列为鲜牛乳。外表酸度和真实酸度之和即为牛乳的总酸度（而酸牛乳总酸度即为外表酸度），其大小可通过标准碱溶液滴定来测定。

二、 酸度分析的意义

食品中的酸不仅作为酸味成分，而且在食品的加工储运及品质管理等方面被认为是重要的成分，测定食品中的酸度具有十分重要的意义。

1. 反映食品的质量指标

食品中有机酸含量的多少，直接影响食品的色、香、味及稳定性。酸度的测定对微生物发酵过程具有一定的指导意义。例如：酒和酒精生产中，对麦芽汁、发酵液、酒曲等的酸度都有一定的要求。发酵制品中的酒、啤酒及酱油、食醋等中的酸度也是一个重要的质量指标。

2. 判断食品的新鲜度

食品中有机酸的种类和含量是判断其质量好坏的一个重要指标。例如：新鲜牛乳中的乳酸含量过高，说明牛乳已腐败变质；水果制品中有游离的半乳糖醛酸，说明受到霉烂水果的污染。

3. 判断食品的成熟程度

利用有机酸的含量与糖的含量之比，可判断某些果蔬的成熟度。有机酸在果蔬中的含量，因其成熟度及其生长条件不同而异。一般随成熟度的提高，有机酸含量降低，而糖含量增加，糖酸比增大，故测定酸度可判断果蔬的成熟度，对于确定果蔬收获期及加工工艺条件很有意义。例如：如果测定出葡萄所含的有机酸中苹果酸高于酒石酸时，说明葡萄还未成熟，因为成熟的葡萄含大量的酒石酸。

第二节　总酸度和挥发酸的分析

一、　总酸度的测定

总酸度是指食品中所有酸性成分的总量。本文重点介绍国标 GB 12456—2021《食品安全国家标准　食品中总酸的测定》中的酸碱指示剂滴定法和 pH 计电位滴定法测定食品中总酸。

1. 酸碱指示剂滴定法

（1）适用范围　适用于果蔬制品、饮料（澄清透明类）、白酒、米酒、白葡萄酒、啤酒和白醋中总酸的测定。

（2）原理　食品中的有机弱酸在用标准碱液滴定时，被中和生成盐类。用酚酞作指示剂，当滴定至终点（微红色且30s不褪色）时，根据耗用标准碱液的体积，可计算出样品中总酸含量。反应式如下：

$$RCOOH+NaOH=RCOONa+H_2O$$

（3）试剂和材料　0.1mol/L 氢氧化钠（NaOH）标准滴定溶液的配制与标定，具体操作步骤如下：

称取氢氧化钠110g，溶于100mL无二氧化碳（CO_2）水中，摇匀，冷却后置于聚乙烯塑料瓶中，密封，放置数日澄清后，取上清液5.4mL，用无二氧化碳水稀释至1000mL，摇匀。

精密称取0.75g（精确至0.0001g）在105～110℃干燥至恒重的基准邻苯二甲酸氢钾（$C_8H_5KO_4$），加无二氧化碳水溶解，加2滴酚酞指示剂（10g/L），用配制的氢氧化钠标准溶液滴定到溶液呈微红色，并保持30s。同时做空白实验。氢氧化钠标准溶液的浓度按式（8-1）计算。

$$c = \frac{m \times 1000}{(V_1 - V_2) \times M} \tag{8-1}$$

式中　c——氢氧化钠标准溶液的浓度，mol/L；

m——基准邻苯二甲酸氢钾的质量，g；

V_1——标定时所耗用氢氧化钠标准溶液的体积，mL；

V_2——空白实验中所耗用氢氧化钠标准溶液的体积，mL；

M——邻苯二甲酸氢钾的摩尔质量，[M（$C_8H_5KO_4$）= 204.22]，g/mol。

①0.01mol/L氢氧化钠标准滴定溶液：量取100mL 0.1mol/L氢氧化钠标准滴定溶液稀释到1000mL；

②0.05mol/L氢氧化钠标准滴定溶液：量取50mL 0.1mol/L氢氧化钠标准滴定溶液稀释100mL；

③10g/L酚酞指示剂溶液：1g酚酞溶于0.95g/mL乙醇中，用0.95g/mL乙醇定容至100mL。

（4）分析步骤

①样品制备：

a. 液体样品：不含二氧化碳的样品：充分混匀，置于密闭玻璃容器内。含二氧化碳的样品：至少称取200g样品（精确值0.01g）于500mL烧杯中，在减压下振摇3~4min，以除去液体样品中的二氧化碳。

b. 固体样品：取有代表性的样品至少200g（精确值0.01g），置于研钵或组织捣碎机中，加入与试样等量的无二氧化碳水，研碎或捣碎，混匀，置于密闭玻璃容器内。

c. 固液混合样品：按样品的固、液体比例至少取200g（精确值0.01g），用研钵或组织捣碎机研碎或捣碎混匀，置于密闭玻璃容器内。

②试液的制备：

a. 称取25g（精确至0.01g）或移取25mL液体试样，用无二氧化碳水定容至250mL容量瓶，摇匀，用快速滤纸过滤，收集滤液用于测定。

b. 称取25g（精确至0.01g）置于150mL带冷凝管的锥形瓶，加入50mL 80℃无二氧化碳水，混匀，置于沸水浴中煮沸30min（摇动2~3次，使试样中的有机酸全部溶解于溶液中），取出，冷却至室温（约20℃），用无二氧化碳水定容至250mL，用快速滤纸过滤，收集滤液备测。

③测定：

a. 取25.00，50.00mL或100mL试液置于250mL三角瓶中，加入2~4滴1g/mL酚酞指示剂，用0.1mol/L氢氧化钠标准滴定溶液（如样品酸度较低，可用0.01mol/L或0.05mol/L氢氧化钠标准滴定溶液）滴定至微红色30s不褪色。记录消耗0.1mol/L氢氧化钠标准滴定溶液的体积。

b. 空白试验：用同体积无二氧化碳水代替试液，以下按分析步骤①操作。记录消耗氢氧化钠标准滴定溶液的体积。

（5）分析结果计算　按式（8-2）计算：

$$X = \frac{c \times K \times F}{m}(V_1 - V_2) \times 1000 \tag{8-2}$$

式中　X——试样中总酸的含量，g/kg 或 g/L；

　　　c——氢氧化钠标准滴定溶液浓度，moL/L；

　　　V_1——滴定试液时消耗氢氧化钠标准滴定溶液的体积，mL；

　　　V_2——空白试验时消耗氢氧化钠标准滴定溶液的体积，mL；

　　　F——试液的稀释倍数；

　　　m——试样的取样量，g 或 mL；

　　　K——酸的换算系数：苹果酸 0.067；乙酸 0.060；酒石酸 0.075；柠檬酸 0.064；柠檬酸（含一分子结晶水）0.070；乳酸 0.090；盐酸 0.036；硫酸、磷酸 0.049。

2. pH 计电位滴定法

（1）适用范围　适用于果蔬制品、饮料、酒类和调味品中总酸的测定。

（2）原理　根据酸碱中和原理，用碱液滴定试液中的酸，根据电位的"突跃"判断滴定终点。按碱液的消耗量计算食品中的总酸含量。

（3）试剂和材料

①pH8.0 的缓冲溶液：取磷酸氢二钾（K_2HPO_4）5.59g 和磷酸二氢钾（KH_2PO_4）0.41g，用水定容至 1000mL；

②0.05mol/L 和 0.1mol/L 盐酸（HCl）标准滴定溶液，0.1mol/L 氢氧化钠（NaOH）标准滴定溶液：按国标（GB/T 601—2016）配制与标定；

③0.01mol/L 或 0.05mol/L 氢氧化钠标准滴定溶液：按酸碱指示剂滴定法中的方法配制与标定。

（4）仪器　天平（感量分别为 0.01g 和 0.0001g），酸度计，电磁搅拌器，组织捣碎机等。

（5）分析步骤

①取 25.00，50.00mL 或 100mL 试液置于 150mL 烧杯中。将酸度计电源接通，待读数稳定后，用 pH 8.0 的缓冲溶液校正酸度计。将盛有试液的烧杯放到电磁搅拌器上。再将玻璃电极及甘汞电极浸入试液的适当位置。按下 pH 读数开关，开动搅拌器，迅速用 0.1mol/L 氢氧化钠标准滴定溶液（如样品酸度太低，可用 0.01mol/L 或 0.05mol/L 氢氧化钠标准滴定溶液）滴定，并随时观察溶液 pH 的变化。接近终点时，应放慢滴定速度。一次滴加半滴（最多一滴），直至溶液的 pH 达到指挥终点。记录消耗氢氧化钠标准滴定溶液的体积，记录消耗氢氧化钠标准滴定溶液的体积。各种酸滴定终点 pH：磷酸 8.7~8.8；其他酸 8.3±0.1。

②空白试验　用同体积无二氧化碳水代替试液，以下按分析步骤①操作。记录消耗氢氧化钠标准滴定溶液的体积。

（6）分析结果计算　按式（8-3）计算：

$$X = \frac{c \times K \times F}{m}(V_1 - V_2) \times 1000 \tag{8-3}$$

式中　X——试样中总酸的含量，g/kg 或 g/L；

　　　c——氢氧化钠标准滴定溶液浓度，mol/L；

　　　V_1——滴定试液时消耗氢氧化钠标准滴定溶液的体积，mL；

　　　V_2——空白试验时消耗氢氧化钠标准滴定溶液的体积，mL；

　　　F——试液的稀释倍数；

m——试样的取样量，g 或 mL；

K——酸的换算系数：苹果酸 0.067；乙酸 0.060；酒石酸 0.075；柠檬酸 0.064；柠檬
酸（含一分子结晶水）0.070；乳酸 0.090；盐酸 0.036；硫酸、磷酸 0.049。

3. 生乳及其制品中酸度的测定

本文以巴氏杀菌乳、灭菌乳、生乳、发酵乳等试样为例，重点介绍 GB 5009.239—2016
《食品安全国家标准　食品酸度的测定》中的酚酞指示剂法。

（1）适用范围　适用于生乳及乳制品、淀粉及其衍生物、粮食及制品酸度的测定。

（2）原理　试样经过处理后，以酚酞作为指示剂，用 0.1mol/L 氢氧化钠标准溶液滴定
至中性，消耗氢氧化钠溶液的体积数，经计算确定试样的酸度。

（3）试剂和材料

①乙醚 [（C_2H_5）$_2$O]；氮气（N_2）：纯度为 98%；三氯甲烷（$CHCl_3$）；

②0.1mol/L 氢氧化钠（NaOH）标准溶液：称取 0.75g 于 105～110℃电烘箱中干燥至恒
重的工作基准试剂邻苯二甲酸氢钾（$C_8H_5KO_4$），加 50mL 无二氧化碳（CO_2）的水溶解，加
2 滴 10g/L 酚酞指示液，用配制好的氢氧化钠溶液滴定至溶液呈粉红色，并保持 30s。同时做
空白试验；

③参比溶液：将 3g 七水硫酸钴（$CoSO_4 \cdot 7H_2O$）溶解于水中，并定容至 100mL；

④酚酞指示液：称取 0.5g 酚酞溶于 75mL 95% 的乙醇（C_2H_5OH）中，并加入 20mL 水，
然后滴加 0.1mol/L 氢氧化钠溶液至微粉色，再加入水定容至 100mL；

⑤不含二氧化碳的蒸馏水：将水煮沸 15min，逐出二氧化碳，冷却，密闭。

（4）仪器　天平（感量为 0.001g），水浴锅，粉碎机，振荡器等。

（5）分析步骤

①制备参比溶液：向装有 96mL 约 20℃水（不含二氧化碳）的锥形瓶中加入 2.0mL 参比
溶液，轻轻转动，使之混合，得到标准参比颜色。如果要测定多个相似的产品，则此参比溶
液可用于整个测定过程，但时间不得超过 2h。

②样品溶液滴定：称取 10g（精确至 0.001g）已混匀的巴氏杀菌乳、灭菌乳、生乳、发
酵乳试样，置于 150mL 锥形瓶中，加 20mL 新煮沸冷却至室温的水，混匀，加入 2.0mL 酚酞
指示液，混匀后用氢氧化钠标准溶液滴定，边滴加边转动烧瓶，直到颜色与参比溶液的颜色
相似，且 5s 内不消退，整个滴定过程应在 45s 内完成。滴定过程中，向锥形瓶中吹氮气，防
止溶液吸收空气中的二氧化碳。记录消耗的氢氧化钠标准滴定溶液体积。

③空白滴定：用等体积的无二氧化碳水做空白实验，读取耗用氢氧化钠标准溶液的体
积。空白所消耗的氢氧化钠体积应≥0，否则应重新制备和使用符合要求的蒸馏水或中性乙
醇–乙醚混合液。

（6）分析结果计算　按式（8-4）计算：

$$X = \frac{c \times (V_1 - V_0) \times 100}{m_1 \times 0.1} \tag{8-4}$$

式中　X——试样的酸度（°T，以 100g 样品所消耗的 0.1mol/L 氢氧化钠毫升数计），mL/100g；

c——氢氧化钠标准溶液的浓度，mol/L；

V_1——滴定时所消耗氢氧化钠标准溶液的体积，mL；

V_0——空白实验所消耗氢氧化钠标准溶液的体积，mL；

100——100g 试样；

m_1——试样的质量，g；

0.1——酸度理论定义氢氧化钠的浓度，mol/L。

二、 挥发酸的测定

挥发酸是食品中含低碳链的直链脂肪酸，主要是乙酸和少量的甲酸、丁酸等，不包括可用水蒸气蒸馏的乳酸、琥珀酸、山梨酸及二氧化碳、二氧化硫等。正常生产的食品中，其挥发酸的含量较稳定，若在生产中使用了不合格的原料，或违背正常的工艺操作，则会由于糖的发酵而使挥发酸的含量增加，降低了食品的品质。因此，挥发酸含量是某些食品的一项重要质量控制指标。本文介绍水蒸气蒸馏法。

1. 适用范围

适用于各类饮料、果蔬及其制品（如发酵制品、酒等）中总挥发酸含量的测定。

2. 原理

样品经适当处理后，加适量磷酸使结合态挥发酸游离出来，用水蒸气蒸馏分离出总挥发酸，经冷凝，收集后，按总酸的测定操作。

3. 试剂和材料

（1）0.1mol/L 氢氧化钠（NaOH）标准溶液，1%酚酞乙醇溶液的配制均同总酸度的测定；

（2）10%磷酸溶液 称取 10.0g 磷酸（H_3PO_4），用少许无二氧化碳（CO_2）蒸馏水溶解并稀释至 100mL。

4. 仪器

水蒸气蒸馏装置（图 8-1），磁力搅拌器。

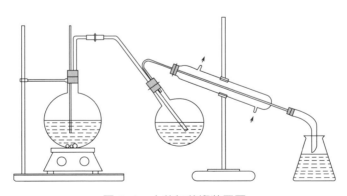

图 8-1 水蒸气蒸馏装置图

5. 分析步骤

（1）样品处理

①一般果蔬及饮料可直接取样。

②含二氧化碳的饮料、发酵酒类：须排除二氧化碳，方法是取 80~100mL（g）样品于锥形瓶中，在用电磁搅拌器的同时，于低真空下抽气 2~4min 以除去二氧化碳。

③固体样品（如干鲜果蔬及其制品）及冷冻、黏稠等制品：先取可食部分加入定量水（冷冻制品须先解冻），用高速组织捣碎机捣成浆状，再称取处理样品 10g，加无二氧化碳蒸

馏水溶解并稀释至 25mL。

④肉类制品：称取 10g 已除去油脂并捣碎的样品于 250mL 锥形瓶中，加入 100mL 无二氧化碳蒸馏水，浸泡 15min 并随时摇动，过滤后取滤液测定。

⑤鱼类等水产品：称取 10g 切碎样品，加无二氧化碳蒸馏水 100mL 浸泡 30min（随时摇动），过滤后取滤液测定。

⑥皮蛋等蛋制品：取皮蛋数个，洗净剥壳，按皮蛋：水为 2∶1 的比例加入无二氧化碳蒸馏水，于组织捣碎机捣成匀浆。再称取 1g 匀浆（相当于 10g 样品），加无二氧化碳蒸馏水至 150mL，搅匀，纱布过滤后称取滤液测定。

⑦罐头制品（液固混合样品）：先将样品沥汁液，取浆汁液测定；或将液固混合捣碎成浆状后，取浆状物测定。若有油脂，则应先分离出油脂。

⑧含油或油浸样品：先分离出油脂，再把固形物经组织捣碎机捣成浆状，必要时加少量无二氧化碳蒸馏水（20mL/100g 样品）搅匀后进行 pH 测定。

（2）测定

①样品蒸馏：取 25mL 经上述处理的样品移入蒸馏瓶中，加入 25mL 无二氧化碳蒸馏水和 1mL 10% 磷酸溶液，加热蒸馏至馏出液约 300mL 为止。于相同条件下做一空白实验。

②滴定：将馏出液加热至 60~65℃（不可超过），加入 3 滴酚酞指示剂，用 0.1mol/L 氢氧化钠标准溶液滴定到溶液为微红色 30s 不褪色即为终点。

6. 分析结果计算

按式（8-5）计算：

$$X = \frac{c \times (V_1 - V_0) \times 0.06}{m} \times 100 \tag{8-5}$$

式中　X——样品中挥发酸的含量（质量分数），%；

　　　m——样品质量或体积，g 或 mL；

　　　V_1——样液滴定消耗标准氢氧化钠的体积，mL；

　　　V_0——空白滴定消耗标准氢氧化钠的体积，mL；

　　　c——标准氢氧化钠溶液的浓度，mol/L；

0.06——换算为乙酸的系数，即 1 毫摩尔氢氧化钠相当于乙酸的克数。

第三节　有机酸的分析

一、　食品中有机酸的种类和分布

食品中酸的种类很多，可分为有机酸和无机酸两类，但是主要为有机酸，而无机酸含量很少。通常有机酸部分呈游离状态，部分呈酸式盐状态存在于食品中；而无机酸呈中性盐化合态存在于食品中。

食品中常见的有机酸有柠檬酸、苹果酸、酒石酸、草酸、琥珀酸、乳酸及乙酸等。有机酸在食品中的分布极不均衡，果蔬中所含有机酸种类较多，但不同果蔬中所含的有机酸种类也不同。而其他食品中有机酸的含量取决于其原料种类，产品配方以及工艺过程等。

二、 有机酸的测定

依据 GB 5009.157—2016《食品安全国家标准　食品中有机酸的测定》，采用固相萃取-液相色谱法同时测定食品中酒石酸、乳酸、苹果酸、柠檬酸、琥珀酸、反丁烯二酸和己二酸七种有机酸。

1. 适用范围

适用于果汁及果汁饮料、碳酸饮料、固体饮料、胶基糖果、饼干、糕点、果冻、水果罐头、生湿面中七种有机酸的测定。

2. 原理

试样直接用水稀释或用水提取后，经强阴离子交换固相萃取柱净化，经反相色谱柱分离，以保留时间定性，外标法定量。

3. 试剂和材料

①甲醇（CH_3OH，色谱纯），无水乙醇（C_2H_5OH，色谱纯），1g/L 磷酸（H_3PO_4）溶液；

②20g/L 磷酸-甲醇溶液：量取磷酸 2mL，加甲醇（CH_3OH）至 100mL，混匀；

③酒石酸、苹果酸、乳酸、柠檬酸、琥珀酸和反丁烯二酸混合标准储备溶液：分别称取酒石酸（$C_4H_6O_6$，纯度≥99%）1.25g、苹果酸（$C_4H_6O_5$，纯度≥99%）2.5g、乳酸（$C_3H_6O_3$，纯度≥99%）2.5g、柠檬酸（$C_6H_8O_7$，纯度≥98%）2.5g、琥珀酸（$C_4H_6O_4$，纯度≥99%）6.25g（精确至 0.01g）和反丁烯二酸（$C_4H_4O_4$，纯度≥99%）2.5mg（精确至 0.01mg）于 50mL 小烧杯中，加水溶解，用水转移到 50mL 容量瓶中，定容，混匀，于 4℃保存，其中酒石酸质量浓度为 25000μg/mL、苹果酸 50000μg/mL、乳酸 50000μg/mL、柠檬酸 50000μg/mL、琥珀酸 125000μg/mL 和反丁烯二酸 50μg/mL；

④酒石酸、苹果酸、乳酸、柠檬酸、琥珀酸、反丁烯二酸混合标准曲线工作液：分别吸取混合标准储备溶液 0.50mL，1.00mL，2.00mL，5.00mL，10.00mL 于 25mL 容量瓶中，用磷酸溶液定容至刻度，混匀，于 4℃保存；

⑤己二酸标准储备溶液（500μg/mL）：准确称取按其纯度折算为 100% 质量的己二酸（$C_6H_{10}O_4$，纯度≥99%）12.5mg，置 25mL 容量瓶中，加水到刻度，混匀，于 4℃保存；

⑥己二酸标准曲线工作液：分别吸取标准储备溶液 0.50mL，1.00mL，2.00mL，5.00mL，10.00mL 于 25mL 容量瓶中，用磷酸溶液定容至刻度，混匀，于 4℃保存；

⑦强阴离子固相萃取柱（SAX）：1000mg，6mL。使用前依次用 5mL 甲醇、5mL 水活化。

4. 仪器

高效液相色谱仪（带二极管阵列检测器或紫外检测器），天平（感量分别为 0.01g 和 0.00001g），高速均质器，高速粉碎机，固相萃取装置。

5. 分析步骤

（1）试样制备及保存

①液体样品：将果汁及果汁饮料、果味碳酸饮料等样品摇匀分装，密闭常温或冷藏保存。

②半固态样品：对果冻、水果罐头等样品取可食部匀浆后，搅拌均匀，分装，密闭冷藏或冷冻保存。

③固体样品：饼干、糕点和生湿面制品等低含水量样品，经高速粉碎机粉碎、分装，于室温下避光密闭保存；对于固体饮料等呈均匀状的粉状样品，可直接分装，于室温下避光密闭保存。

④特殊样品：对于胶基糖果类黏度较大的特殊样品，现将样品用剪刀铰成约 2mm×2mm 大小的碎块放入陶瓷研钵中，再缓慢倒入液氮，样品迅速冷冻后采用研磨的方式获取均匀的样品，分装后密闭冷冻保存。

（2）试样处理

①果汁饮料及果汁、果味碳酸饮料：称取 5g（精确至 0.01g）均匀试样（若试样中含二氧化碳应先加热除去），放入 25mL 容量瓶中，加水至刻度，经 0.45μm 水相滤膜过滤，注入高效液相色谱仪分析。

②果冻、水果罐头：称取 10g（精确至 0.01g）均匀试样，放入 50mL 塑料离心管中，向其中加入 20mL 水后在 15000r/min 的转速下均质提取 2min，4000r/min 离心 5min，取上层提取液至 50mL 容量瓶中，残留物再用 20m 水重复提取一次，合并提取液于同一容量瓶中，并用水定容至刻度，经 0.45μm 水相滤膜过滤，注入高效液相色谱仪分析。

③胶基糖果：称取 1g（精确至 0.01g）均匀试样，放入 50mL 具塞塑料离心管中，加入 20mL 水后在旋混仪上振荡提取 5min，在 4000r/min 下离心 3min 后，将上清液转移至 100mL 容量瓶中，向残渣加入 20mL 水重复提取 1 次，合并提取液于同一容量瓶中，用无水乙醇定容，摇匀。

准确移取上清液 10mL 于 100mL 鸡心瓶中，向鸡心瓶中加入 10mL 乙醇，在（80±2）℃下旋转浓缩至近干时，再加入 5mL 乙醇继续浓缩至彻底干燥后，分别用 1mL 水洗涤鸡心瓶 2 次。将待净化液全部转移至经过预活化的 SAX 固相萃取柱中，控制流速在 1~2mL/min，弃去流出液。用 5mL 水淋洗净化柱，再用 5mL 磷酸-甲醇溶液洗脱，控制流速在 1~2mL/min，收集洗脱液于 50mL 鸡心瓶中，洗脱液在 45℃下旋转蒸发至近干后，再加入 5mL 无水乙醇继续浓缩至彻底干燥后，用 1.0mL 1g/L 磷酸溶液振荡溶解残渣后过 0.45μm 滤膜后，注入高效液相色谱分析。

④固体饮料：称取 5g（精确至 0.01g）均匀试样，放入 50mL 烧杯中，加入 40mL 水溶解并转移至 100mL 容量瓶中，用乙醇定容至刻度，摇匀，静置 10min。准确移取上清液 20mL 于 100mL 鸡心瓶中，后续步骤同胶基糖果处理。

⑤面包、饼干、糕点、烘焙食品馅料和生湿面制品：称取 5g（精确至 0.01g）均匀试样，放入 50mL 塑料离心管中，向其中加入 20mL 水后在 15000r/min 均质提取 2min，在 4000r/min 下离心 3min 后，将上清液转移至 100mL 容量瓶中，向残渣加入 20mL 水重复提取 1 次，合并提取液于同一容量瓶中，用无水乙醇定容，摇匀。后续步骤同胶基糖果处理。

（3）色谱条件

①酒石酸、苹果酸、乳酸、柠檬酸、琥珀酸和反丁烯二酸的测定：

a. 色谱柱：CAPECELL PAK MG S5 C_{18}柱，4.6mm×250mm，5μm，或同等性能的色谱柱；柱温：40℃；进样量：20μL；检测波长：210nm。

b. 流动相：用 1g/L 磷酸-甲醇 ［97.5：2.5（体积比）］ 流动相等度洗脱 10min，然后用较短的时间梯度让甲醇相达到 100% 并平衡 5min，再将流动相调整为 1g/L 磷酸-甲醇 =

97.5+2.5（体积比）的比例，平衡 5min。

②己二酸的测定：

a. 色谱柱：CAPECELL PAK MG S5 C$_{18}$柱，4.6mm×250mm，5μm，或同等性能的色谱柱；柱温：40℃；进样量：20μL；检测波长：210nm。

b. 流动相：1g/L 磷酸-甲醇＝75+25（体积比）等度洗脱 10min。

c. 标准曲线的制作：将标准系列工作液分别注入高效液相色谱仪中，测定相应的峰高或峰面积。以标准工作液的浓度为横坐标，以色谱峰高或峰面积为纵坐标，绘制标准曲线。各有机酸溶液的标准色谱图如图 8-2 和图 8-3 所示。

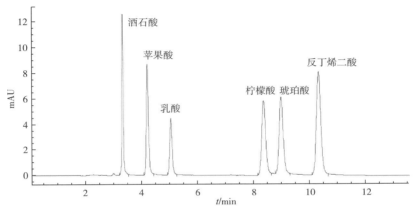

图 8-2　6 种有机酸的标准色谱图

注：酒石酸—50mg/L　苹果酸—100mg/L　乳酸—50mg/L　柠檬酸—50mg/L
琥珀酸—50mg/L　反丁烯二酸—0.25mg/L

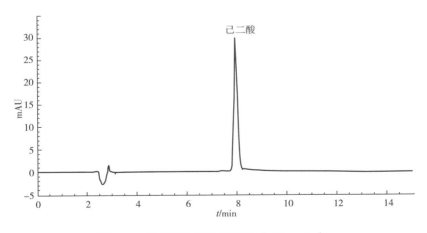

图 8-3　己二酸的标准色谱图（50mg/L）

（4）试样溶液的测定　将试样溶液注入高效液相色谱仪中，得到峰高或峰面积，根据标准曲线得到待测液中有机酸的浓度。

6. 分析结果计算

按式（8-6）计算：

$$X = \frac{C \times V \times 1000}{m \times 1000 \times 1000} \tag{8-6}$$

式中　X——试样中有机酸的含量，g/kg；

　　　C——由标准曲线求得试样溶液中某有机酸的浓度，μg/mL；

　　　V——样品溶液定容体积，mL；

　　　m——最终样液代表的试样质量，g；

　　1000——单位换算系数。

7. 注意事项

（1）果汁、果汁饮料、果冻和水果罐头的检出限与定量限　酒石酸 250mg/kg，苹果酸 500mg/kg，乳酸 250mg/kg，柠檬酸 250mg/kg，琥珀酸 1250mg/kg，反丁烯二酸 1.25mg/kg，己二酸 25mg/kg。

（2）胶基糖果、面包、糕点、饼干和烘焙食品馅料的检出限与定量限　酒石酸 500mg/kg，苹果酸 1000mg/kg，乳酸 500mg/kg，柠檬酸 500mg/kg，琥珀酸 2500mg/kg，反丁烯二酸 2.5mg/kg，己二酸 50mg/kg。

（3）固体饮料的检出限与定量限　酒石酸 50mg/kg，苹果酸 100mg/kg，乳酸 50mg/kg，柠檬酸 50mg/kg，琥珀酸 250mg/kg，反丁烯二酸 0.25mg/kg，己二酸 5mg/kg。

本章微课二维码

微课 7-食品中总酸的测定　　　微课 8-食醋中挥发酸的测定　　　微课 9-pH 计的使用

小结

食品中酸性成分的存在形式和含量影响着食品的色、香、味及其他品质特征，因此，测定食品中的酸度具有十分重要的意义。食品中的酸性成分包括以氢离子形式存在的可解离酸及以化合物形式存在的结合酸，食品中酸性成分含量的测定分为总酸测定、挥发酸测定和有机酸测定。一般食品总酸以质量分数计（g/kg），采用酸碱滴定法或 pH 电位法测定；生乳及乳制品、淀粉及其衍生物酸度和粮食及制品酸度用°T 表示，采用酚酞指示剂法、pH 计法或电位滴定仪法测定；挥发酸含量采用水蒸气蒸馏法测定；食品中酒石酸、乳酸、苹果酸、柠檬酸、琥珀酸、反丁烯二酸和己二酸七种有机酸含量则常采用固相萃取-高效液相色谱法测定。

🔍 **思考题**

1. "食品口感的酸味程度"以什么标准来衡量？
2. 食品的酸度与 pH 是不是一个概念？二者有什么区别？
3. 如何检测纯牛乳的酸度？
4. 采用水蒸气蒸馏法测定食醋挥发酸含量，加入磷酸的目的是什么？
5. 采用酸度计测定食品溶液中的有效酸度，有哪些注意事项？

第九章 CHAPTER

灰分及化学元素的分析

第一节 概述

一、 灰分的定义

把一定量的样品经炭化后放入高温炉内灼烧，使有机物质被氧化分解，以二氧化碳、氮的氧化物及水等形式逸出，而无机物质以硫酸盐、磷酸盐、碳酸盐、氯化物等无机盐和金属氧化物的形式残留下来，这些残留物即为灰分，称量残留物的重量即可计算出样品中总灰分的含量。

食品中的成分十分复杂，灰化时某些易挥发元素（如氯、碘、铅等）会挥发散失，磷、硫等也能以含氧酸的形式挥发散失，使这些无机成分减少。另外，某些金属氧化物会吸收有机物分解产生的二氧化碳而形成碳酸盐，又使无机成分增多。因此，灰分并不能准确地表示食品中原来的无机成分总量。因此，通常把食品经高温灼烧后的残留物称为粗灰分。

灰分根据测定的内容可分为总灰分、水溶性灰分、水不溶性灰分、酸溶性灰分和酸不溶性灰分。水溶性灰分反映可溶性钾、钠、钙、镁等的氧化物和盐类的含量；水不溶性灰分除了反映泥沙含量外，还反映出铁、铝等金属氧化物、碱土金属等碱性磷酸盐含量；酸不溶性灰分则可反映出大部分掺入的泥沙、样品组织中二氧化硅等含量。

二、 灰分分析的意义

食品的总灰分含量是控制食品成品或半成品质量的重要依据。不同的食品，因所用原料、加工方法及测定条件的不同，各种灰分的组成和含量也不相同，当这些条件确定后，某种食品的灰分含量常在一定范围内。

1. 评判食品品质

（1）无机盐是人类生命活动不可缺少的物质，其含量是正确评价食品营养价值的一个指标。

（2）生产果胶、明胶之类的胶质品时，灰分是这些制品胶冻性能的标志。

（3）水溶性灰分和酸不溶性灰分可作为食品生产的一项控制指标。水溶性灰分含量可反映果酱、果冻等制品中果汁的含量。酸不溶性灰分中主要是来自原料本身或加工过程中环境污染混入的泥沙等污染物，还含有一些样品组织中的微量硅。

2. 评判食品加工精度

在面粉加工中，常以总灰分含量评定面粉等级。如富强粉为 0.3% ~ 0.5%；标准粉为 0.6% ~ 0.9%。

3. 判断食品受污染的程度

食品的灰分含量如果超过了正常范围，说明食品生产中使用了不符合卫生标准的原料或食品添加剂，或食品在加工、储运过程中受到了污染。因此，测定灰分可以判断食品受污染的程度。

第二节 灰分的分析

一、 灰化容器

测定灰分通常以坩埚作为灰化容器。坩埚分素烧瓷坩埚、白金坩埚、不锈钢坩埚、石英坩埚等多种，其中最常用的是素烧瓷坩埚。它具有耐高温、耐酸、价格低廉等优点，但抗碱性能差，当灼烧碱性食品（如水果、蔬菜、豆类等）时，瓷坩埚内壁的釉层会部分溶解，反复多次使用后，往往难以得到恒重。在这种情况下应使用新的瓷坩埚，或使用白金坩埚。白金坩埚具有耐高温、耐碱、导热性好、吸湿性小等优点，但价格昂贵。

二、 灰化温度

由于各种食品中无机成分的组成、性质及含量各不相同，所以灰化温度也应有所不同，一般为 500 ~ 550℃。例如鱼类及海产品、谷类及其制品、乳制品不大于550℃；果蔬及其制品、砂糖及其制品、肉及肉制品不大于525℃；个别样品（如谷类饲料）可以达到600℃。灰化温度选择过高，造成无机物的挥发损失（如氯化钠和氯化钾）。反之，如果灰化温度过低，则会使灰化速度慢、时间长、灰化不完全，也不利于除去过剩的碱（碱性食品）吸收的二氧化碳。

三、 灰化时间

对于灰化时间一般无规定，针对试样和灰化的颜色，一般以灼烧至灰分呈白色或浅灰色，无炭粒存在并达到恒重为止，灰化的时间过长，损失大。灰化至达到恒重的时间因试样不同而异，一般需 2 ~ 5h。应该指出，对有些样品，即使灰分完全，残灰也不一定呈白色或浅灰色，如铁含量高的食品，残灰呈褐色。所以，应根据样品的组成、性状注意观察残灰的颜色，正确判断灰化的程度。

四、 加速灰化的方法

对于一些难灰化的样品，如动物性食品（蛋白质含量较高的）或含磷较多的谷物及其制品（灰化过程中生成的磷酸过剩，随灰化的进行，磷酸将以磷酸二氢钾、磷酸二氢钠等形式存在，在比较低的温度下会熔融而包住炭粒，难以完全灰化，即使灰化相当长时间也达不到恒重），为了缩短灰化周期，可采用加入硝酸、乙醇、过氧化氢、碳酸铵等助灰化剂或添加氧化镁，碳酸钙等惰性不熔物质的方法加速灰化。

五、 总灰分的测定

本文重点介绍 GB 5009.4—2016《食品安全国家标准 食品中灰分的测定》中的第一法。

1. 适用范围

适用于食品中灰分的测定（淀粉类灰分的方法适用于灰分质量分数≤2%的淀粉和变性淀粉）。

2. 原理

试样经高温灼烧、称重后即可得出灰分含量。

3. 试剂和材料

①80g/L 乙酸镁 [$(CH_3COO)_2Mg \cdot 4H_2O$] 溶液：称取 8.0g 乙酸镁加水溶解并定容至 100mL，混匀；

②240g/L 乙酸镁溶液：称取 24.0g 乙酸镁加水溶解并定容至 100mL，混匀；

③10% 盐酸（HCl）溶液：量取 24mL 分析纯浓盐酸用蒸馏水稀释至 100mL。

4. 仪器

高温炉，天平（感量分别为 0.1g、0.001g 和 0.0001g），电热板，恒温水浴锅等。

5. 分析步骤

（1）坩埚的准备

①含磷量较高的食品和其他食品：取大小适宜的石英坩埚或瓷坩埚置高温炉中，在（550±25）℃下灼烧 30min，冷却至 200℃左右，取出，放入干燥器中冷却 30min，准确称量。重复灼烧至前后两次称量相差≤0.5mg 为恒重。

②淀粉类食品：先用沸腾的稀盐酸洗涤，再用大量自来水洗涤，最后用蒸馏水冲洗。将洗净的坩埚置于高温炉内，在（900±25）℃下灼烧 30min，并在干燥器内冷却至室温，称重，精确至 0.0001g。

（2）试样称量

①含磷量较高的食品和其他食品：灰分≥10g/100g 的试样称取 2~3g（精确至 0.0001g）；灰分≤10g/100g 的试样称取 3~10g（精确至 0.0001g，对于灰分含量更低的样品可适当增加称样量）。

②淀粉类食品：迅速称取样品 2~10g（马铃薯淀粉、小麦淀粉以及大米淀粉至少称 5g，玉米淀粉和木薯淀粉称 10g），精确至 0.0001g，均匀分布在坩埚内。

（3）测定

①含磷量较高的豆类及其制品、肉禽、蛋、水产、乳及其制品：称取试样后，加入 1.00mL 240g/L 乙酸镁溶液或 3.00mL 80g/L 乙酸镁溶液，使试样完全润湿。放置 10min 后水浴蒸干，小火加热使试样充分炭化至无烟，置于高温炉中，（550±25）℃灼烧 4h。冷却至 200℃左右，取出，放入干燥器中冷却 30min，称量前如发现灼烧残渣有炭粒时，应向试样中滴入少许水湿润，使结块松散，蒸干水分再次灼烧至无炭粒即表示灰化完全方可称量。重复灼烧至前后两次称量相差≤0.5mg 为恒重。

吸取 3 份与①相同浓度和体积的乙酸镁溶液，做 3 次试剂空白试验。当 3 次试验结果的标准偏差<0.003g 时，取算术平均值作为空白值。若标准偏差≥0.003g 时，应重新做空白值试验。

②淀粉类食品：将坩埚置于高温炉口或电热板上，半盖坩埚盖，小心加热使样品在通气情况下完全炭化至无烟，即刻将坩埚放入高温炉内，将温度升高至（900±25）℃，保持此温度直至剩余的碳全部消失为止，一般 1h 可灰化完毕，冷却至 900℃ 左右取出，放入干燥器中冷却 30min，称量前如发现灼烧残渣有炭粒时，应向试样中滴入少许水湿润，使结块松散，蒸干水分再次灼烧至无炭粒即表示灰化完全，方可称量。重复灼烧至前后两次称量相差≤0.5mg 为恒重。

③其他食品：液体和半固体试样应先在沸水浴上蒸干。后续步骤同①。

6. 分析结果计算

（1）以试样质量计

①试样中灰分含量，加了乙酸镁溶液的试样，按式（9-1）计算：

$$X_1 = \frac{m_1 - m_2 - m_0}{m_3 - m_2} \times 100 \tag{9-1}$$

式中　X_1——加了乙酸镁溶液试样中灰分含量，g/100g；

　　　m_0——氧化镁（乙酸镁灼烧后生成物）的质量，g；

　　　m_1——坩埚和灰分的质量，g；

　　　m_2——坩埚的质量，g；

　　　m_3——坩埚和试样的质量，g；

　　　100——单位换算系数。

②试样中灰分含量，未加乙酸镁溶液的试样，按式（9-2）计算：

$$X_2 = \frac{m_1 - m_2}{m_3 - m_2} \times 100 \tag{9-2}$$

式中　X_2——未加乙酸镁溶液试样中灰分的含量，g/100g；

　　　m_1——坩埚和灰分的质量，g；

　　　m_2——坩埚的质量，g；

　　　m_3——坩埚和试样的质量，g；

　　　100——单位换算系数。

（2）以干物质计

①加了乙酸镁溶液的试样中灰分含量，按式（9-3）计算：

$$X_1 = \frac{m_1 - m_2 - m_0}{(m_3 - m_2) \times \omega} \times 100 \tag{9-3}$$

式中　X_1——加了乙酸镁溶液试样中灰分的含量，g/100g；

　　　m_0——氧化镁（乙酸镁灼烧后生成物）的质量，g；

　　　m_1——坩埚和灰分的质量，g；

　　　m_2——坩埚的质量，g；

　　　m_3——坩埚和试样的质量，g；

　　　ω——试样干物质含量（质量分数），%；

　　　100——单位换算系数。

②未加乙酸镁溶液的试样中灰分的含量，按式（9-4）计算：

$$X_2 = \frac{m_1 - m_2}{(m_3 - m_2) \times \omega} \times 100 \tag{9-4}$$

式中　X_2——未加乙酸镁溶液试样中灰分的含量，g/100g；

　　　m_1——坩埚和灰分的质量，g；

　　　m_2——坩埚的质量，g；

　　　m_3——坩埚和试样的质量，g；

　　　ω——试样干物质含量（质量分数），%；

　　　100——单位换算系数。

7. 注意事项

（1）样品炭化时要注意热源强度，防止产生大量泡沫溢出坩埚。

（2）灼烧后的坩埚应冷却到200℃以下再移入干燥器中，否则因热的对流作用，易造成残灰飞散，且冷却速度慢，冷却后干燥器内形成较大真空，盖子不易打开。

（3）从干燥器内取出坩埚时，因内部成真空，开盖恢复常压时，应注意使空气缓缓流入，以防残灰飞散。

六、　水溶性灰分和水不溶性灰分的测定

水溶性灰分和水不溶性灰分是建立在总灰分测定的基础上进行分析的，基本分析步骤同总灰分测定一致。当获得总灰分后，用约25mL热蒸馏水分次将总灰分从坩埚中洗入100mL烧杯中，盖上表面皿，用小火加热至微沸，防止溶液溅出。趁热用无灰滤纸过滤，并用热蒸馏水分次洗涤杯中残渣，直至滤液和洗涤体积约达150mL为止，将滤纸连同残渣移入原坩埚内，放在沸水浴锅上小心地蒸去水分，然后将坩埚烘干并移入高温炉内，以（550±25）℃灼烧至无炭粒（一般需1h）。待炉温降至200℃时，放入干燥器内，冷却至室温，称重（精确至0.0001g）。再放入高温炉内，以（550±25）℃灼烧30min，如前冷却并称重。如此重复操作，直至连续两次称重之差≤0.5mg为止。分析结果计算如下：

1. 以试样质量计

（1）水不溶性灰分的含量　按式（9-5）计算：

$$X_1 = \frac{m_1 - m_2}{m_3 - m_2} \times 100 \tag{9-5}$$

式中　X_1——水不溶性灰分的含量，g/100g；

　　　m_1——坩埚和水不溶性灰分的质量，g；

　　　m_2——坩埚的质量，g；

　　　m_3——坩埚和试样的质量，g；

　　　100——单位换算系数。

（2）水溶性灰分的含量　按式（9-6）计算：

$$X_2 = \frac{m_4 - m_5}{m_0} \times 100 \tag{9-6}$$

式中　X_2——水溶性灰分的含量，g/100g；

　　　m_0——试样的质量，g；

　　　m_4——总灰分的质量，g；

m_5——水不溶性灰分的质量，g；

100——单位换算系数。

2. 以干物质计

（1）水不溶性灰分的含量　按式（9-7）计算：

$$X_1 = \frac{m_1 - m_2}{(m_3 - m_2) \times \omega} \times 100 \tag{9-7}$$

式中　X_1——水不溶性灰分的含量，g/100g；

m_1——坩埚和水不溶性灰分的质量，g；

m_2——坩埚的质量，g；

m_3——坩埚和试样的质量，g；

ω——试样干物质含量（质量分数），%；

100——单位换算系数。

（2）水溶性灰分的含量　按式（9-8）计算：

$$X_2 = \frac{m_4 - m_5}{m_0 \times \omega} \times 100 \tag{9-8}$$

式中　X_2——水溶性灰分的质量，g/100g；

m_0——试样的质量，g；

m_4——总灰分的质量，g；

m_5——水不溶性灰分的质量，g；

ω——试样干物质含量（质量分数），%；

100——单位换算系数。

七、　酸不溶性灰分的测定

用 25mL 10%盐酸溶液将总灰分分次洗入 100mL 烧杯中，盖上表面皿，在沸水浴上小心加热，至溶液由浑浊变为透明时，继续加热 5min，趁热用无灰滤纸过滤，用沸蒸馏水少量反复洗涤烧杯和滤纸上的残留物，直至中性。将滤纸连同残渣移入原坩埚内，在沸水浴上小心蒸去水分，移入高温炉内，以（550±25）℃灼烧至无炭粒（一般需 1h）。待炉温降至 200℃时，取出坩埚，放入干燥器内冷却至室温，称重（精确至 0.0001g）。再放入高温炉内，以（550±25）℃灼烧 30min，如前冷却并称重。如此重复操作，直至连续两次称重之差不超过0.5mg 为止。分析结果计算如下：

1. 以试样质量计

酸不溶性灰分的含量按式（9-9）计算：

$$X_1 = \frac{m_1 - m_2}{m_3 - m_2} \times 100 \tag{9-9}$$

式中　X_1——酸不溶性灰分的含量，g/100g；

m_1——坩埚和酸不溶性灰分的质量，g；

m_2——坩埚的质量，g；

m_3——坩埚和试样的质量，g；

100——单位换算系数。

2. 以干物质计

酸不溶性灰分的含量按式（9-10）计算：

$$X_2 = \frac{m_1 - m_2}{(m_3 - m_2) \times \omega} \times 100 \tag{9-10}$$

式中　X_2——酸不溶性灰分的含量，g/100g；

　　　m_1——坩埚和酸不溶性灰分的质量，g；

　　　m_2——坩埚的质量，g；

　　　m_3——坩埚和试样的质量，g；

　　　ω——试样干物质含量（质量分数），%；

　　　100——单位换算系数。

第三节　重要化学元素的分析

食品中所含的元素已知有 50 多种，除去 C、H、O、N 四种构成水分和有机物质的元素以外，其他元素统称为矿物质元素。其中含量较多的矿物质元素有钙、镁、钾、钠、磷、硫等，含量都在 0.01% 以上，称为常量元素，约占矿物质总量的 80%。此外，还含有铁、钴、铌、锌、锰、钼、铝、硅、硒、锡、碘、氟等元素，含量都在 0.01% 以下，称为微量元素或痕量元素。其中一些元素是人体所必需的，在维持体液渗透压，维持机体酸碱平衡，构成人体组织等方面，起着十分重要的作用。由于食物中矿物质含量较丰富，分布也较广泛，一般情况下都能满足人体需要，不易引起缺乏，但对于一些特殊人群或处于婴幼儿、孕妇、青春期、哺乳期等特殊生理状况期的人，常会出现矿物质缺乏症。测定食品中某些矿物元素含量，对于评价食品的营养价值，开发和生产营养强化食品，具有十分重要的意义。

一、食品中钙的含量测定

钙是构成机体骨骼、牙齿的主要成分，长期缺钙会影响骨骼和牙齿的生长发育，严重时产生骨质疏松、软骨病，钙还参与凝血过程和维持毛细血管的正常渗透压，并影响神经肌肉的兴奋性，缺钙时可引起手足抽搐。GB 5009.92—2016《食品安全国家标准　食品中钙的测定》中规定了食品中钙含量的测定方法有火焰原子吸收光谱法、滴定法、电感耦合等离子体发射光谱法和电感耦合等离子体质谱法。本文重点介绍火焰原子吸收光谱法。

1. 适用范围

适用于各类食品中钙含量的测定。

2. 原理

试样经消解处理后，加入镧溶液作释放剂，经原子吸收火焰原子化，在 422.7nm 处测定的吸光度值在一定浓度范围内与钙含量成正比，与标准系列比较定量。

3. 试剂和材料

①硝酸（HNO_3）溶液（5+95）：量取 50mL 硝酸，加入 950mL 水，混匀；

②硝酸溶液（1+1）：量取 500mL 硝酸，与 500mL 水混合均匀；

③盐酸（HCl）溶液（1+1）：量取 500mL 盐酸，与 500mL 水混合均匀；

④20g/L 镧溶液：称取 23.45g 氧化镧（La₂O₃），先用少量水湿润后再加入 75mL 盐酸溶液（1+1）于 1000mL 容量瓶中，加水定容至刻度，混匀；

⑤1000mg/L 钙标准储备液：准确称取 2.4963g（准确到 0.0001g）碳酸钙（CaCO$_3$，纯度>99.99%），加盐酸溶液（1+1）溶解，移入 1000mL 容量中，加水定容至刻度；

⑥100g/L 钙标准中间液：准确吸取钙标准储备液 10mL 于 100mL 容量瓶中，加硝酸溶液（5+95）至刻度，混匀；

⑦钙标准系列溶液：分别吸取钙标准中间液 0.00mL，0.500mL，1.00mL，2.00mL，4.00mL 和 6.00mL 于 100mL 容量瓶中，另在各容量瓶中加入 5mL 镧溶液，最后加硝酸溶液（5+95）定容至刻度，混匀。此钙标准系列溶液中钙的质量浓度分别为 0.00mg/L，0.5mg/L，1.00mg/L，2.00mg/L，4.00mg/L 和 6.00mg/L。

4. 仪器

原子吸收光谱仪（配火焰原子化器，钙空心阴极灯），天平（感量分别为 0.001g 和 0.0001g），微波消解系统（配聚四氟乙烯消解内罐），可调式电热炉，可调式电热板，压力消解罐（配聚四氟乙烯消解内罐），恒温干燥箱，马弗炉。

5. 分析步骤

（1）试样制备　粮食、豆类样品去除杂物后，粉碎，立即装容器密封保存，防止空气中灰尘和水分污染。蔬菜、水果、鱼类、肉类等样品用去离子水洗净，晾干，取可食部分，制成匀浆，储于塑料瓶中。饮料、酒、醋、酱油、食用植物油、液态乳等液体样品需摇匀。

（2）试样消解

①湿法消解：准确称取均匀干试样 0.2~3g（精确至 0.001g）或准确移取液体试样 0.500~5.00mL 于带刻度消化管中，加入 10mL 硝酸、0.5mL 高氯酸，在可调式电热炉上消解（参考条件：120℃/0.5~1h、升至 180℃/2~4h、升至 200~220℃）。若消化液呈棕褐色，再加硝酸，消解至冒白烟，消化液呈无色透明或略带黄色。取出消化管，冷却后用水定容至 25mL，再根据实际测定需要稀释，并在稀释液中加入一定体积的 20g/L 镧溶液，使其在最终稀释液中的浓度为 1g/L 混匀备用，混匀备用，此为试样待测液。同时做试剂空白试验。

②微波消解：准确称取固体试样 0.2~0.8g（精确至 0.001g）或准确移取液体试样 0.500~3.00mL 于微波消解罐中，加入 5mL 硝酸，按照微波消解的操作步骤消解试样，消解条件参考表 9-1。冷却后取出消解罐，在电热板上于 140~160℃ 赶酸至 1mL 左右。消解罐放冷后，将消化液转移至 25mL 容量瓶中，用少量水洗涤消解罐 2~3 次，合并洗涤液于容量瓶中并用水定容至刻度。根据实际测定需要稀释，并在稀释液中加入一定体积 20g/L 镧溶液使其在最终稀释液中的浓度为 1g/L，混匀备用，此为试样待测液。同时做试剂空白试验。

表 9-1　　　　　　　　　微波消解升温程序参考条件

步骤	设定温度/℃	升温时间/min	恒温时间/min
1	120	5	5
2	160	5	10
3	180	5	10

③压力罐消解：准确称取固体试样 0.2 ~ 1g（精确至 0.001g）或准确移取液体试样 0.500 ~ 5.00mL 于消解内罐中，加入 5mL 硝酸。盖好内盖，旋紧不锈钢外套，放入恒温干燥箱，于 140 ~ 160℃下保持 4 ~ 5h。冷却后缓慢旋松外罐，取出消解内罐，放在可调式电热板上于 140 ~ 160℃赶酸至 1mL 左右。冷却后将消化液转移至 25mL 容量瓶中，用少量水洗涤内罐和内盖 2 ~ 3 次，合并洗涤液于容量瓶中并用水定容至刻度，混匀备用。根据实际测定需要稀释，并在稀释液中加入一定体积的 20g/L 镧溶液，使其在最终稀释液中的浓度为 1g/L，混匀备用，此为试样待测液。同时做试剂空白试验。

④干法灰化：准确称取固体试样 0.5 ~ 5g（精确至 0.001g）或准确移取液体试样 0.500 ~ 10.0mL 于坩埚中，小火加热，炭化至无烟，转移至马弗炉中，于 550℃灰化 3 ~ 4h。冷却，取出。对于灰化不彻底的试样，加数滴硝酸，小火加热，小心蒸干，再转入 550℃马弗炉中，继续灰化 1 ~ 2h，至试样呈白灰状，冷却，取出，用适量硝酸溶液（1+1）溶解转移至刻度管中，用水定容至 25mL。根据实际测定需要稀释，并在稀释液中加入一定体积的镧溶液，使其在最终稀释液中的浓度为 1g/L，混匀备用，此为试样待测液。同时做试剂空白试验。

（3）测定条件

①仪器参考条件：如表 9-2 所示。

表 9-2　　　　　　　　　　　火焰原子吸收光谱法参考条件

元素	波长/nm	狭缝/nm	灯电流/mA	燃烧头高度/mm	空气流量/（L/min）	乙炔流量/（L/min）
钙	422.7	1.3	5 ~15	3	9	2

②标准曲线的绘制：将钙标准系列溶液按浓度由低到高的顺序分别导入火焰原子化器，测定吸光度值，以标准系列溶液中钙的质量浓度为横坐标，相应吸光度值为纵坐标绘制标准曲线。

③试样溶液的测定：在与测定标准溶液相同实验条件下，将空白溶液和试样待测液分别导入原子化器，测定相应吸光度值，与标准系列比较定量。

6. 分析结果计算

按式（9-11）计算：

$$X = \frac{(\rho - \rho_0) \times f \times V}{m}$$　　　　　　　　　　（9-11）

式中　X——试样中钙的含量，mg/kg 或 mg/L；

　　　ρ——试样待测液中钙的质量浓度，mg/L；

　　　ρ_0——空白溶液中钙的质量浓度，mg/L；

　　　V——试样消化液的定容体积，mL；

　　　f——试样消化液的稀释倍数；

　　　m——试样质量或移取体积，g 或 mL。

7. 注意事项

以称样量 0.5g（或 0.5mL），定容至 25mL 计算，方法检出限为 0.5mg/mL（或 0.5mg/L），定量限为 1.5mg/mL（或 1.5mg/L）。

二、 食品中硒的含量测定

硒是目前研究最活跃的必需微量元素。成人体内含硒14~21mg，多分布于指甲、头发、肝脏和肾脏，肌肉和血液中较少，硒是谷胱甘肽过氧化物酶（GPx）中的活性必需成分。硒可以与许多重金属结合而排出体外，是天然解毒剂。缺硒可导致克山病和大骨节病。GB 5009.93—2017《食品安全国家标准　食品中硒的测定》标准规定了食品中硒含量测定的氢化物原子荧光光谱法、荧光分光光度法和电感耦合等离子体质谱法。本文重点介绍氢化物原子荧光光谱法。

1. 适用范围

适用于各类食品中硒的测定。

2. 原理

试样经酸加热消化后，在6mol/L盐酸介质中，将试样中的六价硒还原成四价硒，用硼氢化钠或硼氢化钾作还原剂，将四价硒在盐酸介质中还原成硒化氢，由载气（氩气）带入原子化器中进行原子化，在硒空心阴极灯照射下，基态硒原子被激发至高能态，在去活化回到基态时，发射出特征波长的荧光，其荧光强度与硒含量成正比，与标准系列比较定量。

3. 试剂和材料

①硝酸-高氯酸混合酸（9+1）：将900mL硝酸（HNO_3）与100mL高氯酸（$HClO_4$）混匀；

②5g/L氢氧化钠（NaOH）溶液：称取5g氢氧化钠，溶于1000mL水中，混匀；

③8g/L硼氢化钠（$NaBH_4$）碱溶液：称取8g硼氢化钠，溶于5g/L氢氧化钠溶液，混匀。现配现用；

④6mol/L盐酸（HCl）溶液：量取50mL盐酸，缓慢加入40mL水中，冷却后用水定容至100mL，混匀；

⑤100g/L铁氰化钾［$K_3Fe(CN)_6$］溶液：称取10g铁氰化钾，溶于100mL水中，混匀；

⑥盐酸溶液（5+95）：量取25mL盐酸，缓慢加入475mL水中，混匀；

⑦硒标准中间液（100mg/L）：准确吸取1.00mL硒标准溶液（1000mg/L）于10mL容量瓶中，加盐酸溶液（5+95）定容至刻度，混匀；

⑧硒标准使用液（1.00mg/L）：准确吸取硒标准中间液1.00mL于100mL容量瓶中，用盐酸溶液（5+95）定容至刻度，混匀；

⑨硒标准系列溶液：分别准确吸取硒标准使用液0.00mL，0.50mL，1.00mL，2.00mL和3.00mL于100mL容量瓶中，加入100g/L铁氰化钾溶液10mL，用盐酸溶液（5+95）定容至刻度，混匀待测。此硒标准系列溶液的质量浓度分别为0μg/L，5.00μg/L，10.0μg/L，20.0μg/L和30.0μg/L。

4. 仪器

原子荧光光谱仪（配硒空心阴极灯），天平（感量为0.001g），电热板，微波消解系统（配聚四氟乙烯消解内罐）。

5. 分析步骤

（1）试样制备　同钙的测定。

（2）试样消解

①湿法消解：称取固体试样 0.5~3g（精确至 0.001g）或准确移取液体试样 1.00~5.00mL，置于锥形瓶中，加 10mL 硝酸-高氯酸混合酸（9+1）及几粒玻璃珠，盖上表面皿冷消化过夜。次日于电热板上加热，并及时补加硝酸。当溶液变为清亮无色并伴有白烟产生时，再继续加热至剩余体积为 2mL 左右，注意不可蒸干。冷却，再加 5mL 盐酸溶液（6mol/L），继续加热至溶液变为清亮无色并伴有白烟出现。冷却后转移至 10mL 容量瓶中，加入 2.5mL 铁氰化钾溶液，用水定容，混匀待测。同时做试剂空白试验。

②微波消解：称取固体试样 0.2~0.8g（精确至 0.001g）或准确移取液体试样 1.00~3.00mL，置于消化管中，加 10mL 硝酸、2mL 过氧化氢，振摇混合均匀，于微波消解仪中消化，微波消化推荐条件见表 9-3。消解结束待冷却后，将消化液转入锥形烧瓶中，加几粒玻璃珠，在电热板上继续加热至近干，切不可蒸干。再加 5mL 盐酸溶液（6mol/L），继续加热至溶液变为清亮无色并伴有白烟出现，冷却，转移至 10mL 容量瓶中，加入 2.5mL 铁氰化钾溶液，用水定容，混匀待测。同时做试剂空白试验。

表 9-3　　　　　　　　　　　　　　微波消解升温程序参考条件

步骤	设定温度/℃	升温时间/min	恒温时间/min
1	120	6	1
2	150	3	5
3	200	5	10

（3）测定

①仪器参考条件：负高压 340V；灯电流 100mA；原子化温度 800℃；炉高 8mm；载气流速 500mL/min；屏蔽气流速 1000mL/min；测量方式为标准曲线法；读数方式为峰面积；延迟时间 1s；读数时间 15s；加液时间 8s；进样体积 2mL。

②标准曲线的绘制：以盐酸溶液（5+95）为载流，8g/L 硼氢化钠碱溶液为还原剂，连续用标准系列的零管进样，待读数稳定之后，将标硒标准系列溶液按质量浓度由低到高的顺序分别导入仪器，测定其荧光强度，以质量浓度为横坐标，荧光强度为纵坐标，制作标准曲线。

③试样溶液的测定：在与测定标准系列溶液相同的实验条件下，将空白溶液和试样溶液分别导入仪器，测其荧光值强度，与标准系列比较定量。

6. 分析结果计算

按式（9-12）计算：

$$X = \frac{(\rho - \rho_0) \times V}{m \times 1000} \tag{9-12}$$

式中　X——试样中硒的含量，mg/kg 或 mg/L；

　　　ρ——试样溶液中硒的质量浓度，μg/L；

　　　ρ_0——空白溶液中硒的质量浓度，μg/L；

　　　V——试样消化液总体积，mL；

　　　m——试样称样量或移取体积，g 或 mL；

　　1000——单位换算系数。

7. 注意事项

当称样量 1g（或 1mL），定容至 10mL 时，方法检出限为 0.002mg/kg（或 0.002mg/L），定量限为 0.006mg/kg（或 0.006mg/L）。

三、 食品中铜的含量测定

铜是人体必需的微量元素之一，铜参与酶催化功能，也是人体血液、肝脏和脑组织等铜蛋白的组分，缺铜会引起贫血。但摄入过量会引起肝脏损害，出现慢性和活动性肝炎症状。GB 5009. 13—2017《食品安全国家标准　食品中铜的测定》规定了食品中铜含量测定的石墨炉原子吸收光谱法、火焰原子吸收光谱法、电感耦合等离子体质谱法和电感耦合等离子体发射光谱法。本文重点介绍石墨炉原子吸收光谱法。

1. 适用范围

适用于各类食品中铜含量的测定。

2. 原理

试样消解处理后，经石墨炉原子化，在 324.8nm 处测定吸光度。在一定浓度范围内铜的吸光度值与铜含量成正比，与标准系列比较定量。

3. 试剂和材料

①硝酸（HNO_3）溶液（5+95）：量取 50mL 硝酸，缓慢加入到 950mL 水中，混匀；

②硝酸溶液（1+1）：量取 250mL 硝酸，缓慢加入到 250mL 水中，混匀；

③磷酸二氢铵-硝酸钯溶液：称取 0.02g 硝酸钯［$Pd（NO_3）_2$］，加少量硝酸溶液（1+1）溶解后，再加入 2g 磷酸二氢铵（$NH_4H_2PO_4$），溶解后用硝酸溶液（5+95）定容至 100mL，混匀；

④1000mg/L 铜标准储备液：准确称取 3.9289g（精确至 0.0001g）五水硫酸铜（$CuSO_4 \cdot 5H_2O$，纯度>99.99%），用少量硝酸溶液（1+1）溶解，移入 1000mL 容量瓶，加水至刻度，混匀；

⑤铜标准中间液（1.00mg/L）：准确吸取铜标准储备液 1.00mL 于 1000mL 容量瓶中，加硝酸溶液（5+95）至刻度，混匀；

⑥铜标准系列溶液：分别吸取铜标准中间液 0mL，0.500mL，1.00mL，2.00mL，3.00mL 和 4.00mL 于 100mL 容量瓶中，加硝酸溶液（5+95）至刻度，混匀。此铜标准系列溶液的质量浓度分别为 0μg/L，5.00μg/L，10.0μg/L，20.0μg/L，30.0μg/L 和 40.0μg/L。

4. 仪器

原子吸收光谱仪（配石墨炉原子化器，附铜空心阴极灯），天平（感量分别为 0.001g 和 0.0001g），可调式电热炉，可调式电热板，微波消解系统（配聚四氟乙烯消解内罐），压力消解罐（配聚四氟乙烯消解内罐），恒温干燥箱，马弗炉。

5. 分析步骤

（1）试样制备　同钙的测定。

（2）试样消解

①湿法消解：同钙的测定，用水定容至 10mL 即可。

②微波消解：同钙的测定，用水定容至 10mL 即可。

③压力罐消解：同钙的测定，用水定容至 10mL 即可。

④干法灰化法：同钙的测定，用水定容至 10mL 即可。

（3）测定

①仪器参考条件：如表9-4所示。

表9-4   石墨炉原子吸收光谱法仪器参考条件

元素	波长/nm	狭缝/nm	灯电流/mA	干燥	灰化	原子化
铜	324.8	0.5	8~12	85~120℃ 40~50s	800℃ 20~30s	2350℃ 4~5s

②标准曲线的绘制：按质量浓度由低到高的顺序分别将10μL铜标准系列溶液和5μL磷酸二氢铵-硝酸钯溶液（可根据所使用的仪器确定最佳进样量）同时注入石墨炉，原子化后测其吸光度值，以质量浓度为横坐标，吸光度为纵坐标绘制标准曲线。

③试样溶液的测定：与测定标准溶液相同的实验条件下，将10μL空白溶液或试样溶液与5μL磷酸二氢铵-硝酸钯溶液（可根据所使用的仪器确定最佳进样量）同时注入石墨炉，注入石墨管，原子化后测其吸光度值，与标准系列比较定量。

6. 分析结果计算

按式（9-13）计算：

$$X = \frac{(\rho - \rho_0) \times V}{m \times 1000} \tag{9-13}$$

式中 X——试样中铜的含量，mg/kg或mg/L；

ρ——试样溶液中铜的质量浓度，μg/L；

ρ_0——空白溶液中铜的质量浓度，μg/L；

V——试样消化液的定容体积，mL；

m——试样称样量或移取体积，g或mL；

1000——单位换算系数。

7. 注意事项

当称样量为0.5g（或0.5mL），定容体积为10mL时，方法的检出限为0.02mg/kg（或0.02mg/L），定量限为0.05mg/kg（或0.05mg/L）。

四、 食品中碘的含量测定

碘是人体必需的微量元素之一，是人体内甲状腺球蛋白，甲状腺素的重要组成成分。甲状腺素能够调节体内新陈代谢，促进身体的生长发育，是人体正常健康生长必不可少的激素之一。身体缺碘时，会发生甲状腺肿大，甲状腺素的合成减少甚至缺乏，可导致呆小症。食品中碘含量最丰富的是海产品。GB 5009.267—2020《食品安全国家标准 食品中碘的测定》标准规定了食品中碘含量测定的电感耦合等离子体质谱法、氧化还原滴定法、砷铈催化分光光度法、气相色谱法。本文重点介绍氧化还原滴定法。

1. 适用范围

适用于海带、紫菜、裙带菜等藻类及其制品中碘的测定。

2. 原理

样品经炭化、灰化后，将有机碘转化为无机碘离子，在酸性介质中，用溴水将碘离子氧化成碘酸根离子，生成的碘酸根离子在碘化钾的酸性溶液中被还原析出碘，用硫代硫酸钠溶液滴定反应中析出的碘。反应式如下：

$$I^- + 3Br_2 + 3H_2O \longrightarrow IO_3^- + 6H^+ + 6Br^-$$

$$IO_3^- + 5I^- + 6H^+ \longrightarrow 3I_2 + 3H_2O$$

$$I_2 + 2S_2O_3^{2-} \longrightarrow 2I^- + S_4O_6^{2-}$$

3. 试剂和材料

①50g/L 碳酸钠（Na$_2$CO$_3$）溶液：称取 5g 无水碳酸钠，溶于 100mL 水中；

②饱和溴水：量取 5mL 液溴（Br$_2$）置于涂有凡士林塞子的棕色玻璃瓶中，加水 100mL，充分振荡，使其成为饱和溶液；

③3mol/L 硫酸（H$_2$SO$_4$）溶液：量取 180mL 硫酸，缓缓注入盛有 700mL 水的烧杯中，并不断搅拌，冷却至室温，用水稀释至 1000mL，混匀；

④1mol/L 硫酸溶液：量取 57mL 硫酸，缓缓注入盛有 700mL 水的烧杯中，并不断搅拌，冷却至室温，用水稀释至 1000mL，混匀；

⑤150g/L 碘化钾（KI）溶液：称取 15.0g 碘化钾，用水溶解并稀释至 100mL，储存于棕色瓶中，现用现配；

⑥200g/L 甲酸钠（CHNaO$_2$）溶液：称取 20.0g 甲酸钠，用水溶解并稀释至 100mL；

⑦0.01mol/L 硫代硫酸钠（Na$_2$S$_2$O$_3$）标准溶液：按 GB/T 601—2016 中的规定配制及标定；

⑧1g/L 甲基橙（C$_{14}$H$_{14}$N$_3$SO$_3$Na）溶液：称取 0.1g 甲基橙粉末，溶于 100mL 水中；

⑨5g/L 淀粉溶液：称取 0.5g 淀粉于 200mL 烧杯中，加入 5mL 水调成糊状，再倒入 100mL 沸水，搅拌后煮沸 0.5min，冷却备用，现用现配。

4. 仪器

组织捣碎机，高速粉碎机，天平（感量为 0.01g），电热恒温干燥箱，马弗炉（≥600℃），可调电炉。

5. 分析步骤

（1）试样制备　干样品经高速粉碎机粉碎，通过孔径为 425μm 的标准筛，避光密闭保存或低温冷藏；鲜、冻样品取可食部分匀浆后，密闭冷藏或冷冻保存；海藻浓缩汁或海藻饮料等液态样品混匀后取样。

（2）试样测定

①称取试样 2~5g（精确至 0.01g），置于 50mL 瓷坩埚中，加入 5~10mL 碳酸钠溶液，使充分浸润试样静置 5min，置于 101~105℃电热恒温干燥箱中干燥 3h，将样品烘干，取出；

②在通风橱内用电炉加热，使试样充分炭化至无烟，置于（550±25）℃马弗炉中灼烧 40min，冷却至 200℃左右，取出。在坩埚中加入少量水研磨，将溶液及残渣全部转入 250mL 烧杯中，坩埚用水冲洗数次并入烧杯中，烧杯中溶液总量为 150~200mL，煮沸 5min，为试样溶液；

③对于碘含量较高的样品（海带及其制品等），将得到试样溶液及残渣趁热用滤纸过滤至 250mL 容量瓶中，烧杯及漏斗内残渣用热水反复冲洗，冷却，定容。然后准确移取适量滤液于 250mL 碘量瓶中，备用；

④对于其他样品，将得到的试样溶液及残渣趁热用滤纸过滤至 250mL 碘量瓶中，备用；

⑤在碘量瓶中加入 2~3 滴甲基橙溶液，用 1mol/L 硫酸溶液调至红色，在通风橱内加入 5mL 饱和溴水，加热煮沸至黄色消失。稍冷后加入 5mL 甲酸钠溶液，在电炉上加热煮沸 2min，取下，用水浴冷却至 30℃以下，再加入 5mL 3 mol/L 硫酸溶液，5mL 碘化钾溶液，盖上瓶盖，放置 10min，用硫代硫酸钠标准溶液滴定至溶液呈浅黄色，加入 1mL 淀粉溶液，继续滴定至蓝色恰好消失。同时做空白试验。分别记录硫代硫酸钠标准溶液的消耗体积。

6. 分析结果计算

按式（9-14）计算：

$$X = \frac{(V - V_0) \times c \times 21.15 \times f}{m} \times 1000 \tag{9-14}$$

式中　X——试样中碘的含量，mg/kg；

　　　　V——滴定样液消耗硫代硫酸钠标准溶液的体积，mL；

　　　　V_0——滴定试剂空白消耗硫代硫酸钠标准溶液的体积，mL；

　　　　c——硫代硫酸钠标准溶液的浓度，mol/L；

　　　　f——试样稀释倍数；

　　　　m——样品的质量，g；

　　21.15——与 1.00mL 硫代硫酸钠标准滴定溶液 $[c\,(Na_2S_2O_3) = 1.000mol/L]$ 相当的碘的质量，mg；

　　1000——单位换算系数。

第四节　有毒金属元素的分析

食品中的有毒金属污染物主要是指汞、铅、砷、镉、锡、铜、铬等具有蓄积性的元素。通常情况下，有毒金属可以通过水源、土壤、环境、原料、辅料、添加剂、农药等的使用、加工、制造、运输等过程带入食品；也可能因为容器本身不纯带入；另外，也会通过呼吸、皮肤接触等途径进入人体。有毒金属的污染一般不会引起急性中毒反应，但长期积累会给人类健康带来潜在威胁。

因此，对上述有害金属元素进行测定，能够从源头保障食品安全，减少或者消除有害金属元素对食物原料及其制品的不利影响，为食品的安全生产提供可靠的技术支持。

一、　食品中汞的含量测定

通过食物摄入体内的汞，主要是甲基汞，甲基汞进入人体后不易降解，排泄很慢，特别容易在脑中积累，造成神经中枢损伤。易兴奋症、汞毒性震颤、汞毒性口炎等为汞中毒的典型症状。GB 5009.17—2014《食品安全国家标准　食品中总汞及有机汞的测定》中规定了食品中总汞的测定方法有原子荧光光谱分析法和冷原子吸收法。本文重点介绍原子荧光光谱分析法。

1. 适用范围

适用于各类食品中总汞的测定。

2. 原理

试样经酸加热消解后，在酸性介质中，试样中的汞被硼氢化钾或硼氢化钠还原成原子态汞，由载气（氩气）带入原子化器中，在汞空心阴极灯照射下，基态汞原子被激发至高能态，在由高能态回到基态时，发射出特征波长的荧光，其荧光强度与汞含量成正比，与标准系列溶液比较定量。

3. 试剂和材料

①硝酸（HNO_3）溶液（1+9）：量取 50mL 硝酸，缓慢加入到 450mL 水中，混匀；

②硝酸溶液（5+95）：量取 5mL 硝酸，缓慢加入 95mL 水中，混匀；

③5g/L 氢氧化钾（KOH）溶液：称取 5.0g 氢氧化钾，纯水溶解并定容至 1000mL，混匀；

④0.5g/L 硼氢化钾（KBH_4）溶液：称取 5.0g 硼氢化钾，用 5g/L 的氢氧化钾溶液溶解并定容至 1000mL。混匀，现用现配；

⑤0.5g/L 重铬酸钾的硝酸溶液：称取 0.05g 重铬酸钾（$K_2Cr_2O_7$）溶于 100mL 硝酸溶液（5+95）中；

⑥硝酸-高氯酸混合溶液（5+1）：量取 500mL 硝酸，100mL 高氯酸（$HClO_4$），混匀；

⑦1.00mg/mL 汞标准储备液：准确称取 0.1354g 经干燥过的氯化汞（$HgCl_2$，纯度 ≥ 99%），用重铬酸钾的硝酸溶液溶解并转移至 100mL 容量瓶中，稀释至刻度，混匀。此溶液浓度为 1.00mg/mL。于 4℃冰箱中避光保存，可保存 2 年；

⑧10μg/mL 汞标准中间液：吸取 1.00mL 汞标准储备液于 100mL 容量瓶中，用重铬酸钾的硝酸溶液稀释至刻度，混匀，此溶液浓度为 10μg/mL。于 4℃冰箱中避光保存，可保存 2 年；

⑨50ng/mL 汞标准使用液：吸取 0.5mL 汞标准中间液于 100mL 容量中，用 0.5g/L 重铬酸钾的硝酸溶液稀释至刻度，混匀。此溶液浓度为 50ng/mL，现用现配。

4. 仪器

原子荧光光谱仪，天平（感量分别为 0.001g 和 0.0001g），微波消解系统，压力消解器，恒温干燥箱，控温电热板，超声水浴箱。

5. 分析步骤

（1）试样预处理 同钙的测定。

（2）试样消解

①压力罐消解法：称取固体试样 0.2~1.0g（精确至 0.001g），新鲜样品 0.5~2.0g 或液体试样吸取 1~5mL（精确至 0.001g），置于消解内罐中，加入 5mL 硝酸浸泡过夜，盖好内盖，旋紧不锈钢外套，放入恒温干燥箱，140~160℃保持 4~5h，在箱内自然冷却至室温，然后缓慢旋松不锈钢外套，将消解内罐取出，用少量水冲洗内盖，放在控温电热板上的超声水浴箱中，于 80℃或超声脱气 2~5min，赶去棕色气体。取出消解内罐，将消化液转移至 25mL 容量瓶中，用少量水分 3 次洗涤内罐，洗涤液合并于容量瓶中并定容至刻度，混匀，备用，同时做空白试验。

②微波消解法：称取固体试样 0.2~0.5g（精确至 0.001g）、新鲜样品 0.2~0.8g 或液体试样 1~3mL 于消解罐中，加入 5~8mL 硝酸，加盖放置过夜，旋紧罐盖，按照微波消解仪的标准操作步骤进行消解（消解参考条件见表 9-5 和表 9-6），冷却后取出，缓慢打开罐盖排

气。用少量水冲洗内盖。将消解罐放在控温电热板上或超声水浴箱中，于80℃加热或超声脱气2~5min，赶去棕色气体，取出消解内罐，将消化液转移至25mL塑料容量瓶中，用少量水分3次洗涤内罐，洗涤液合并于容量瓶中并定容至刻度，混匀备用，同时做空白试验。

表9-5　　　　　　　粮食、蔬菜、鱼、肉类试样微波消解参考条件

步骤	功率（1600W）变化/%	温度/℃	升温时间/min	保温时间/min
1	50	80	30	5
2	80	120	30	7
3	100	160	30	5

表9-6　　　　　　　　　油脂、糖类试样微波消解参考条件

步骤	功率（1600W）变化/%	温度/℃	升温时间/min	保温时间/min
1	50	50	30	5
2	70	75	30	5
3	80	100	30	5
4	100	140	30	7
5	100	180	30	5

③回流消解法：

a. 粮食：称取1.0~4.0g（精确至0.001g）试样，置于消化装置锥形瓶中，加玻璃珠数粒，加45mL硝酸、10mL硫酸，转动锥形瓶防止局部炭化。装上冷凝管后，小火加热待开始发泡即停止加热，发泡停止后，加热回流2h。如加热过程中溶液变棕色，再加5mL硝酸，继续回流2h，消解到样品完全溶解，一般呈淡黄色或无色，放冷后从冷凝管上端小心加20mL水，继续加热回流10min放冷，用适量水冲洗冷凝管，冲洗液并入消化液中，将消化液经玻璃棉过滤于100mL容量瓶内，用少量水洗涤锥形瓶和过滤器，洗涤液并入容量瓶内，加水至刻度，混匀，同时做空白试验。

b. 植物油及动物油脂：称取1.0~3.0g（精确至0.001g）试样，置于消化装置锥形瓶中，加玻璃珠数粒，加入7mL硫酸，小心混匀至溶液颜色变为棕色，然后加40mL硝酸。以下按a. 中汞检测步骤的"装上冷凝管后，小火加热……同时做空白试验"步骤操作。

c. 薯类、豆制品：称取1.0~4.0g（精确至0.001g）试样，置于消化装置锥形瓶中，加玻璃珠数粒及30mL硝酸、5mL硫酸，转动锥形瓶防止局部炭化。以下按照a. 中汞检测步骤的"装上冷凝管后，小火加热……同时做空白试验"步骤操作。

d. 肉、蛋类：称取0.5~2.0g（精确至0.001g）试样，置于消化装置锥形瓶中，加玻璃珠数粒及30mL硝酸、5mL硫酸，转动锥形瓶防止局部炭化。以下按照a. 中汞检测步骤的"装上冷凝管后，小火加热……同时做空白试验"步骤操作。

e. 乳及乳制品：称取1.0~4.0g（精确至0.001g）乳或乳制品，置于消化装置锥形瓶中，加玻璃珠数粒及30mL硝酸，乳加10mL硫酸，乳制品加5mL硫酸，转动锥形瓶防止局部炭

化，以下按照 a. 中汞检测步骤的"装上冷凝管后，小火加热……同时做空白试验"步骤操作。

（3）测定

①仪器参考条件：光电倍增管负高压 240V，汞空心阴极灯电流 30mA，原子化器温度 300℃，载气流速 500mL/min，屏蔽气流速 1000mL/min。

②标准曲线的绘制：分别吸取 50ng/mL 汞标准使用液 0.00mL，0.20mL，0.50mL，1.00mL，1.50mL，2.00mL 和 2.50mL 于 50mL 容量瓶中，用硝酸溶液（1+9）稀释至刻度，混匀。各自相当于汞浓度为 0.00ng/mL，0.20ng/mL，0.50ng/mL，1.00ng/mL，1.50ng/mL，2.00ng/mL 和 2.50ng/mL。

③试样溶液的测定：设定好仪器最佳条件，连续用硝酸溶液（1+9）进样，待读数稳定之后，转入标准系列测量，绘制标准曲线。转入试样测量，先用硝酸溶液（1+9），使读数基本回零，再分别测定试样空白液和试样消化液，每次测不同的试样前都应清洗进样器。

6. 分析结果计算

按式（9-15）计算：

$$X = \frac{(c - c_0) \times V \times 1000}{m \times 1000 \times 1000} \tag{9-15}$$

式中　X——试样中汞的含量，mg/kg 或 mg/L；

　　　c——测定样液中汞质量浓度，ng/mL；

　　　c_0——空白液中汞质量浓度，ng/mL；

　　　V——试样消化液定容总体积，mL；

　　　m——试样质量，g 或 mL；

　　1000——单位换算系数。

7. 注意事项

当样品称样量为 0.5g，定容体积为 25mL 时，方法检出限为 0.003mg/kg，方法定量限为 0.010mg/kg。

二、 食品中铅的含量测定

食物中 10%的铅可经消化道吸收，在体内长期积累会造成慢性中毒。铅对有机体的毒性作用主要表现在神经系统、造血系统和消化系统。中毒性脑病是铅中毒的重要病症，表现为增生性脑膜炎或局部脑损伤。GB 5009.12—2017《食品安全国家标准　食品中铅的测定》规定了食品中铅含量测定的石墨炉原子吸收光谱法、电感耦合等离子体质谱法、火焰原子吸收光谱法和二硫腙比色法。本文重点介绍石墨炉原子吸收光谱法。

1. 适用范围

适用于各类食品中铅含量的测定。

2. 原理

试样消解处理后，经石墨炉原子化，在 283.3nm 处测定吸光度，在一定浓度范围内铅的吸光度值与铅含量成正比，与标准系列比较定量。

3. 试剂和材料

①高氯酸（$HClO_4$）；

②硝酸（HNO_3）溶液（5+95）：量取 50mL 硝酸，缓慢加入到 950mL 水中，混匀；

③硝酸溶液（1+9）：量取 50mL 硝酸，缓慢加入到 450mL 水中，混匀；

④磷酸二氢铵-硝酸钯溶液：称取 0.02g 硝酸钯［$Pd(NO_3)_2$］，加少量硝酸溶液（1+9）溶解后，再加入 2g 磷酸二氢铵（$NH_4H_2PO_4$），溶解后用硝酸溶液（5+95）定容至 100mL，混匀；

⑤1000mg/L 铅标准储备液：准确称取 1.5985g（精确至 0.0001g）硝酸铅［$Pb(NO_3)_2$，纯度>99.99%］，用少量硝酸溶液（1+9）溶解，移入 1000mL 容量瓶，加水至刻度，混匀；

⑥1.00mg/L 铅标准中间液：准确吸取铅标准储备液 1.00mL 于 1000mL 容量瓶中，加硝酸溶液（5+95）至刻度，混匀；

⑦铅标准系列溶液：分别吸取铅标准中间液 0.00mL，0.50mL，1.00mL，2.00mL，3.00mL 和 4.00mL 于 100mL 容量瓶中，加硝酸溶液（5+95）至刻度，混匀。此铅标准系列溶液的质量浓度分别为 0.00μg/L，5.00μg/L，10.0μg/L，20.0μg/L，30.0μg/L 和 40.0μg/L。

4. 仪器

原子吸收光谱仪（配石墨炉原子化器，附铅空心阴极灯），天平（感量分别为 0.0001g 和 0.001g），可调式电热炉，可调式电热板，微波消解系统（配聚四氟乙烯消解内罐），恒温干燥箱，压力消解罐（配聚四氟乙烯消解内罐）。

5. 分析步骤

（1）试样制备　同钙的测定。

（2）试样前处理　同铜的测定。

（3）测定条件　仪器参考条件如表 9-7 所示：

表 9-7　　　　　　　　　石墨炉原子吸收光谱法测定铅含量仪器参数条件

元素	波长/nm	狭缝/nm	灯电流/mA	干燥	灰化	原子化
铅	283.3	0.5	8~12	85~120℃ 40~50s	750℃ 20~30s	2300℃ 4~5s

（4）标准曲线的绘制　按质量浓度由低到高的顺序分别将 10μL 铅标准系列溶液和 5μL 磷酸二氢铵-硝酸钯溶液（可根据所使用的仪器确定最佳进样量）同时注入石墨炉，原子化后测其吸光度，以质量浓度为横坐标，吸光度为纵坐标，制作标准曲线。

（5）试样溶液的测定　在与测定标准溶液相同的实验条件下，将 10μL 空白溶液或试样溶液与 5μL 磷酸二氢铵-硝酸钯溶液（可根据所使用的仪器确定最佳进样量）同时注入石墨炉，原子化后测其吸光度值，与标准系列比较定量。

6. 分析结果计算

按式（9-16）计算：

$$X = \frac{(\rho - \rho_0) \times V}{m \times 1000} \tag{9-16}$$

式中　X——试样中铅的含量，mg/kg 或 mg/L；

ρ——试样溶液中铅的质量浓度，μg/L；

ρ_0——空白溶液中铅的质量浓度，μg/L；

V——试样消化液的定容体积，mL；

m——试样称样量或移取体积，g 或 mL；

1000——单位换算系数。

7. 注意事项

当称样量为 0.5g（或 0.5mL），定容体积为 10mL 时，方法的检出限为 0.02mg/kg（或 0.02mg/L），定量限为 0.04mg/kg（或 0.04mg/L）。

三、 食品中砷的含量测定

食品中的砷是农药残留或加工使用的食品级化学品不纯等原因造成的。砷通过呼吸道、消化道、皮肤接触进入人体，可致慢性砷中毒，严重时可导致中毒性肝炎，甚至死亡。GB 5009.11—2014《食品安全国家标准 食品中总砷及无机砷的测定》规定了食品中总砷测定的方法有电感耦合等离子体质谱法、氢化物发生原子荧光光谱法和银盐法。本文重点介绍电感耦合等离子体质谱法。

1. 适用范围

适用于各类食品中总砷的测定。

2. 原理

样品经酸消解处理为样品溶液，样品溶液经雾化由载气送入 ICP 炬管中，经过蒸发、解离、原子化和离子化等过程，转化为带电荷的离子，经离子采集系统进入质谱仪，质谱仪根据质荷比进行分离。对于一定的质荷比，质谱的信号强度与进入质谱仪的离子数成正比，即样品浓度与质谱信号强度成正比。通过测量质谱的信号强度对试样溶液中的砷元素进行测定。

3. 试剂和材料

①硝酸（HNO_3）溶液（2+98）：量取 20mL 硝酸，缓缓倒入 980mL 水中，混匀；

②1.0μg/mL 内标溶液 Ge 或 Y：取 1.0mL 内标溶液，用硝酸溶液（2+98）稀释并定容至 100mL；

③氢氧化钠（NaOH）溶液（100g/L）称取 10.0g 氢氧化钠，用水溶解和定容至 100mL；

④100mg/L 砷标准储备液（按 As 计）：准确称取于 100℃ 干燥 2h 的三氧化二砷（As_2O_3，纯度≥99.5%）0.0132g，加 1mL 氢氧化钠溶液和少量水溶解，转入 100mL 容量瓶中，加入适量盐酸（HCl）调整其酸度近中性，用水稀释至刻度。4℃ 避光保存，保存期一年；

⑤1.00mg/L 砷标准使用液（按 As 计）：准确吸取 1.00mL 砷标准储备液于 100mL 容量瓶中，用硝酸溶液（2+98）稀释定容至刻度。现用现配。

4. 仪器

电感耦合等离子体质谱仪，微波消解系统，压力消解器，恒温干燥箱，控温电热板，超声水浴箱，天平（感量分别为 0.001g 和 0.0001g）。

5. 分析步骤

（1）试样制备 同钙的测定。

（2）试样消解

①微波消解法：称取 2.0~4.0g（精确至 0.001g）蔬菜、水果等含水分高的样品于消解罐中，加入 5mL 硝酸，放置 30min；称取 0.2~0.5g（精确至 0.001g）粮食、肉类、鱼类等

样品于干消解罐中，加入 5mL 硝酸，放置 30min，盖好安全阀，将消解罐放入微波消解系统中，根据不同类型的样品，设置适宜的微波消解程序（表 9-8、表 9-9 和表 9-10），按相关步骤进行消解，消解完全后赶酸，将消化液转移至 25mL 容量瓶或比色管中，用少量水洗涤内罐 3 次，合并洗涤液并定容至刻度，混匀。同时做空白试验。

表 9-8　　　　　　　　　粮食、蔬菜类试样微波消解参考条件

步骤	功率	升温时间/min	控制温度/℃	保温时间/min
1	1200W；100%	5	120	6
2	1200W；100%	5	160	6
3	1200W；100%	5	190	20

表 9-9　　　　　　　乳制品、肉类、鱼类试样微波消解参考条件

步骤	功率	升温时间/min	控制温度/℃	保温时间/min
1	1200W；100%	5	120	6
2	1200W；100%	5	180	10
3	1200W；100%	5	190	15

表 9-10　　　　　　　　油脂、糖类试样微波消解参考条件

步骤	功率/%	温度/℃	升温时间/min	保温时间/min
1	50	50	30	5
2	70	75	30	5
3	80	100	30	5
4	100	140	30	7
5	100	180	30	5

②高压密闭消解法：称取固体试样 0.20~1.0g（精确至 0.001g），湿样 1.0~5.0g（精确至 0.001g）或取液体试样 2.00~5.00mL 于消解内罐中，加入 5mL 硝酸浸泡过夜。盖好内盖，旋紧不锈钢外套，放入恒温干燥箱，140~160℃保持 3~4h，自然冷却至室温，然后缓慢旋松不锈钢外套，将消解内罐取出，用少量水冲洗内盖，放在控温电热板上于 120℃赶去棕色气体。取出消解内罐，将消化液转移至 25mL 容量瓶或比色管中，用少量水洗涤内罐 3 次，合并洗涤液并定容至刻度，混匀。同时做空白试验。

（3）测定

①仪器参考条件：RF 功率 1550W，载气流速 1.14 L/min，采样深度 7mm，雾化室温度 2℃；Ni 采样锥，Ni 截取锥。质谱干扰主要来源于同量异位素、多原子、双电荷离子等，可采用碰撞/反应池技术方法消除干扰；采用内标校正、稀释样品等方法校正非质谱干扰。砷的质荷比（m/z）为 75，选 ^{72}Ge 为内标元素。

②标准曲线的绘制：吸取适量砷标准使用液，用硝酸溶液（2+98）配制砷浓度分别为 0.00ng/mL，1.0ng/mL，5.0ng/mL，10ng/mL，50ng/mL 和 100ng/mL 的标准系列溶液。当仪器真空度达到要求时，用调谐液调整仪器灵敏度、氧化物、双电荷、分辨率等各项指标，

当仪器各项指标达到测定要求，编辑测定方法、选择相关消除干扰方法，引入内标，观测内标灵敏度、脉冲与模拟模式的线性拟合，符合要求后，将标准系列引入仪器。进行相关数据处理，绘制标准曲线、计算回归方程。

③试样溶液的测定：相同条件下，将试剂空白、试样溶液分别引入仪器进行测定。根据回归方程计算出样品中砷元素的浓度。

6. 分析结果计算

按式（9-17）计算：

$$X = \frac{(c - c_0) \times V \times 1000}{m \times 1000 \times 1000} \tag{9-17}$$

式中　X——试样中砷的含量，mg/kg 或 mg/L；

　　　c——试样消化液中砷的测定质量浓度，ng/mL；

　　　c_0——试样空白消化液中砷的测定质量浓度，ng/mL；

　　　V——试样消化液总体积，mL；

　　　m——试样质量，g 或 mL；

　　　1000——单位换算系数。

本章微课二维码

微课 10-面粉中总灰分含量的测定

小结

食品中灰分是指食品经高温灼烧后所残留的无机物质，主要是金属氧化物和无机盐类。灰分的测定内容包括总灰分、水溶性灰分、水不溶性灰分、酸不溶性灰分等。总灰分的测定方法主要采用高温灼烧法。食品中几种重要化学元素的分析主要介绍了钙、硒、铜、碘四种矿物质营养元素。这些矿物质营养元素含量对于评价食品营养价值，开发和生产营养强化食品具有重要的指导意义。其检测方法主要有火焰原子吸收光谱法、石墨炉原子吸收光谱法、氧化还原滴定法、电感耦合法等。食品中有毒金属污染物着重概括了汞、铅、砷的检测方法。食品中总汞的检测方法主要介绍了荧光光谱分析法，铅的检测方法主要介绍了石墨炉原子吸收光谱法，食品中总砷的含量测定介绍了电感耦合等离子体质谱法。其中，原子吸收光谱法由于选择性好、灵敏度高、测定鉴别快捷，可同时测定多种元素而得到了迅速发展和推广应用。电感耦合法质谱法由于灵敏度高，适用于各类金属元素从痕量到微量的分析，目前在矿物质元素分析中得到了越来越广泛的应用。

思考题

1. 在食品灰分测定过程中，如何选择灰化容器、灰化温度和灰化时间？

2. 在灰分测定过程中，对于难灰化的样品可采取哪些方法来加速灰化？

3. 食品在灰化前为什么要进行炭化处理？简述总灰分测定的操作要点。

4. 现需测定某品牌纯牛乳中钙的含量，请选择合适的方法并说明该方法的操作要点。

5. 现需对某超市销售的某品牌茶叶产品进行重金属残留量的检测，请说明需要测定的重金属类别及合适的测定方法，同时简述测定方法的操作要点。

第十章

CHAPTER

维生素的分析

10

第一节　概述

一、　维生素的作用

维生素（Vitamin）是参与细胞内特异代谢反应以维持机体生命过程所必需的一类低分子有机化合物，具有多个种类，化学结构和生理功能各异，在机体物质和能量代谢过程中发挥着重要作用。维生素一般以其本体形式或能被机体利用的前体形式存在于天然食物中，大多数在机体无法合成或合成量不足，必须通过食物获得。尽管人体日常所需维生素量很少，一旦缺乏却会对机体产生重要影响，表现出相应的缺乏症状。但是，某些维生素摄入过多也会使人体发生中毒。因此，必须合理控制维生素的摄入量。

二、　维生素的分类

根据溶解性可将维生素分为水溶性维生素（Water Soluble Vitamin）和脂溶性维生素（Lipid Soluble Vitamin）两大类。水溶性维生素包括 B 族维生素和维生素 C，在机体内常以辅酶或辅基等形式参与酶系统工作，在代谢循环的多个环节发挥重要作用。大部分水溶性维生素在体内仅能少量储存，当机体饱和后，摄入的维生素从尿中排出。水溶性维生素在人体内一般不会产生蓄积和毒害作用，但过量摄入某些维生素后也可能出现毒性。脂溶性维生素主要包括维生素 A、维生素 D、维生素 E、维生素 K，在食品中常与脂质共存，易储存于体内，而不易排出（维生素 K 除外）。但是，脂溶性维生素的过量摄入易在人体蓄积而产生毒害作用。

三、　维生素分析的意义

食品中维生素含量是评价食品营养的一个重要指标。通过对食品维生素含量的测定，可以达到如下几个目的：评价食品营养价值；指导膳食结构；指导食品加工与储存；监管维生素强化食品质量。维生素的分类及主要食物来源如表 10-1 所示。

表 10-1　　　　　　　　　　维生素的分类及主要食物来源

类别	中文名	英文名	主要食物来源
	B 族维生素	Vitamin B	
	维生素 B_1（硫胺素）	B_1（Thiamin，Aneurin）	糙米、麦麸、酵母、豆类
	维生素 B_2（核黄素）	B_2（Riboflavin）	肝、肾、蛋黄、豆类、酵母
	维生素 B_3（烟酸、烟酰胺）	B_3（Pantothenic Acid）	蛋黄、肝、酵母
水溶性维生素	维生素 B_5（泛酸、遍多酸）	B_5（Niacin，Nicotinamide）	金枪鱼、肝、蘑菇
	维生素 B_6（吡哆素）	B_6（Pyridoxine）	肝、蛋黄、肉、大豆、谷类
	维生素 B_7（生物素）	B_7（Biotin，Vitamin H）	酵母、肝
	维生素 B_{11}（叶酸）	B_{11}（Folic Acid，Folacin）	绿叶蔬菜、豆类、肝
	维生素 B_{12}（钴胺素）	B_{12}（Cobalamin）	肉、鱼、禽、乳类
	维生素 C（抗坏血酸）	Vitamin C（Ascorbic Acid）	新鲜蔬菜、水果、豆芽
	维生素 A	Vitamin A	
	维生素 A_1（视黄醇）	A_1（Retinol）	鱼肝油、蛋黄、肝、肾、乳汁
	维生素 A_2（脱氢视黄醇）	A_2（Dehydroretinol）	
	维生素 D	Vitamin D	
	维生素 D_2（麦角钙化醇）	D_2（Ergocalciferol）	鱼肝油、肝、蛋黄、牛乳
脂溶性维生素	维生素 D_2（胆钙化醇）	D_3（Cholecalciferol）	
	维生素 E	Vitamin E	
	α，β，γ，δ-生育酚	α，β，γ，δ-tocopherol	植物油、豆类、玉米、绿叶蔬菜
	α，β，γ，δ-生育三烯酚	α，β，γ，δ-tocotrienol	
	维生素 K	Vitamin K	
	维生素 K_1（叶绿醌）	K_1（Phylloquinone）	绿叶蔬菜、大豆
	维生素 K_2（甲基萘醌类）	K_2（Menaquinone）	

第二节　水溶性维生素的分析

水溶性维生素的分析方法主要有微生物法、分光光度法、高效液相色谱法和滴定法。

一、维生素 B_1（硫胺素）的测定

维生素 B_1 又称硫胺素、抗神经炎因子和抗脚气病因子。食品中维生素 B_1 的测定方法主要有高效液相色谱法、荧光法和滴定法。本文重点介绍 GB 5009.84—2016《食品安全国家标准　食品中维生素 B_1 的测定》中的荧光分光光度法。

1. 适用范围

适用于食品中维生素 B_1 含量的测定。

2. 原理

硫胺素在碱性铁氰化钾溶液中被氧化成硫色素（图 10-1），在紫外线照射下，硫色素发出荧光。在给定的条件下，以及没有其他荧光物质干扰时，此荧光之强度与硫色素量成正比，即与溶液中硫胺素量成正比。

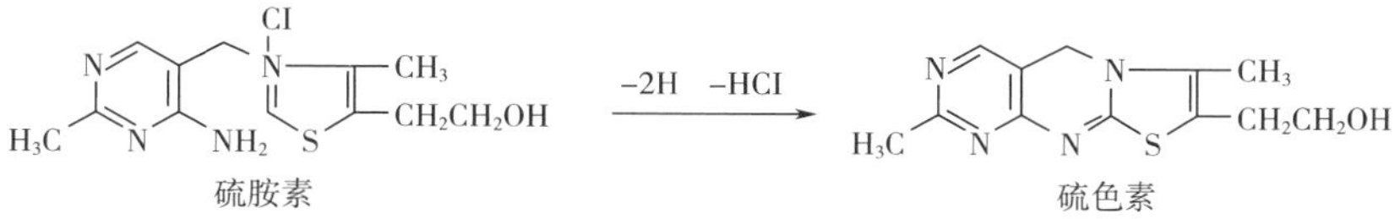

图 10-1　硫胺素转化为硫色素反应式

3. 试剂和材料

①0.1mol/L 盐酸（HCl）溶液：移取 8.5mL 盐酸，用水稀释并定容至 1000mL，摇匀；

②0.01mol/L 盐酸溶液：量取 0.1mol/L 盐酸溶液 50mL，用水稀释并定容至 500mL，摇匀；

③2mol/L 乙酸钠（$CH_3COONa \cdot 3H_2O$）溶液：称取 272g 乙酸钠，用水溶解并定容至 1000mL，摇匀；

④混合酶液：称取 1.76g 木瓜蛋白酶、1.27g 淀粉酶，加水定容至 50mL，涡旋，使呈混悬状液体，冷藏保存。临用前再次摇匀后使用；

⑤250g/L 氯化钾（KCl）溶液：称取 250g 氯化钾，用水溶解并定容至 1000mL，摇匀；

⑥250g/L 酸性氯化钾：移取 8.5mL 盐酸，用 250g/L 氯化钾溶液稀释并定容至 1000mL，摇匀；

⑦150g/L 氢氧化钠（NaOH）溶液：称取 150g 氢氧化钠，用水溶解并定容至 1000mL，摇匀；

⑧10g/L 铁氰化钾〔$K_3Fe(CN)_6$〕溶液：称取 1g 铁氰化钾，用水溶解并定容至 100mL，摇匀，于棕色瓶内保存；

⑨碱性铁氰化钾溶液：移取 4mL 10g/L 铁氰化钾溶液，用 150g/L 氢氧化钠溶液稀释至 60mL，摇匀，用时现配，避光使用；

⑩乙酸（CH_3COOH）溶液：量取 30mL 乙酸，用水稀释并定容至 1000mL，摇匀；

⑪0.01mol/L 硝酸银（$AgNO_3$）溶液：称取 0.17g 硝酸银，用 100mL 水溶解后，于棕色瓶中保存；

⑫0.1mol/L 氢氧化钠溶液：称取 0.4g 氢氧化钠，用水溶解并定容至 100mL，摇匀；

⑬0.4g/L 溴甲酚绿（$C_{21}H_{14}Br_4O_5S$）溶液：称取 0.1g 溴甲酚绿，置于小研钵中，加入 1.4mL 0.1mol/L 氢氧化钠溶液研磨片刻，再加入少许水继续研磨至完全溶解，用水稀释至 250mL；

⑭活性人造沸石：称取 200g 0.25mm（40 目）~0.42mm（60 目）的人造沸石于 2000mL 试剂瓶中，加入 10 倍于其体积的接近沸腾的热乙酸溶液，振荡 10min，静置后，弃去上清液，再加入热乙酸溶液，重复一次；再加入 5 倍于其体积的接近沸腾的热 250g/L 氯化钾溶液，振荡 15min，倒出上清液；再加入乙酸溶液，振荡 10min，倒出上清液；反复洗涤，最后用水洗直至不含氯离子；

⑮100μg/mL 维生素 B₁ 标准储备液：准确称取经氯化钙（CaCl₂）或者五氧化二磷（P₂O₅）干燥 24h 的盐酸硫胺素（C₁₂H₁₇ClN₄OS・HCl，纯度≥99.0%）112.1mg（精确至 0.1 mg），相当于硫胺素为 100 mg，用 0.01 mol/L 盐酸溶液溶解，并稀释至 1000mL，摇匀。于 0~4℃冰箱避光保存，保存期为 3 个月；

⑯10.0μg/mL 维生素 B₁ 标准中间液：将标准储备液用 0.01mol/L 盐酸溶液稀释 10 倍，摇匀，在冰箱中避光保存；

⑰0.100μg/mL 维生素 B₁ 标准使用液：准确移取维生素 B₁ 标准中间液 1.00mL，用水稀释、定容至 100mL，摇匀。临用前配制。

4. 仪器

荧光分光光度计，离心机，pH 计，电热恒温箱，盐基交换管或层析柱（60mL，300mm×10mm 内径），天平（感量分别为 0.01g 和 0.00001g）。

5. 分析步骤

（1）提取　准确称取适量均质试样（估计其硫胺素含量为 10~30μg，一般称取 2~10g），加入 50mL 盐酸溶液使样品分散，在恒温箱中于 121℃水解 30min，用乙酸钠溶液调 pH 4.0~5.0 或用 0.4g/L 溴甲酚绿溶液为指示剂，滴定至溶液由黄色转变为蓝绿色。

（2）酶解　于水解液中加入木瓜蛋白酶和淀粉酶混合溶液，于 45~50℃温箱中保温过夜（16h）。用水定容至 100mL，过滤得到提取液。

（3）净化　将 20mL 提取液加入人造沸石交换管柱中，使硫胺素被吸附 1 滴/s，用 10mL 热水冲洗盐基交换柱（1 滴/s），如此重复三次。于交换管下放置 25mL 刻度试管收集洗脱液，分两次加入 20mL 温度约为 90℃的酸性氯化钾溶液，每次 10mL，流速为 1 滴/s。待洗脱液凉至室温后，用 250g/L 酸性氯化钾定容，即为试样净化液。标准溶液按相同方法处理。

（4）氧化　将 5mL 试样净化液分别加入两支 50mL 离心管（标记为 A 和 B），在避光条件下分别在 A 和 B 管中加入 3mL 150g/L 氢氧化钠溶液和 3mL 碱性铁氰化钾溶液，振摇 15s，然后各加入 10mL 正丁醇，振摇 90s，静置分层后吸取上层有机相，加入 2~3g 无水硫酸钠脱水，标准净化液按相同方法处理 90s。

（5）测定　在 365nm 激发波长，435nm 发射波长，狭缝宽度 5nm 条件下测定空白、标准溶液和样品的荧光强度。

6. 分析结果计算

按式（10-1）计算：

$$X = \frac{(U - U_b) \times c \times V}{(S - S_b)} \times \frac{V_1 \times f}{V_2 \times m} \times \frac{100}{1000} \tag{10-1}$$

式中　　X——试样中维生素 B₁（以硫胺素计）的含量，mg/100g；

　　　　U——试样荧光强度；

　　　　U_b——试样空白荧光强度；

　　　　S——标准管荧光强度；

　　　　S_b——标准管空白荧光强度；

　　　　c——硫胺素标准使用液的质量浓度，μg/mL；

　　　　V——用于净化的硫胺素标准使用液体积，mL；

　　　　V_1——试样水解后定容得到的提取液体积，mL；

V_2——试样用于净化的提取液体积，mL；

　f——试样提取液的稀释倍数；

　m——试样质量，g；

100 和 1000——单位换算系数。

7. 注意事项

（1）如试样中含杂质过多，应经过离子交换剂处理，使硫胺素与杂质分离，然后以所得溶液用于测定。

（2）试样中测定的硫胺素含量乘以换算系数 1.121，即得盐酸硫胺素的含量。

（3）水解和酶解可使样品中的结合型维生素 B_1 成为游离型维生素 B_1。

（4）紫外线会破坏硫色素，因此硫色素形成后测定要迅速，尽量避光。

二、 维生素 C 的测定

维生素 C 又称抗坏血酸，具有抗氧化性，是人体必需的营养素之一。抗坏血酸包括 L（+）-抗坏血酸和 D（−）-抗坏血酸，均具有强还原性，前者对人体有生物活性，后者基本无生物活性。L（+）-抗坏血酸极易被氧化为 L（+）-脱氢抗坏血酸，通常被称为脱氢抗坏血酸，也具有生理活性。脱氢抗坏血酸进一步水解为 2，3-二酮古洛糖酸后会失去生理活性（图 10-2）。

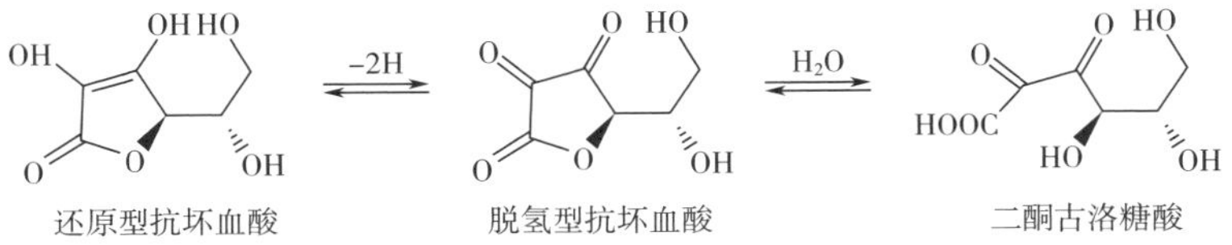

图 10-2　抗坏血酸的三种构型

食品中的 L（+）-抗坏血酸总量是指将试样中 L（+）-脱氢抗坏血酸还原成的 L（+）-抗坏血酸或将试样中 L（+）-抗坏血酸氧化成的 L（+）-脱氢抗坏血酸后测得的 L（+）-抗坏血酸总量。测定食品中维生素 C 的方法包括高效液相色谱法、荧光法、2，6-二氯靛酚滴定法和碘量法等。本文重点介绍 GB 5009.86—2016《食品安全国家标准　食品中抗坏血酸的测定》中的高效液相色谱法。

1. 适用范围

适用于乳粉、谷物、蔬菜、水果及其制品、肉制品、维生素类补充剂、果冻、胶基糖果、八宝粥、葡萄酒中的 L（+）-抗坏血酸、D（−）-抗坏血酸和 L（+）-抗坏血酸总量的测定。

2. 原理

试样中的抗坏血酸用偏磷酸溶解超声提取后，以离子对试剂为流动相，经反相色谱柱分离，其中 L（+）-抗坏血酸和 D（−）-抗坏血酸直接用配有紫外检测器的液相色谱仪测定；试样中的 L（+）-脱氢抗坏血酸经 L-半胱氨酸溶液进行还原后，用紫外检测器测定 L（+）-抗坏血酸总量，或减去原样品中测得的 L（+）-抗坏血酸含量而获得 L（+）-脱氢抗坏血酸的含量。以色谱峰的保留时间定性，外标法定量。

3. 试剂和材料

①200g/L 偏磷酸（HPO_3）$_n$ 溶液：称取 200g（精确至 0.1g）偏磷酸，溶于水并稀释至

1L，此溶液保存于4℃的环境下可保存一个月；

②20g/L偏磷酸溶液：量取50mL 200g/L偏磷酸溶液，用水稀释至500mL；

③100g/L磷酸三钠（$Na_3PO_4 \cdot 12H_2O$）溶液：称取100g（精确至0.1g）磷酸三钠，溶于水并稀释至1L；

④40g/L L-半胱氨酸（$C_3H_7NO_2S$）溶液：称取4g L-半胱氨酸，溶于水并稀释至100mL，临用时配制；

⑤1.000mg/mL L（+）-抗坏血酸标准储备溶液：准确称取L（+）-抗坏血酸标准品0.01g（精确至0.00001g），用20g/L的偏磷酸溶液定容至10mL。该储备液在2~8℃避光条件下可保存一周；

⑥1.000mg/mL D（-）-抗坏血酸标准储备溶液：准确称取D（-）-抗坏血酸标准品0.01g（精确至0.00001g），用20g/L的偏磷酸溶液定容至10mL。该储备液在2~8℃避光条件下可保存一周；

⑦抗坏血酸混合标准系列工作液：分别吸取L（+）-抗坏血酸和D（-）-抗坏血酸标准储备液0mL、0.05mL、0.50mL、1.0mL、2.5mL和5.0mL，用20g/L的偏磷酸溶液定容至100mL。标准系列工作液中L（+）-抗坏血酸和D（-）-抗坏血酸的浓度分别为0μg/mL、0.5μg/mL、5.0μg/mL、10.0μg/mL、25.0μg/mL和50.0μg/mL。临用时配制。

4. 仪器

液相色谱仪（配有二极管阵列检测器或紫外检测器），pH计，天平（感量分别为0.1g、0.001g和0.00001g），超声波清洗器，离心机，均质机，振荡器。

5. 分析步骤

（1）试液制备　避光条件下，适量（100g左右）样品加入等质量20g/L偏磷酸溶液，均质（液体或粉末固体样品混匀后可直接测定）。准确称取样品0.5~2g（液体2~10mL，精确至0.001g），用20g/L偏磷酸溶液溶解并定容至50mL，转移至离心管中，超声提取5min，离心4000r/min，5min，取上清液过滤（0.45μm），滤液待测［由此试液可同时分别测定试样中L（+）-抗坏血酸和D（-）-抗坏血酸的含量］。

（2）试液溶液的还原　准确吸取20mL上清液，加入10mL 40g/L L-半胱氨酸溶液，用100g/L磷酸三钠溶液调节pH 7.0~7.2，振荡5min（200次/min）。再用磷酸调节pH 2.5~2.8，用水转移定容至50mL，过滤后待测［由此试液可测定试样中包括脱氢型的L（+）-抗坏血酸总量］。若试样含有增稠剂，可吸取4mL经L-半胱氨酸溶液还原的试液，加入1mL甲醇，混匀后过滤待测。

（3）测定条件　采用C_{18}色谱柱（4.6 mm×250mm，5μm），在0.7mL/min流速、25℃柱温和245nm检测波长条件下，以磷酸二氢钾-十六烷基三甲基溴化铵溶液：甲醇（98：2，体积分数）为流动相，对试液进行测定。根据标准曲线得到试液中L（+）-抗坏血酸或D（-）-抗坏血酸的浓度。按相同方法进行空白试验。

（4）标准曲线绘制　分别对抗坏血酸混合标准系列工作溶液进行测定，以标准溶液质量浓度为横坐标，峰面段为纵坐标，绘制标准曲线，计算回归方程。

6. 分析结果计算

按式（10-2）计算：

$$X = \frac{(c_1 - c_0) \times V}{m \times 1000} \times F \times K \times 100 \qquad (10\text{-}2)$$

式中 X——试样中 L（+）-抗坏血酸［或 D（-）-抗坏血酸、L（+）-抗坏血酸总量］
的含量，mg/100g；

c_1——样液中 L（+）-抗坏血酸［或 D（-）-抗坏血酸］的质量浓度，$\mu g/mL$；

c_0——样品空白液中 L（+）-抗坏血酸［或 D（-）-抗坏血酸］的质量浓度，
$\mu g/mL$；

V——试样的最后定容体积，mL；

m——实际检测试样质量，g；

F——稀释倍数［使用（2）还原步骤时，即为 2.5］；

K——使用（2）中甲醇沉淀步骤时，即为 1.25；

100 和 1000——单位换算系数。

第三节 脂溶性维生素的分析

脂溶性维生素主要包括维生素 A、维生素 D、维生素 E、维生素 K。维生素 A 主要来源于各种动物性食品，植物性食品只能提供类胡萝卜素。维生素 D 以维生素 D_2 和维生素 D_3 最为常见，既来源于膳食，又可由皮肤合成。维生素 E 包括 α，β，γ，δ-生育酚和生育三烯酚，其中 α-生育酚含量最丰富，生物活性高，常被作为维生素 E 的代表。维生素 K 又称凝血维生素，其存在形式包括天然存在的叶绿醌系 K_1 和甲萘醌系 K_2，以及人工合成的维生素 K_3 等。维生素 K_1 主要存在于绿叶蔬菜和动物内脏，是维生素 K 检测的主要目标物质。

脂溶性维生素在分析过程中通常需要先用皂化法去除样品中的脂质，再用有机溶剂提取，浓缩后溶于适宜的溶剂来进行检测。为防止待测维生素被氧化分解，在皂化过程中常加入 2，6-二叔丁基对甲酚（BHT）和抗坏血酸等抗氧化剂。测定脂溶性维生素的方法有很多，主要有气相色谱法、高效液相色谱法、液相色谱-质谱法和紫外分光光度法等。

一、 维生素 A 和维生素 E 的同时测定

1. 适用范围

GB 5009.82—2016《食品安全国家标准 食品中维生素 A、D、E 的测定》第一法——反相高效液相色谱法，适用于食品中维生素 A 和 E 的测定，可同时分离测定维生素 A 和 4 种生育酚异构体。

2. 原理

试样中的维生素 A 及维生素 E 经皂化（含淀粉先用淀粉酶酶解）、提取、净化、浓缩后，C_{30} 或五氟苯基反相液相色谱柱分离，紫外检测器或荧光检测器检测，外标法定量。

3. 试剂和材料

①50g/100g 氢氧化钾（KOH）溶液：称取 50g 氢氧化钾，加入 50mL 水溶解，冷却后，储存于聚乙烯瓶中；

②石油醚（$C_5H_{12}O_2$）-乙醚［（CH_3CH_2)$_2O$］溶液（1+1）：量取 200mL 石油醚，加入 200mL 乙醚，混匀；

③维生素 A（$C_{20}H_{30}O$）：纯度≥95%，α-生育酚（$C_{29}H_{50}O_2$）：纯度≥95%，β-生育酚（$C_{28}H_{48}O_2$）：纯度≥95%，γ-生育酚（$C_{28}H_{48}O_2$）：纯度≥95%，δ-生育酚（$C_{27}H_{46}O_2$）：纯度≥95%；

④0.500mg/mL 维生素 A 标准储备溶液：准确称取 25.0mg 维生素 A 标准品，用无水乙醇溶解后，移入 50mL 容量瓶中，定容至刻度，此溶液浓度约 0.500mg/mL。将溶液转移至棕色试剂瓶中，密封后，在-20℃下避光保存，有效期 1 个月。临用前将溶液回温至 20 ℃，并进行浓度校正；

⑤1.00mg/mL 维生素 E 标准储备溶液：分别准确称取 α-生育酚、β-生育酚、γ-生育酚和 δ-生育酚各 50.0mg，用无水乙醇溶解后，转移入 50mL 容量瓶中，定容至刻度，此溶液浓度约为 1.00mg/mL。将溶液转移至棕色试剂瓶中，密封后，在-20 ℃下避光保存，有效期 6 个月。临用前将溶液回温至 20℃，并进行浓度校正；

⑥维生素 A 和维生素 E 混合标准溶液中间液：准确吸取维生素 A 标准储备溶液 1.00mL 和维生素 E 标准储备溶液各 5.00mL 于同一 50mL 容量瓶中，用甲醇定容至刻度，此溶液中维生素 A 浓度为 10.0μg/mL，维生素 E 各生育酚浓度为 100μg/mL。在-20℃下避光保存，有效期半个月；

⑦维生素 A 和维生素 E 标准系列工作溶液：分别准确吸取维生素 A 和维生素 E 混合标准溶液中间液 0.20mL，0.50mL，1.00mL，2.00mL，4.00mL 和 6.00mL 于 10mL 棕色容量瓶中，用甲醇定容至刻度，该标准系列中维生素 A 浓度为 0.20μg/mL，0.50 μg/mL，1.00μg/mL，2.00μg/mL，4.00μg/mL 和 6.00μg/mL，维生素 E 浓度为 2.00μg/mL，5.00μg/mL，10.0μg/mL，20.0μg/mL，40.0μg/mL 和 60.0μg/mL。临用前配制。

4. 仪器

天平（感量为 0.00001g），恒温水浴振荡器，旋转蒸发仪，氮吹仪，紫外分光光度计，分液漏斗萃取净化振荡器，高效液相色谱仪（带紫外检测器或二极管阵列检测器或荧光检测器）。

5. 分析步骤

（1）试样制备

①皂化：称取 2~5g（精确至 0.01g）均质后固体样品或 50g（精确至 0.01g）液体样品，固体试样加 20mL 温水混匀（若含淀粉，需先加入淀粉酶加热酶解），再向试样中加入 1.0g 抗坏血酸和 0.1g BHT，加入 30m 无水乙醇和 10~20mL 氢氧化钾溶液，加热皂化（80℃，30min），冷水冷却至室温。

②提取：将 30mL 皂化液转移入分液漏斗，加入 50mL 石油醚-乙醚混合液，振荡萃取 5min，将下层溶液转移至另一分液漏斗中，加入 50mL 石油醚-乙醚混合液再次萃取，合并醚层。

③洗涤：用 100mL 水洗涤醚层 3 次至中性，去除下层水相。

④浓缩：将洗涤后的醚层经 3g 无水硫酸钠滤入旋转蒸发瓶或氮气浓缩管，浓缩至约 2mL，氮气吹至近干。加入甲醇分次溶解并定容至 10mL，过滤后测定。

（2）测定条件　C_{30} 色谱柱（4.6mm×250mm，3μm），柱温 20℃，流速 0.8mL/min，紫

外检测波长：维生素 A 325nm，维生素 E 294nm，流动相为水-甲醇，洗脱程序为水-甲醇体积比在 0~13.0min 为 4：96，20.0min 切换为 0：100，并保持 4min，24.5min 切换为 4：96 并保持至 30min。

（3）标准曲线的绘制　将维生素 A 和维生素 E 标准系列工作溶液分别注入高效液相色谱仪中，测定相应的峰面积，以峰面积为纵坐标，以标准测定液浓度为横坐标绘制标准曲线，计算直线回归方程。

（4）试样溶液的测定　试样溶液经高效液相色谱仪分析，测得峰面积，采用外标法通过上述标准曲线计算其浓度。在测定过程中，建议每测定 10 个样品用同一份标准溶液或标准物质检查仪器的稳定性。

6. 分析结果计算

按式（10-3）计算：

$$X = \frac{\rho \times V \times f \times 100}{m} \tag{10-3}$$

式中　X——试样中维生素 A 或维生素 E 的含量，μg/100g 或 mg/100g；

　　　ρ——根据标准曲线计算得到的试样中维生素 A 或维生素 E 的质量浓度，μg/mL；

　　　V——定容体积，mL；

　　　f——换算因子（维生素 A：$f=1$；维生素 E：$f=0.001$）；

　　　m——试样的称样量，g；

　　　100——单位换算系数。

注：如维生素 E 的测定结果要用 α-生育酚当量（α-TE）表示，可按下式计算：维生素 E（mg α-TE/100g）= α-生育酚（mg/100g）+β-生育酚（mg/100g）×0.5+γ-生育酚（mg/100g）×0.1+δ-生育酚（mg/100g）×0.01。

7. 注意事项

（1）样品处理过程中使用的所有器皿不得含有氧化性物质；分液漏斗活塞玻璃表面不得涂油；处理过程应避免紫外光照，尽可能避光操作；提取过程应在通风柜中操作。

（2）如只测维生素 A 与 α-生育酚，可用石油醚作样品提取剂。

（3）色谱分析时，如难以将柱温控制在（20±2）℃，可改用五氟苯基柱分离异构体，流动相为水和甲醇梯度洗脱；如样品中只含 α-生育酚，不需分离 β-生育酚和 γ-生育酚，可选用 C_{18} 柱，流动相为甲醇；如有荧光检测器，可选用荧光检测器检测，对生育酚的检测有更高的灵敏度和选择性。维生素 A 激发波长 328nm，发射波长 440nm；维生素 E 激发波长 294nm，发射波长 328nm。

（4）维生素 A 和维生素 E 的标准溶液在使用前需要用紫外分光光度法校正其浓度。

二、 维生素 D 的测定

1. 适用范围

GB 5009.82—2016《食品安全国家标准　食品中维生素 A、D、E 的测定》第三法——液相色谱-串联质谱法，适用于食品中维生素 D_2 和维生素 D_3 的测定。

2. 原理

试样中加入维生素 D_2 和维生素 D_3 的同位素内标后，经氢氧化钾乙醇溶液皂化（含淀粉试样先用淀粉酶酶解）、提取、硅胶固相萃取柱净化、浓缩后，反相高效液相色谱 C_{18} 柱分离，串联质谱法检测，内标法定量。

　　3. 试剂和材料

　　①50g/100g 氢氧化钾（KOH）溶液：50g 氢氧化钾，加入 50mL 水溶解，冷却后储存于聚乙烯瓶中；

　　②乙酸乙酯（$C_4H_8O_2$）-正己烷（n-C_6H_{14}）溶液（5+95）：量取 5mL 乙酸乙酯加入到 95mL 正己烷中，混匀；

　　③乙酸乙酯-正己烷溶液（15+85）：量取 15mL 乙酸乙酯加入到 85mL 正己烷中，混匀；

　　④0.5g/L 甲酸（HCOOH）-5mmol/L 甲酸铵（$HCOONH_4$）溶液：称取 0.315g 甲酸铵，加入 0.5mL 甲酸、1000mL 水溶解，超声混匀；

　　⑤0.5g/L 甲酸-5mmol/L 甲酸铵甲醇溶液：称取 0.315g 甲酸铵，加入 0.5mL 甲酸、1000mL 甲醇溶解，超声混匀；

　　⑥维生素 D_2 标准储备溶液：准确称取维生素 D_2 标准品 10.0mg，用色谱纯无水乙醇溶解并定容至 100mL，使其浓度约为 100μg/mL，转移至棕色试剂瓶中，于−20 ℃冰箱中密封保存，有效期 3 个月；

　　⑦维生素 D_3 标准储备溶液：准确称取维生素 D_3 标准品 10.0mg，用色谱纯无水乙醇溶解并定容至 10mL，使其浓度约为 100μg/mL，转移至 100mL 的棕色试剂瓶中，于−20℃冰箱中密封保存，有效期 3 个月；

　　⑧维生素 D_2 标准中间使用液：准确吸取维生素 D_2 标准储备溶液 10.00mL，用流动相稀释并定容至 100mL，浓度约为 10.0μg/mL，有效期 1 个月；

　　⑨维生素 D_3 标准中间使用液：准确吸取维生素 D_3 标准储备溶液 10.00mL，用流动相稀释并定容至 100mL 棕色容量瓶中，浓度约为 10.0μg/mL，有效期 1 个月；

　　⑩维生素 D_2 和维生素 D_3 混合标准使用液：准确吸取维生素 D_2 和维生素 D_3 标准中间使用液各 10.00mL，用流动相稀释并定容至 100mL，浓度为 1.00μg/mL。有效期 1 个月；

　　⑪维生素 D_2-d_3 和维生素 D_3-d_3 内标混合溶液：分别量取 100μL 浓度为 100μg/mL 的维生素 D_2-d_3 和维生素 D_3-d_3 标准储备液加入 10mL 容量瓶中，用甲醇定容，配制成 1μg/mL 混合内标；

　　⑫标准系列溶液的配制：分别准确吸取维生素 D_2 和 D_3 混合标准使用液 0.10mL，0.20mL，0.50mL，1.00mL，1.50mL 和 2.00mL 于 10mL 棕色容量瓶中，各加入维生素 D_2-d_3 和维生素 D_3-d_3 内标混合溶液 1.00mL，用甲醇定容至刻度，混匀。此标准系列工作液浓度分别为 10.0μg/L，20.0μg/L，50.0μg/L，100μg/L，150μg/L 和 200μg/L。

　　4. 仪器

　　天平（感量为 0.0001g），磁力搅拌器或恒温振荡水浴（带加热和控温功能），旋转蒸发仪，氮吹仪，紫外分光光度计，萃取净化振荡器，多功能涡旋振荡器，高速冷冻离心机，高效液相色谱-串联质谱仪（带电喷雾离子源）。

　　5. 分析步骤

　　（1）试样制备

　　①皂化：取 2g（精确至 0.01g）均质处理后的样品，加入 100μL 维生素 D_2-d_3 和维生素 D_3-d_3 混合内标溶液（若样品含有淀粉则加入淀粉酶加热酶解）。向试液中加入 0.4g 抗坏血

酸，加入 6mL 温水（约 40℃）、12mL 乙醇和 6mL 氢氧化钾溶液，避光加热水浴振荡皂化（80℃，30min）。

②提取：向冷却的皂化液中加入 20mL 正己烷，涡旋提取 3min，离心（6000r/min，3min）后取上清液，加入 25mL 水轻微晃动洗涤 30 次，离心后取上层有机相备用。

③净化：将试液经过硅胶固相萃取柱，用 6mL 乙酸乙酯-正己烷溶液（5+95）淋洗，再用 6mL 乙酸乙酯-正己烷溶液（15+85）洗脱。洗脱液在 40℃下用氮气吹干，加入 1.00mL 甲醇溶解，涡旋 30s，过滤后测定。

（2）测定条件　C_{18} 色谱柱（2.1mm×100mm，1.8μm），柱温 40℃，流速 0.4mL/min，流动相 A 为 0.5g/L 甲酸-5mmol/L 甲酸铵溶液，流动相 B 为 0.5g/L 甲酸-5mmol/L 甲酸铵甲醇溶液，洗脱程序为流动相 A：B（V/V）在 0~1.0min 为 12：88，4.0min 切换为 10：90，5.0min 切换为 7：93，在 5.1min 切换为 6：94 并保持至 5.8min，6.0min 切换为 0：100，并保持至 17.0min，然后切换为 17.5min 时的 12：88，并保持至 20.0min。质谱采用 ESI$^+$ 电离，多反应监测模式。碰撞电压和质谱参数见表 10-2。

表 10-2　　　　　　　　　　维生素 D_2 和维生素 D_3 质谱参考条件

维生素	保留时间/min	母离子/（m/z）	定性子离子/（m/z）	碰撞电压/eV	定量子离子/（m/z）	碰撞电压/eV
维生素 D_2	6.04	397	397 147	5 25	107	29
维生素 D_2-d_3	6.03	400	382 271	4 6	110	22
维生素 D_3	6.33	385	367 259	7 8	107	25
维生素 D_3-d_3	6.33	388	370 259	3 6	107	19

（3）标准曲线的绘制　分别将维生素 D_2 和维生素 D_3 标准系列工作液由低浓度到高浓度依次进样，以维生素 D_2、维生素 D_3 与相应同位素内标的峰面积比值为纵坐标，以维生素 D_2、维生素 D_3 标准系列工作液浓度为横坐标分别绘制维生素 D_2、维生素 D_3 标准曲线。

（4）试样溶液的测定　将待测样液依次进样，得到待测物与内标物的峰面积比值，根据标准曲线得到测定液中维生素 D_2、维生素 D_3 的浓度。待测样液中的响应值应在标准曲线线性范围内，超过线性范围则应减少取样量重新按（1）进行处理后再进样分析。

6. 分析结果计算

按式（10-4）计算：

$$X = \frac{\rho \times V \times f \times 100}{m} \tag{10-4}$$

式中　X——试样中维生素 D_2（或维生素 D_3）的含量，μg/100g；

ρ——根据标准曲线计算得到的试样中维生素 D_2（或维生素 D_3）的质量浓度，μg/mL；

V——定容体积，mL；

f——稀释倍数；

m——试样的称样量，g；

100——单位换算系数。

7. 注意事项

（1）维生素 D 标准溶液在使用前需要经紫外分光光度法校正浓度。

（2）如试样中同时含有维生素 D_2 和维生素 D_3，维生素 D 的测定结果以维生素 D_2 和维生素 D_3 含量之和计算。

三、　维生素 K_1 的测定

维生素 K_1 的分析方法主要有紫外分光光度法、气相色谱法、高效液相色谱法和液相色谱-串联质谱法等。本文重点介绍 GB 5009.158—2016《食品安全国家标准　食品中维生素 K_1 的测定》中的高效液相色谱-荧光检测法。

1. 适用范围

适用于各类配方食品、植物油、水果和蔬菜中维生素 K_1 的测定。

2. 原理

婴幼儿食品和乳品、植物油等样品经脂肪酶和淀粉酶酶解，正己烷提取样品中的维生素 K_1；水果、蔬菜等低脂性植物样品，用异丙醇和正己烷提取其中的维生素 K_1，经中性氧化铝柱净化，去除叶绿素等干扰物质。用 C_{18} 液相色谱柱将维生素 K_1 与其他杂质分离，锌柱柱后还原，荧光检测器检测，外标法定量。

3. 试剂和材料

①0.4g/mL 氢氧化钾（KOH）溶液：称取 20g 氢氧化钾于 100mL 烧杯中，用 20mL 水溶解，冷却后，加水至 50mL，储存于聚乙烯瓶中；

②磷酸盐缓冲液（pH 8.0）：溶解 54.0g 磷酸二氢钾（KH_2PO_4）于 300mL 水中，用 0.4g/mL 氢氧化钾溶液调节 pH 8.0，加水至 500mL；

③正己烷（C_6H_{14}）-乙酸乙酯（$C_4H_8O_2$）混合液（90+10）：量取 90mL 正己烷，加入 10mL 乙酸乙酯，混匀；

④流动相：量取甲醇（CH_3OH）900mL，四氢呋喃（C_4H_8O）100mL，乙酸（CH_3COOH）0.3mL，混匀后，加入氯化锌（$ZnCl_2$）1.5g，无水乙酸钠（CH_3COONa）0.5g，超声溶解后，用 0.22μm 有机系滤膜过滤；

⑤维生素 K_1 标准储备溶液（1mg/mL）：准确称取 50mg（精确至 0.0001g）维生素 K_1 标准品于 50mL 容量瓶中，用甲醇溶解并定容至刻度。将溶液转移至棕色玻璃容器中，在-20℃ 下避光保存，保存期 2 个月。标准储备液在使用前需要进行浓度校正；

⑥维生素 K_1 标准中间液（100μg/mL）：准确吸取标准储备溶液 10.00mL 于 100m 容量瓶中，加甲醇至刻度，摇匀。将溶液转移至棕色玻璃容器中，在-20℃ 下避光保存，保存期 2 个月；

⑦维生素 K_1 标准使用液（1.00μg/mL）：准确吸取标准中间液 1.00mL 于 100mL 容量瓶中，加甲醇至刻度，摇匀；

⑧标准系列工作溶液：分别准确吸取维生素 K_1 标准使用液 0.10mL，0.20mL，0.50mL，1.00mL，2.00mL 和 4.00mL 于 10mL 容量瓶中，加甲醇定容至刻度，维生素 K_1 标准系列工作溶液浓度分别为 10ng/mL，20ng/mL，50ng/mL，100ng/mL，200ng/mL 和 400ng/mL。

4. 仪器

高效液相色谱仪（带荧光检测器），匀浆机，高速粉碎机，组织捣碎机，涡旋振荡器，恒温水浴振荡器，pH 计，天平（感量为 0.001g 和 0.0001g），离心机，旋转蒸发仪，氮吹仪，超声波振荡器。

5. 分析步骤

（1）试样前处理

①婴幼儿食品和乳品、植物油样品：取均质的试样 1~5g（精确至 0.01g），加入 5mL 温水溶解（液体样品直接吸取 5mL，植物油不需加水稀释），加入 5mL 磷酸盐缓冲液，用 0.2g 脂肪酶和淀粉酶（不含淀粉样品可以不加淀粉酶），涡旋 2~3min，37℃振荡 2h 以上进行酶解。取酶解后的试样，加入 10mL 乙醇和 1g 碳酸钾，混匀后加入 10mL 正己烷和水进行振荡提取 10min，离心（6000r/min，5min）取上清液，旋蒸至干，用甲醇转移并定容至 5mL，过滤后测定。

②水果、蔬菜样品：取均质匀浆试样 1~5g（精确至 0.01g）加入 5mL 异丙醇，涡旋 1min，超声 5min，再加入 10mL 正己烷，涡旋振荡提取 3min，离心（6000r/min，5min）后取上清液至棕色容量瓶中，向下层溶液中加入 10mL 正己烷再次提取，合并上清液，用正己烷定容。取试液 1~5mL 氮吹至干，加入 1mL 正己烷溶解。取 1mL 提取液通过中性氧化铝柱，用 5mL 正己烷淋洗，6mL 正己烷-乙酸乙酯混合溶液洗脱，氮气吹干，甲醇定容至 5mL，过滤后测定。

③按相同方法进行空白试验。

（2）测定条件　C_{18} 色谱柱（4.6mm×250mm，5μm），锌还原柱（4.6mm×50mm），流速 1.0mL/min，荧光检测器激发波长 243nm，发射波长 430nm。

（3）标准曲线的绘制　采用外标标准曲线法进行定量。将维生素 K_1 标准系列工作液分别注入高效液相色谱仪中，测定相应的峰面积，以峰面积为纵坐标，以标准系列工作液浓度为横坐标绘制标准曲线，计算线性回归方程。

（4）试样溶液的测定　在相同色谱条件下，将制备的空白溶液和试样溶液分别进样，进行高效液相色谱分析。以保留时间定性，峰面积外标法定量，根据线性回归方程计算出试样溶液中维生素 K_1 的浓度。

6. 分析结果计算

按式（10-5）计算：

$$X = \frac{\rho \times V_1 \times V_3 \times 100}{m \times V_2 \times 1000} \tag{10-5}$$

式中　　X——试样中维生素 K_1 的含量，μg/100g；

ρ——由标准曲线得到的试样溶液中维生素 K_1 的质量浓度，ng/mL；

V_1——提取液总体积，mL；

V_2——分取的提取液体积（婴幼儿食品和乳品、植物油 $V_1 = V_2$），mL；

V_3——定容溶液的体积，mL；

m——试样的称样量，g；

100 和 1000——单位换算系数。

本章微课二维码

微课 11–饮料中维生素 C 含量的测定

小结

食品中维生素的测定方法较多，不同分析方法的原理不同，适用范围、灵敏度、准确度、分析速度和成本也不同。测定水溶性维生素时常用的微生物法比较耗时，但其中大部分方法可用于范围较广的未经化学改性的生物介质。紫外分光光度法和荧光法灵敏、快速、简便。高效液相色谱法可用于大多数维生素的分析，具有高效、灵敏、准确等优点。在实际应用中，需要根据待测物的情况和分析目的选择适宜的分析方法。

🔍 思考题

1. 如何采用荧光分光光度法测定新鲜牛肉中的维生素 B_1？
2. 维生素 C 的测定方法有哪些？其原理分别是什么？
3. 测定脂溶性维生素时，样品需要如何处理？
4. 如何同时测定试样中的维生素 A 和维生素 E？
5. 测定含淀粉试样的维生素 D 时，应注意什么？

食品中有害物质的分析

第一节　概述

国以民为本，民以食为天，食以安为先。食品安全作为公共卫生的重点问题之一，越来越受到广大人民群众的重视和关注。食品中的有害物质主要源自食品生产、加工、包装、运输、储存等过程。其中，食品生产、加工过程中农、兽、渔药残留问题，食品加工、储存、运输过程真菌及其毒素污染问题尤为突出。另外，也包括食品及包装材料中固有的天然有害或有毒物质。因此，本文将从以上几方面对食品中有害物质的分析进行介绍。

第二节　食品中主要农药残留的分析

农药残留（Pesticide Residues）是指农药使用后一个时期内没有被分解而残留于农产品、食品、环境中的微量农药本体、代谢物、降解物和杂质的总称。目前市场上在售在用的有机磷农药绝大多数为磷酸酯或者硫代磷酸酯类，如敌敌畏、敌百虫等。食品中药物残留问题一直以来备受关注，主要源于以下几个方面：

（1）"三致"作用（致癌、致畸、致突变）　该类危害主要源于动物源性食品在生产（农产品种植、畜产品养殖、水产品养殖）过程中激素类药物、咪唑类抗寄生虫类药物及砷制剂的违规违禁使用。

（2）急/慢性中毒　当一些药物在环境和动植物体内通过食物链效应进行富集后，被人体摄入从而引发中毒。其中较为典型的案例如"瘦肉精"事件，即含有盐酸克伦特罗的猪肉被人食入后引发中毒；有机磷农药大量使用后因无法彻底降解，最终通过土壤、水及食物链进行富集，进入人体后引发急性中毒。值得注意的是，现实生活中因药残引起的中毒事件往往多见于慢性中毒。

（3）致敏性　药物的致敏性以青霉素类药物最为常见，除此以外，喹诺酮、磺胺类药物引发的致敏反应也时有发生。

（4）肠道菌群比例失衡　正常的肠道菌群在维护机体正常生理功能的运行方面发挥至关重要的作用，而诸多疾病的发生发展与肠道菌群失衡关系密切。以抗生素为首的药物滥用及违规违禁使用，使得人与动物体内正常菌群失衡，导致大量条件致病菌及耐药菌株的出现，从而引发一系列疾病的发生，并加剧相应疾病的发展。

（5）激素类作用　为追求短时间内经济效益，不良商家在动植物生产、加工过程中添加激素类或类激素物质。人体摄入后，容易导致内分泌系统功能紊乱，生长发育受到影响，如儿童的过早发育等。

（6）生态环境失衡　有机磷、有机氯、有机砷等农药违规超标使用后在水环境、土壤中大量富集，水及土壤自身生态环境被破坏，可持续发展难以延续。经过食物链作用，残留的药物最终危害的仍是处于食物链顶端的人类。

（7）影响社会稳定和国际贸易　食品及食品安全问题是关系国计民生的大事，作为影响食品安全的焦点问题，药物残留问题影响的不仅是摄入者的健康，同时对整个社会的稳定都具有深远的影响。国际上各国对药物残留问题所持的零容忍态度，会对输出国的信誉及相关贸易活动产生负面影响。

一、　有机磷类农药残留的测定

目前，食品中有机磷类农药残留的分析方法主要有色谱法、酶抑制法和免疫学法。色谱法具有较高的特异性和灵敏性，同时兼具耗时短，可重复性好等优点。而酶抑制法和免疫学法是近些年发展起来的快速检测方法，但存在灵敏性、准确性较差等问题，应用不广泛。本文重点介绍 GB 23200.93—2016《食品安全国家标准　食品中有机磷农药残留量的测定　气相色谱-质谱法》中的气相色谱-质谱法。

1. 适用范围

适用于清蒸猪肉罐头、猪肉、鸡肉、牛肉、鱼肉中有机磷农药残留量的测定，其他食品也可以参照此方法进行测定。

2. 原理

试样用水-丙酮溶液均质提取，二氯甲烷液-液分配，凝胶色谱柱净化，再经石墨化炭黑固相萃取柱净化，气相色谱-质谱检测，外标法定量。

3. 试剂和材料

①无水硫酸钠（Na_2SO_4）：650℃灼烧 4h，储于密封容器中备用；

②5%氯化钠（NaCl）水溶液：称取 5.0g 氯化钠，用水溶解，并定容至 100 mL；

③乙酸乙酯-正己烷（1+1）：量取 100 mL 乙酸乙酯（$C_4H_8O_2$）和 100mL 正己烷（C_6H_{14}），混匀；

④环己烷-乙酸乙酯（1+1）：量取 100mL 环己烷（C_6H_{12}）和 100mL 乙酸乙酯，混匀；

⑤有机磷标准储备溶液：分别准确称取适量的每种农药标准品（见 GB 23200.93—2016 附录 A），用丙酮（C_3H_6O）分别配制成浓度为 100~1000μg/mL 的标准储备溶液；

⑥有机磷混合标准工作溶液：根据需要再用丙酮逐级稀释成适用浓度的系列混合标准工作溶液。保存于 4℃冰箱内；

⑦氟罗里硅土固相萃取柱：Florisil，500mg，6mL，或相当者；

⑧石墨化炭黑固相萃取柱：ENVI-Carb，250mg，6mL，或相当者，使用前用 6mL 乙酸乙酯-正己烷预淋洗；

⑨有机相微孔滤膜：0.45μm；石墨化炭黑：60~80 目。

4. 仪器

气相色谱-质谱仪［配有电子轰击源（EI）］，天平（感量 0.01g 和 0.0001g），凝胶色谱仪（配有单元泵、馏分收集器），均质器，旋转蒸发器，离心机。

5. 分析步骤

（1）试样制备　取代表性样品约 1kg 经捣碎机充分捣碎均匀，装入洁净容器，密封，标明标记。

（2）试样保存　试样于 -18℃ 保存。在抽样及制样的操作过程中，应防止样品受到污染或发生残留物含量的变化。按照如下步骤分析：

①提取：称取解冻后的试样 20g（精确至 0.01g）于 250mL 具塞锥形瓶中，加入 20mL 水和 100mL 丙酮，均质提取 3min。将提取液过滤，残渣再用 50mL 丙酮重复提取一次，合并滤液于 250mL 浓缩瓶中，于 40℃ 水浴中浓缩至约 20mL。将浓缩提取液转移至 250mL 分液漏斗中，加入 150mL 氯化钠水溶液和 50mL 二氯甲烷，振摇 3min，静置分层，收集二氯甲烷相。水相再用 50mL 二氯甲烷重复提取两次，合并二氯甲烷相。经无水硫酸钠脱水，收集于 250mL 浓缩瓶中，于 40℃ 水浴中浓缩至近干。加入 10mL 环己烷-乙酸乙酯溶解残渣，用 0.45μm 滤膜过滤，待凝胶色谱（GPC）净化。

②净化：凝胶色谱条件为凝胶净化柱：Bio Beads S-X3，700mm×25mm（i.d.），或相当者；流动相：乙酸乙酯-环己烷（1+1）；流速：4.7mL/min；样品定量环：10mL；预淋洗时间：10min；凝胶色谱平衡时间：5min；收集时间：23~31min。将 10mL 待净化液按规定的条件进行净化，收集 23~31min 的组分，于 40℃ 下浓缩至近干，并用 2mL 乙酸乙酯-正己烷溶解残渣，待固相萃取净化。

固相萃取（SPE）净化：将石墨化炭黑固相萃取柱（对于色素较深试样，在石墨化炭黑固相萃取柱上加 1.5cm 高的石墨化炭黑）用 6mL 乙酸乙酯-正己烷预淋洗，弃去淋洗液；将 2mL 待净化液倾入上述连接柱中，并用 3mL 乙酸乙酯-正己烷分 3 次洗涤浓缩瓶，将洗涤液倾入石墨化炭黑固相萃取柱中，再用 12mL 乙酸乙酯正己烷洗脱，收集上述洗脱液至浓缩瓶中，于 40℃ 水浴中旋转蒸发至近干，用乙酸乙酯溶解并定容至 1.0mL，供气相色谱-质谱测定和确证。

③测定条件：色谱柱：30m×0.25mm（i.d.），膜厚 0.25μm，DB-5MS 石英毛细管柱，或相当者；色谱柱温度：50℃（2min）30℃/min 180℃（10min）30℃/min 270℃（10min）；进样口温度 280℃；色谱-质谱接口温度 270℃；载气：氦气，纯度 ≥99.999%，流速 1.2mL/min；进样量 1μL；进样方式：无分流进样，1.5min 后开阀；电离方式：EI；电离能量 70eV；测定方式：选择离子监测方式（GB 23200.93—2016《食品安全国家标准　食品中有机磷农药残留量的测定　气相色谱-质谱法》中表 1）；选择监测离子（m/z）：参见 GB 23200.93—2016 中表 1 和附录 B；溶剂延迟 5min；离子源温度 150℃；四级杆温度 200℃。

6. 分析结果计算

按式（11-1）计算：

$$X_i = \frac{A_i \times c_i \times V}{A_{is} \times m} \tag{11-1}$$

式中　X_i——试样中每种有机磷农药残留量，mg/kg；

　　　A_i——样液中每种有机磷农药的峰面积（或峰高）；

A_{is}——标准工作液中每种有机磷农药的峰面积（或峰高）；

c_i——标准工作液中每种有机磷农药的质量浓度，μg/mL；

V——样液最终定容体积，mL；

m——最终样液代表的试样质量，g。

二、 有机氯类农药残留的测定

有机氯农药一般为氯代烃类化合物，其化学式分为环戊二烯类、二苯乙烷类、环己烷类，市场产品有六六六（BHC）及异构体、六氯苯（HCB）、七氯、环氧七氯、艾氏剂、狄氏剂、异狄氏剂、滴滴涕（DDT）及异构体和类似物等多种。该类化合物极难降解，毒性大，对环境造成严重污染，而且具有致畸等不良后果。目前该类型农药已被禁用，但基于其残效期特别长的特点，目前仍然是各类农产品药物残留检测的重点。针对不同类别的食品，其中可能残留的有机氯类农药也有差别。本文重点介绍 GB 23200.86—2016《食品安全国家标准　乳及乳制品中多种有机氯农药残留量的测定》中的气相色谱-质谱/质谱法。

1. 适用范围

适用于液态乳、乳粉、酸奶（半固态）、冰淇淋、奶糖等乳及乳制品中 α-六六六、β-六六六、林丹、δ-六六六、o,p'-滴滴涕、p,p'-滴滴涕、o,p'-滴滴伊、p,p'-滴滴伊、o,p'-滴滴滴、p,p'-滴滴滴、甲氧滴滴涕、七氯、环氧七氯、艾氏剂、狄氏剂、异狄氏剂、异狄氏剂醛、异狄氏剂酮、顺式-氯丹、反式-氯丹、氧化氯丹、α-硫丹、β-硫丹、硫丹硫酸盐、六氯苯、四氯硝基苯、五氯硝基苯、五氯苯胺、甲基五氯苯基硫醚、灭蚁灵 30 种有机氯农药残留量的测定，其他食品也可以参照此方法进行测定。

2. 原理

试样中的有机氯农药残留用正己烷-丙酮（1+1，体积比）溶液提取，提取液经浓缩后，经凝胶渗透色谱和弗罗里硅土柱净化，用气相色谱-质谱/质谱仪测定，外标峰面积法定量。

3. 试剂和材料

①提取液：取适量正己烷（C_6H_{14}）和丙酮（C_3H_6O）按体积比 1∶1 进行混合；

②凝胶渗透色谱洗脱液：取适量环己烷（C_6H_{12}）和乙酸乙酯（$C_4H_8O_2$）按体积比 1∶1 进行混合；

③固相萃取洗脱液：取适量正己烷和二氯甲烷（$C_2H_2Cl_2$）按体积比 5∶95 进行混合；

④100μg/mL 标准储备溶液：准确称取适量的各标准物质（纯度≥95%），用正己烷配制成标准储备液，0~4℃避光保存；

⑤2μg/mL 标准中间溶液：取适量的各种标准储备溶液，配制成的混合标准工作溶液，0~4℃避光保存；

⑥标准工作溶液：取适量的各种标准储备溶液，配制成适当浓度的混合标准工作溶液。标准工作液现用现配；

⑦弗罗里硅土固相萃取小柱：1g/6mL，或相当者，使用前用 5mL 正己烷活化；

⑧微孔滤膜：0.45μm，有机系。

4. 仪器

气相色谱-质谱/质谱仪［配电子轰击源（EI）］，凝胶渗透色谱仪，天平（感量分别为 0.01g 和 0.0001g），涡旋混匀器，离心机，旋转蒸发仪，氮吹仪。

5. 分析步骤

（1）试样制备　液态乳、酸奶、冰淇淋等取有代表性样约 100g，装入洁净容器作为试样，密封并做好标识，于 0~4℃冰箱内保存；乳粉、乳糖等取有代表性样约 100g，装入洁净容器作为试样，密封并做好标识，于常温下干燥保存。

（2）提取　准确称取 10g 试样（精确至 0.01g）于 50mL 具塞离心管中（乳粉、奶糖加 10mL 水溶解），加入 5g 氯化钠，再加入 10mL 提取液，用旋涡混匀器振荡 1min，4000r/min 离心 3min，将有机相转移至 100mL 旋蒸瓶中，残渣再分别用 10mL 提取液提取两次，离心合并有机相，在 40℃下旋转蒸发浓缩至近干，用 10mL 环己烷-乙酸乙酯混合溶液充分溶解残渣，过 0.45μm 滤膜，待净化。

（3）净化　将待净化溶液转移至 10mL 试管中，用凝胶渗透色谱仪（具体条件见 GB 23200.86—2016）净化，收集 10~22min 的淋洗液，在 40℃下减压浓缩至约 2mL，将上述样液转移到已活化的弗罗里硅土固相萃取柱内，收集流出液，用 8mL 二氯甲烷-正己烷溶液洗脱，收集洗脱液于 40℃旋转蒸发浓缩至近干，用 1mL 正己烷溶解残渣，过 0.4μm 滤膜供测定。

（4）测定条件　按如下条件进行测定，同时做空白试验：

色谱柱：TR-35ms，30m×0.25mm×0.25μm，或性能相当者；柱温 55℃保持 1min，以 40℃/min 速率升至 140℃，保持 5min，以 2℃/min 速率升至 210℃，以 10℃/min 速率升至 280℃，保持 10min；进样口温度 250℃；离子源温度 250℃；传输线温度 250℃；离子源：电子轰击离子源；测定方式：选择反应监测模式（SRM）；监测离子（m/z）：各种有机氯农药的定性离子对、定量离子对、碰撞能量及离子丰度比（见 GB 23200.86—2016 附录 A.1）；载气：氦气，纯度 ≥99.999%；流速 1.2mL/min；进样方式：不分流；进样量 1μL；电离能量 70eV。

6. 分析结果计算

按式（11-2）计算：

$$X_i = \frac{c_i \times V \times 1000}{m \times 1000} \tag{11-2}$$

式中　X_i——试样中 i 组分农药的残留量，μg/kg；

c_i——由标准曲线得到的样液中 i 组分农药的质量浓度，μg/L；

V——样液最终定容体积，mL；

m——最终样液所代表的试样质量，g；

1000——单位换算系数。

第三节　食品中主要兽药残留的分析

兽药（Veterinary Drug）是指用于动物的具有诊断、预防、治疗疾病等作用，有目的地调节动物生理机能并规定用途、用法和用量的物质。我国将渔药、蜂药、蚕药等也归属到兽药范畴。兽药残留（Veterinary Drug Residues）全称为"兽药在动物源食品中的残留"，是指动物产品的任何可食部分所含兽药的母体化合物及其代谢物，以及与兽药有关的杂质。随着人们对动物源食品由需求型向质量型的转变，动物源食品中的兽药残留已逐渐成为全世界关注的焦点之一。兽药残留所引起的主要危害在于引起耐药菌株产生、过敏反应等，并间接造成生态环境的破坏。目前常用的兽药主要包括 β-内酰胺类、氨基糖苷类、氯霉素类、四环素类、大环内酯类、林可霉素类、万古霉素类等类型的抗生素。除此以外，磺胺类药物、硝基呋喃类药物、激素类药物及抗寄生虫药物也是动物养殖常用兽药。由于兽药种类繁多，本节仅介绍食品中 β-内酰胺类抗生素和磺胺类药物的测定方法。

一、 β-内酰胺类药物的测定

β-内酰胺类药物目前主要用于革兰氏阳性菌的防治，常见的药物有青霉素、氨苄西林、阿莫西林、头孢霉素、头孢噻呋等。本文重点介绍 GB/T 21174—2007《动物源性食品中 β-内酰胺类药物残留量测定方法　放射受体分析法》中的放射受体分析法。

1. 适用范围

适用于肉类和水产品中 β-内酰胺类药物残留的筛选测定。

2. 原理

样品中残留的 β-内酰胺类药物和 [^{14}C] 标记的青霉素 G 分别与微生物细胞上的特异性受体结合。用液体闪烁计数仪测定样品中的 [^{14}C] 含量的计数值（cpm），计数值与样品中的 β-内酰胺类药物残留量成反比。

3. 试剂和材料

①β-内酰胺类药物测定试剂盒，受体试剂片剂，[^{14}C] 标记的青霉素 G 片剂，闪烁液；

②阴性对照浓缩粉：使用时用 10mL 水溶解，配制成阴性组织液；

③MSU 多种抗生素标准品：使用时用 10mL 水溶解，配制成 MSU 多种抗生素标准溶液（青霉素 G 浓度为 1000μg/mL）；

④MSU 萃取缓冲液浓缩干粉：使用时用 1000mL 水溶解，配制成 MSU 萃取缓冲液；

⑤M2 缓冲浓缩干粉：使用时用 50mL 水溶解，配制成 M2 缓冲液；

⑥1mol/L 盐酸（HCl）：8.32mL 浓盐酸加水定容至 1000mL；

⑦阴性对照液：取 2mL 阴性组织液，加入 6mL MSU 萃取缓冲液，混匀，室温下可保存 6h；

⑧阳性对照液：取 0.3mL MSU 多种抗生素标准溶液，加入 6mL 阴性组织液，混匀，取 2mL 混合溶液加入 6mL MSU 萃取缓冲液，混匀，室温下可保存 6h。

4. 仪器

液体闪烁计数仪，离心机，涡旋混合器，加热器，药片压杆等。

5. 分析步骤

（1）提取　称取 10g（精确至 0.1g）均质好的试样于 50mL 离心管，加入 30mL MSU 萃取缓冲溶液，涡旋振荡 5min；将离心管置（80±2）℃孵育 30min 后冰浴 10min，3300r/min 离心 10min；吸出上清液，待达到室温后检查 pH 是否为 7.5（可用 M2 缓冲液或 1mol/L 盐酸调节 pH），备用。

（2）测定　用压片压杆的平端将受体试剂片剂压入洁净的玻璃试管内，加 300μL 水，振荡 10s，移取 2.0mL 样品待测液或（阴性对照液或阳性对照液）到试管内，振荡 10s，上下

来回 10 次，（55±1）℃孵育 2min；取出试管，用压片压杆的平端压入［^{14}C］标记的青霉素 G 片剂，振荡 10s，上下来回 10 次，（55±1）℃孵育 2min；取出试管，3300r/min 离心 3min，弃去上清液；加 300μL 水并混匀，加入 3mL 闪烁液，盖上试管塞，涡旋混匀；将试管放入液体闪烁仪内，读［^{14}C］项的计数值。

（3）控制点的确定　筛选水平为 25μg/kg 时，称取 10g 均质好的同类空白组织样品，加入 0.25mL MSU 抗生素标准溶液，混匀，按步骤（1）和步骤（2）进行测定，测定 6 个非重复加标样品的计数值，计算平均值并乘以 1.2，即为筛选水平 25μg/kg 的控制点；当筛选水平>25μg/kg 时，可将样品测试液适当稀释后测定。

（4）结果判定

①当样品的计数值大于控制点时，判定为"阴性"；

②当样品的计数值小于或等于控制点时，应重新测定样品，且同时需要测定阴性对照液和阳性对照液。当样品的计数值大于控制点时，判定为"阴性"，小于或等于控制点时，判定为"初筛阳性"。

6. 注意事项

（1）本方法为初筛方法，阳性结果应用其他方法进行确证。

（2）在肉类和水产品中，本方法检测限以青霉素 G 计 β-内酰胺类药物（包括青霉素 G、氨苄西林、阿莫西林、氯唑西林、双氯西林、头孢噻呋）总量为 25μg/kg。

二、　磺胺类药物的测定

本文重点介绍 GB 29694—2013《食品安全国家标准　动物性食品中 13 种磺胺类药物多残留的测定　高效液相色谱法》中的高效液相色谱法。

1. 适用范围

适用于猪和鸡的肌肉和肝脏组织中的磺胺醋酰、磺胺吡啶、磺胺噁唑、磺胺甲基嘧啶、磺胺二甲基嘧啶、磺胺甲氧哒嗪、苯酰磺胺、磺胺间甲氧嘧啶、磺胺氯哒嗪、磺胺甲噁唑、磺胺异噁唑、磺胺二甲氧哒嗪和磺胺吡唑单个或多个药物残留量的检测。

2. 原理

试料中残留的磺胺类药物，用乙酸乙酯提取，0.1mol/L 盐酸溶液转换溶剂，正己烷除脂，MCX 柱净化，高效液相色谱-紫外检测法测定，外标法定量。

3. 试剂和材料

①乙酸乙酯（$C_4H_8O_2$，色谱纯），正己烷（C_6H_{14}）；

②1g/L 甲酸（HCOOH）溶液：取甲酸 1mL，用水溶解并稀释至 1000mL；

③1g/L 甲酸乙腈溶液：取 1g/L 甲酸 830mL，用乙腈（C_2H_3N）溶解并稀释至 1000mL；

④洗脱液：取氨水（$NH_3 \cdot H_2O$）5mL，用甲醇（CH_3OH）溶解并稀释至 100mL；

⑤0.1mol/L 盐酸（HCl）溶液：取盐酸 0.83mL，用水溶解并稀释至 100mL；

⑥0.5g/mL 甲醇乙腈溶液：取甲醇 50mL，用乙腈溶解并稀释至 100mL；

⑦100μg/mL 磺胺类药物混合标准储备液：精密称取磺胺类药物标准品（磺胺醋酰、磺胺吡啶、磺胺甲氧哒嗪、苯酰磺胺、磺胺间甲氧嘧啶、磺胺氯哒嗪、磺胺甲噁唑、磺胺异噁唑、磺胺二甲氧哒嗪、磺胺吡唑对照品：含量≥99%；磺胺噁唑、磺胺甲基嘧啶、磺胺二甲基嘧啶：含量≥98%）各 10mg，于 100mL 量瓶中，用乙腈溶解并稀释至刻度，配制成浓度

为 100μg/mL 的磺胺类药物混合标准储备液。-20℃ 以下保存，有效期 6 个月；

⑧10μg/mL 磺胺类药物混合标准工作液：精密量取 100μg/mL 磺胺类药物混合标准储备液 5.0mL，于 50mL 量瓶中，用乙腈稀释至刻度，配制成浓度为 10μg/mL 的磺胺类药物混合标准工作液。-20℃ 以下保存，有效期 6 个月；

⑨MCX 柱：60 mg/3mL，或相当者。

4. 仪器

高效液相色谱仪（配紫外检测器或二极管阵列检测器），天平（感量分别为 0.01g 和 0.00001g），涡动仪，离心机，均质机，旋转蒸发仪，氮吹仪，固相萃取装置。

5. 分析步骤

（1）提取　称取试料（5±0.05）g，于 50mL 聚四氟乙烯离心管中，加乙酸乙酯 20mL，涡动 2min，4000r/min 离心 5min，取上清液于 100mL 鸡心瓶中，残渣中加乙酸乙酯 20mL，重复提取一次，合并两次提取液。

（2）净化　鸡心瓶中加 0.1mol/L 盐酸溶液 4mL，于 40℃ 下旋转蒸发浓缩至少于 3mL，转至 10mL 离心管中。用 0.1mol/L 盐酸溶液 2mL 洗鸡心瓶，转至同一离心管中。再用正己烷 3mL 洗鸡心瓶，将正己烷转至同一离心管中，涡旋混合 30s，3000r/min 离心 5min，弃正己烷。再次用正己烷 3mL 洗鸡心瓶，转至同一离心管中，涡旋混合 30s，3000r/min 离心 5min，弃正己烷，取下层液备用。

MCX 柱依次用甲醇 2mL 和 0.1mol/L 盐酸溶液 2mL 活化，取备用液过柱，控制流速 1mL/min。依次用 0.1mol/L 盐酸溶液 1mL 和 50%甲醇乙腈溶液 2mL 淋洗，用洗脱液 4mL 洗脱，收集洗脱液，于 40℃ 氮气吹干，加 0.1%甲酸乙腈溶液 1.0mL 溶解残余物，滤膜过滤，供高效液相色谱测定。

（3）标准曲线的绘制　精密量取取 10μg/mL 磺胺类药物混合标准工作液适量，用 1g/L 甲酸 – 乙腈溶液稀释，配制成浓度为 10μg/L，50μg/L，100μg/L，250μg/L，500μg/L，2500μg/L 和 5000μg/L 的系列混合标准溶液，供高效液相色谱测定。以测得峰面积为纵坐标，对应的标准溶液浓度为横坐标，绘制标准曲线。求回归方程和相关系数。

（4）测定条件　色谱柱：ODS–3 C_{18}（250mm×4.5mm，5μm），或相当者；流动相：1g/L甲酸+乙腈，梯度洗脱程序（乙腈：17%，0～5.0min；17%～20%，5.0～10.0min；20%～40%，10.0～22.3min；40%～90%，22.3～22.4min；90%，22.4～30.0min；17%，31.0～48.0min）；流速 1mL/min；柱温 30℃；检测波长 270 nm；进样体积 100μL。

取试样溶液和相应的对照溶液，做单点或多点校准，按外标法，以峰面积计算。对照溶液及试样溶液中磺胺类药物响应值应在仪器检测的线性范围之内。在上述色谱条件下，对照溶液和试样溶液的高效液相色谱图见 GB 29694—2013 附录 A。除不加试料外，采用完全相同的步骤进行空白试验。

6. 分析结果计算

按式（11-3）计算：

$$X = \frac{C \times V}{m} \qquad (11-3)$$

式中　X——供试试料中相应的磺胺类药物的残留量，μg/kg；

　　　C——试样溶液中相应的磺胺类药物质量浓度，μg/mL；

V——溶解残余物所用 0.1%甲酸乙腈溶液体积，mL；

m——供试试料质量，g。

第四节 食品中主要真菌毒素的分析

真菌毒素（Mycotoxin）是真菌在食品或饲料里生长所产生的代谢产物，广泛存在于粮食、饲料和食品中。真菌毒素具有高效性、高稳定性、富集性、特异性、相加性、污染地域性、隐蔽性等特点，其可以通过饮食的方式进入人或动物体内，使人或动物急性或者慢性中毒，进而对机体肝脏、肾脏和神经组织造成损伤。真菌毒素造成中毒的最早记载是 11 世纪欧洲的麦角中毒。常见的产毒真菌主要有曲霉属（Aspergillus）、青霉属（Penicillium）、镰刀菌属（Fusarium）、交链孢霉属（Alternaria）等。目前，已经分离和鉴定出的真菌毒素有 400 多种，而在食品中最常见的真菌毒素主要有黄曲霉毒素、玉米赤霉烯酮、脱氧雪腐镰刀菌烯醇毒素等。

一、 黄曲霉毒素的测定

黄曲霉毒素是由黄曲霉菌与寄生曲霉菌代谢产生的双呋喃环类毒素，该类毒素广泛分布于自然界中，其中玉米和花生检出率最高。根据黄曲霉毒素在 365nm 下呈现荧光不同，分为 B 和 G 两族，其中 B 族被认为是主要的有毒物质。黄曲霉毒素能够引起人体急性或慢性中毒，且以肝中毒为主。该类物质具有极强的致癌性，同时也能引起免疫抑制。本文重点介绍 GB 5009.22—2016《食品安全国家标准 食品中黄曲霉毒素 B 族和 G 族的测定》中黄曲霉毒素 B_1（AFT B_1）的测定方法——酶联免疫吸附筛查法。

1. 适用范围

适用于谷物及其制品、豆类及其制品、坚果及籽类、油脂及其制品、调味品、婴幼儿配方食品和婴幼儿辅助食品中 AFT B_1 的测定。

2. 原理

试样中的 AFT B_1 用甲醇水溶液提取，经均质、涡旋、离心（过滤）等处理获取上清液。被辣根过氧化物酶标记或固定在反应孔中的 AFT B_1，与试样上清液或标准品中的 AFT B_1 竞争性结合特异性抗体。在洗涤后加入相应显色剂显色，经无机酸终止反应，于 450nm 或 630nm 波长下检测。样品中的 AFT B_1 与吸光度在一定浓度范围内成反比。

3. 试剂和材料

按照试剂盒说明书所述，配制所需溶液。

4. 仪器

微孔板酶标仪（带 450nm 与 630nm 滤光片），研磨机，振荡器，天平（感量为 0.01g），离心机，试剂盒所要求的仪器等。

5. 分析步骤

（1）试样前处理 液态样品（油脂和调味品）取 100g 待测样品摇匀，称取 5.0g 样品于 50mL 离心管中，加入试剂盒所要求提取液，按照试纸盒说明书所述方法进行检测；固态样品（谷物、坚果和特殊膳食用食品）称取至少 100g 样品，用研磨机粉碎后过 1~2mm 孔径试验筛。取 5.0g 样品于 50mL 离心管中，加入试剂盒所要求提取液，按照试纸盒说明书所述方法进行检测。

（2）样品检测　按照酶联免疫试剂盒所述操作步骤对待测试样（液）进行定量检测。

（3）标准曲线的绘制　按照试剂盒说明书提供的计算方法或者计算机软件，根据标准品浓度与吸光度变化关系绘制标准工作曲线。

6. 分析结果计算

按照试剂盒说明书提供的计算方法以及计算机软件，将待测液吸光度代入标准曲线公式，计算得待测液浓度，再按式（11-4）计算：

$$X = \frac{\rho \times V \times f}{m} \tag{11-4}$$

式中　X——试样中 AFT B$_1$ 的含量，$\mu g/kg$；

　　　ρ——待测液中 AFT B$_1$ 的质量浓度，$\mu g/L$；

　　　V——提取液体积（固态样品为加入提取液体积，液态样品为样品和提取液总体积），L；

　　　f——在前处理过程中的稀释倍数；

　　　m——试样的称样量，kg。

二、玉米赤霉烯酮的测定

玉米赤霉烯酮主要存在玉米、小麦、大米等谷物中，分离自赤霉病的玉米中。该类毒素具有雌激素样作用，能够引起动物急慢性中毒、繁殖障碍甚至死亡。本文重点介绍 GB 5009.209—2016《食品安全国家标准　食品中玉米赤霉烯酮的测定》中的液相色谱法。

1. 适用范围

适用于粮食和粮食制品，酒类，酱油、醋、酱及酱制品，大豆、油菜籽、食用植物油中玉米赤霉烯酮的测定。

2. 原理

用乙腈溶液提取试样中的玉米赤霉烯酮，经免疫亲和柱净化后，用高效液相色谱荧光检测器测定，外标法定量。

3. 试剂和材料

①提取液：乙腈（CH_3CN）–水（9+1）；

②PBS 清洗缓冲液：称取 8.0g 氯化钠（NaCl）、1.2g 磷酸氢二钠（Na_2HPO_4）、0.2g 磷酸二氢钾（KH_2PO_4）、0.2g 氯化钾（KCl），用 990mL 水将上述试剂溶解，用盐酸（HCl）调节 pH 7.0，用水定容至 1L；

③PBS/吐温 20 缓冲液：称取 8.0g 氯化钠、1.2g 磷酸氢二钠、0.2g 磷酸二氢钾、0.2g 氯化钾，用 900mL 水将上述试剂溶解，用盐酸调节 pH 7.0，加入 1mL 吐温 20（$C_{58}H_{114}O_{26}$），用水定容至 1L；

④标准储备液：准确称取适量的玉米赤霉烯酮标准品（$C_{18}H_{22}O_5$，纯度≥98.0%）（精确至 0.0001g），用乙腈溶解，配制成浓度为 100$\mu g/mL$ 的标准储备液，-18℃ 以下避光保存；

⑤系列标准工作液：根据需要准确吸取适量标准储备液，用流动相稀释，配制成

10ng/mL，50ng/mL，100ng/mL，200ng/mL 和 500ng/mL 的系列标准工作液，4℃避光保存；

⑥玉米赤霉烯酮免疫亲和柱：柱规格 1mL 或 3mL，柱容量≥1500ng，或等效柱；

⑦玻璃纤维滤纸：直径 11cm，孔径 1.5μm，无荧光特性。

4. 仪器

高效液相色谱仪（配有荧光检测器），高速粉碎机（转速≥12000r/min），均质器（转速≥12000r/min），高速均质器（转速 18000～22000r/min），氮吹仪，空气压力泵，天平（感量分别为 0.01g 和 0.0001g）。

5. 分析步骤

（1）提取

①粮食和粮食制品：称取 40.0g 粉碎试样（精确至 0.1g）于均质杯中，加入 4g 氯化钠和 100mL 提取液，以均质器高速搅拌提取 2min，定量滤纸过滤。移取 10.0mL 滤液加入40mL 水稀释混匀，经玻璃纤维滤纸过滤至滤液澄清，滤液备用。

②酱油、醋、酱及酱制品：称取 25.0g（精确至 0.1g）混匀的试样，用乙腈定容至100.0mL，超声提取 2min，定量滤纸过滤。移取 10.0mL 滤液并加入 40mL 水稀释混匀，经玻璃纤维滤纸过滤至滤液澄清，滤液备用。

③大豆、油菜籽、食用植物油：准确称取试样 40.0g（准确到 0.1g）（大豆需要磨细且粒度≤2mm）于均质杯中，加入 4.0g 氯化钠和 100mL 提取液，以高速均质器高速搅拌提取1min，定量滤纸过滤。移取 10.0mL 滤液并加入 40mL 水稀释，经玻璃纤维滤纸过滤至滤液澄清，滤液备用。

④酒类：取脱气酒类试样（含二氧化碳的酒类使用前先置于 4℃冰箱冷藏 30min，过滤或超声脱气）或其他不含二氧化碳的酒类试样 20.0g（精确至 0.1g）于 50mL 容量瓶中，用乙腈定容至刻度，摇匀。移取 10.0mL 滤液并加入 40mL 水稀释混匀，经玻璃纤维滤纸过滤至滤液澄清，滤液备用。

（2）净化

①粮食和粮食制品：将免疫亲和柱连接于玻璃注射器下，准确移取 10.0mL（相当于0.8g 样品）中的滤液，注入玻璃注射器中。将空气压力泵与玻璃注射器连接，调节压力使溶液以 1～2 滴/s 的流速缓慢通过免疫亲和柱，直至有部分空气进入亲和柱中。用 5mL 水淋洗柱子 1 次，流速为 1～2 滴/s，直至有部分空气进入亲和柱中，弃去全部流出液。准确加入1.5mL 甲醇洗脱，流速约为 1 滴/s。收集洗脱液于玻璃试管中，于 55℃以下氮气吹干后，用1.0mL 流动相溶解残渣，供液相色谱测定。

②酱油、醋、酱及酱制品，酒类：同①操作至"有部分空气进入亲和柱中"。依次用10mL PBS 清洗缓冲液和 10mL 水淋洗免疫亲和柱，流速为 1～2 滴/s，直至空气进入亲和柱中，弃去全部流出液。准确加入 1.0mL 甲醇洗脱，流速约为 1 滴/s。收集洗脱液于玻璃试管中，于 55℃以下氮气吹干后，用 1.0mL 流动相溶解残渣，供液相色谱测定。

③大豆、油菜籽、食用植物油：同①操作至"有部分空气进入亲和柱中"。依次用 10mLPBS/吐温 20 缓冲液和 10mL 水淋洗免疫亲和柱，流速为 1～2 滴/s，直至空气进入亲和柱中，弃去全部流出液。准确加入 1.5mL 甲醇洗脱，流速约为 1 滴/s。收集洗脱液于干净的玻璃试管中，于 55℃以下氮气吹干，用 1.0mL 流动相溶解残渣，供液相色谱测定。

④不称取试样，按①和②的步骤做空白试验。

（3）测定条件

①仪器参考条件：色谱柱：C_{18}柱（4.6mm×150mm，4μm），或等效柱；流动相：乙腈-水-甲醇（46∶46∶8）；流速：1.0mL/min 检测波长：激发波长274nm，发射波长440nm；进样量100μL；柱温：室温。

②标准曲线的绘制：将系列玉米赤霉烯酮标准工作液按浓度从低到高依次注入高效液相色谱仪，得到相应的峰面积；以目标物质的浓度为横坐标，目标物质的峰面积为纵坐标绘制标准曲线。

③待测溶液的测定：将待测试样溶液注入高效液相色谱仪，得到玉米赤霉烯酮的峰面积。由标准曲线得到试样溶液中玉米赤霉烯酮的浓度。

6. 分析结果计算

按式（11-5）计算：

$$X = \frac{\rho \times V \times 1000}{m \times 1000} \times f \tag{11-5}$$

式中　X——试样中玉米赤霉烯酮的含量，μg/kg；

　　　ρ——试样测定液中玉米赤霉烯酮的质量浓度，ng/mL；

　　　V——试样测定液的最终定容体积，mL；

　　　m——试样的称样量，g；

　　　f——稀释倍数；

　　　1000——单位换算系数。

三、 脱氧雪腐镰刀菌烯醇的测定

脱氧雪腐镰刀菌烯醇（DON）又称呕吐毒素，主要存在于小麦、玉米等谷物中，在食品中检出率极高。该类毒素能够对机体免疫系统及消化系统造成损害，且具有遗传毒性。本文重点介绍 GB 5009.111—2016《食品安全国家标准　食品中脱氧雪腐镰刀菌烯醇及其乙酰化衍生物的测定》中的薄层色谱法。

1. 适用范围

适用于谷物及其制品中脱氧雪腐镰刀菌烯醇的测定。

2. 原理

试样中的脱氧雪腐镰刀菌烯醇经提取、净化、浓缩和硅胶 G 薄层展开后，加热薄层展开后加热薄层板。由于在制备薄层板时加入了三氯化铝，使脱氧雪腐镰刀菌烯醇在 365nm 紫外光灯下显蓝色荧光，与标准比较。

3. 试剂和材料

①三氯甲烷（$CHCl_3$），无水乙醇（C_2H_5OH），甲醇（CH_3OH），石油醚（C_nH_{2n+2}），乙酸乙酯（$CH_3COOCH_2CH_3$），乙腈（CH_3CN），丙酮（CH_3COCH_3），异丙醇（$CH_3CH_2OHCH_3$），乙醚（$CH_3CH_2OCH_2CH_3$），氯化铝（$AlCl_3 \cdot 6H_2O$），硅胶 G；

②中性氧化铝（Al_2O_3）：经 300℃ 活化 4h，置干燥器中备用；

③活性炭：20g 活性炭，用 3mol/L 盐酸（HCl）溶液浸泡过夜，抽滤后用热蒸馏水洗至无氯离子，在 120℃ 烘干备用；

④25μg/mL 标准储备溶液：称取脱氧雪腐镰刀菌烯醇（$C_{15}H_{20}O_6$，纯度≥99%）5.0mg

（准确到 0.1mg），加乙酸乙酯-甲醇（19+1）溶解，转入 10mL 容量瓶中，并定容至 10mL。吸取此溶液 0.5mL，用乙酸乙酯-甲醇（19+1）稀释至 10mL；

⑤玻璃板、展开槽等。

4. 仪器

小型粉碎机，电动振荡器，层析柱（内径 2cm，长 10cm，不具活塞），紫外光灯（365nm），双波长薄层扫描仪（带数据处理机）等。

5. 分析步骤

（1）试样提取　称取 20g 粉碎试样置于 200mL 具塞锥瓶中，加 8mL 和 100mL 三氯甲烷-无水乙醇（8+2），密塞。在瓶塞上涂层水，盖严防漏，振荡 1h，通过折叠快速定性滤纸过滤，取 25mL 滤液于 75mL 玻璃蒸发皿中，置 90℃水浴上通风挥干。

（2）净化

①谷物：用 50mL 石油醚分次溶解蒸发皿中的残渣，洗入 100mL 分液漏斗中，再用 20mL（玉米试样用 30mL）甲醇-水（4+1）分次洗涤蒸发皿，转入同一分液漏斗中；如果是谷物制品（蛋糕、饼干、面包等），用 100mL 石油醚分次溶解蒸发皿中的残渣，洗入 250mL 分液漏斗中，再用 30mL 甲醇-水（4+1）分次洗涤蒸发皿，转入同一分液漏斗中。振荡分液漏斗 1.5min，静置约 15min 使分层后，将下层甲醇-水提取液过柱净化，不要将两相交界处的白色絮状物放入柱内。

②小麦及其制品：在层析柱下端与小管联结处塞约 0.1g 脱脂棉，尽量塞紧，先装入 0.5g 中性氧化铝，敲平表面，再加 0.4g 活性炭，敲紧。将层析柱下端小管插入一橡皮塞，塞在抽滤瓶上，抽滤瓶中放一平底管接受过柱液，将抽滤瓶接上水泵或真空泵，稍稍开启泵，使活性炭压紧，将分液漏斗中的甲醇-水提取液小心地沿管壁加入柱内，控制流速为 18~20 滴/15s（3mL/min），甲醇-水提取液过柱快完毕时，加入 10mL 甲醇-水（4+1）淋洗柱，抽滤，直至柱内不再有液体流出。过柱速度控制在 2~3mL/min，速度太快净化效果不好，太慢耗时太长。玉米处理方式同小麦，只是将活性炭的用量改为 0.3g。

（3）制备薄层层析用样液　将过柱后的洗脱液倒入 75mL 玻璃蒸发皿中，用少量甲醇-水（4+1）洗涤平底管。将蒸发皿置沸水浴上浓缩至干：

①小麦：趁热加入 3mL 乙酸乙酯，加热至沸，在水浴锅上轻轻地反复转动蒸发皿数次，使充分沸腾将残渣中的 DON 溶出，并将乙酸乙酯挥发至干，再加 3mL 乙酸乙酯同样处理一次，将溶剂挥干，最后加 3mL 乙酸乙酯，加热至沸，放冷至室温后转入浓缩瓶中，再用 3 份 1.5mL 乙酸乙酯洗涤蒸发皿，并入浓缩瓶中。

②小麦制品和玉米：趁热加入 3mL 乙酸乙酯，加热至沸，在水浴锅上轻轻反复地转动蒸发皿数次，使充分沸腾，将残渣中 DON 溶出，放冷至室温后转入浓缩瓶中。加约 0.5mL 甲醇-丙酮（1+2）于蒸发皿中，用玻璃搅动溶解残渣，将蒸发皿置水浴锅上挥干溶剂后，加入 3mL 乙酸乙酯，加热至沸，转动蒸发皿，使充分沸腾，放冷至室温后转入同一浓缩瓶中，再用 0.5mL 甲醇-丙酮（1+2）和 3mL 乙酸乙酯同样处理一次，乙酸乙酯提取液并入浓缩瓶中。

将浓缩瓶置约 95℃水浴锅上，用蒸汽加热吹氮气浓缩至干，放冷至室温后加入 0.2mL 三氯甲烷-乙腈（4+1）溶解残渣留作薄层层析用。

（4）测定

①薄层板的制备：4g 硅胶 G 加约 9mL 15%氯化铝水溶液，研磨约 2min 至呈黏稠状，铺

成 5cm×20cm 的薄层板三块，置室温干燥后，于 105℃活化 1h，储于干燥器中备用。

②点样：在每块薄层板上距下端 2.5cm 的基线上点样。第一块板：对每一个试样先点第一块薄层板，在距板左边缘 1.8cm 处点 25μL 试样液，在距板上端 1.5cm 处的横线上并与基线试样点相对应的位置上点 2μL DON 标准液（50ng）。第二块板：在第一块板上未显荧光的试样则需在第二块薄层板上距左边缘 0.8~1cm 处滴加样液点（根据情况估计滴加量，或稀释后定量），在距板左边缘 2cm 处和在距右边缘 1.2cm 处分别滴加两个标准点，DON 的量可为 50ng，75ng 和 100ng。再在距板上端 1.5cm 处的横线上点三个 DON 标准点（各 50ng），使之与基线上的三个点相对应。

③展开：横展剂：乙醚、乙醚-丙酮（95：5）或无水乙醚，任选其中一种，使试样 DON 点偏离原点 0.7~1cm，刚好与杂质荧光分开。纵展剂：三氯甲烷-丙酮-异丙醇（8：1：1），三氯甲烷-丙酮-异丙醇-水（7.5：1：1.5：0.1）。

横展：在展开槽内倒入 10mL 横展剂。将点好样的薄层板靠样液点的长边斜浸入溶剂，展至板端 1~2min，取出通风挥干 3min。对小麦制品还须再用 10mL 石油醚（30~60℃）横展一次，展至板端过 1min，取出通风挥干 5min。

纵展：在展开槽内倒入 10mL 纵展剂。将横展挥干后的薄层板置展开槽内纵展 15cm，取出通风挥干 10min，由于 DON 与杂质分离的效果受空气湿度影响较大，当第一块薄层板的试样点附近有杂质荧光干扰时，可按极性大小依次换用以下几种展开方式：a. 三氯甲烷-丙酮-异丙醇（8：1：1）；b. 三氯甲烷-丙酮-异丙醇（8：1：1）并在展开槽盖内面贴上水饱和的滤纸；c. 三氯甲烷-丙酮-异丙醇-水（7.5：1：1.5：0.1）；d. 三氯甲烷-丙酮-异丙醇-水（7.5：1：1.5：0.1）并在展开槽内面贴上水饱和的滤纸。改换纵展方式，展开第二块薄层板。如展开槽内极性太大，会使 DON 点变偏。

④显荧光：先观察未加热的薄层板可见到显蓝紫荧光的干扰点，这时 DON 不显荧光，加热薄层板后杂质点仍显荧光，它在 DON 荧光点附近，但不干扰 DON。然后将此薄层板置 130℃烘箱中加热 7~10min，取出放在冷的表面上 1~5min 后于 365nm 紫外光灯下观察。

⑤观察与评定：薄层板经横展后，板上样液点的 DON 点移动 0.7~1.0cm，正是根据这一点在纵展后使样品 DON 点摆脱了杂质荧光的干扰。薄层板上端未经纵展的三个 DON 标准点可分别作为纵展后样品 DON 点和两个 DON 标准点的横向定位点。样品 DON 点又可与纵展后的 DON 标准点比较 R_f 值而定性。这样从横向和纵向两个方面确定样品 DON 的位置，达到定性的目的。在第一块薄层板上如样品 DON 点上有很浅的斜的荧光通过，这是过柱时没有掌握好速度，净化不够，也可能是空气湿度的变化，影响分离效果，但两个标准 DON 点的位置上均无杂质荧光干扰。如在第一块薄层板上样液未显荧光点，而在第二块薄层板上样液 25μL 加标准 25ng 所显荧光强度与标准 25ng 相等，则样品中 DON 含量为阴性或为 50μg/kg 以下。阳性样品概略定量时，虽然薄层板上三个 DON 点在横展中都稍有移动，但对各点荧光强度无影响，两个标准点均可用于和样品 DON 点比较荧光强度。

⑥薄层光密度计测定：激发光波长 340nm、发射光波长 400nm。在薄层板上标准 DON 荧光点，至少在 100ng，200ng 和 400ng 时，测得的响应与 DON 的量才呈线性关系。对 DON 含量在 300μg/kg 以上的样品才用光密度计测定。当 DON 含量在 300μg/kg 时，点样液 20μL 使测得的 DON 的量落在 100~200ng。用薄层扫描仪测定时，每块薄层板上滴加两个标准 DON 点，DON 的量为 100ng，200ng 或 200ng，400ng。在激发波长 340nm，发射波长 400nm 条件

下进行测定，以测得的峰面积值为纵坐标，DON 量为横坐标，绘制标准曲线。

6. 分析结果计算

按式（11-6）计算：

$$X = \frac{C \times V_1 \times f \times 1000}{V_2 \times m \times 1000}$$

(11-6)

式中 X——试样中 DON 的含量，μg/kg；

    C——薄层板上测得样品点上 DON 的质量，ng；

    V_1——加入三氯甲烷-乙腈混合液溶解残渣的体积，mL；

    V_2——滴加样液的体积，mL；

    f——样液的总稀释倍数；

    m——三氯甲烷-乙腈混合液溶解残渣相当样品的质量，g；

  1000——单位换算系数。

第五节　食品中重要有毒物质的分析

食品中的有毒物质分为内源性和外源性。内源性的有毒物质是食品原料在其自身的代谢过程中产生，如生物碱、蛇毒素、河鲀毒素等。这一类有毒物质通过食品原料的预处理和后续加工等方式可以消除。外源性的有毒物质则是通过食品加工过程和方式产生或添加进入食品。这一类有毒物质容易通过食物链富集，最终进入人体，产生的危害更大。食品中常见的外源性有毒物质主要包括多氯联苯（PCBs）、苯并（α）芘、杂环胺、丙烯酰胺、氯丙醇（3-MCPD）、N-硝基类化合物等。因此，采取有效的检测手段对食品中可能会出现的上述有毒物质进行监测就显得尤为重要。

一、 丙烯酰胺的测定

食品中的丙烯酰胺主要来源于高温烹炸制品，如炸薯条、烘焙类制品等。2002 年，丙烯酰胺首次被从油炸薯条、谷物、面包中检出。之后人们发现，氨基酸及还原性糖在高温过程中（>120℃）的美拉德反应是促使丙烯酰胺形成的主要途径。丙烯酰胺主要引起摄入者神经毒性，流行病学研究也表明某些癌症的发生与丙烯酰胺的摄入具有一定相关性。食品中丙烯酰胺的测定方法主要有液相色谱-质谱/质谱法和气相色谱-质谱法，本文重点介绍 GB 5009. 204—2014《食品安全国家标准　食品中丙烯酰胺的测定》中基于稳定性同位素稀释技术的液相色谱-质谱/质谱法。

1. 适用范围

适用于热加工（如煎、炙烤、焙烤等）食品中丙烯酰胺的测定。

2. 原理

应用稳定性同位素稀释技术，在试样中加入 $^{13}C_3$ 标记的丙烯酰胺内标溶液，以水为提取溶剂，经过固相萃取柱或基质固相分散萃取净化后，以液相色谱-质谱/质谱的多反应离子监测（MRM）或选择反应监测（SRM）进行检测，内标法定量。

3. 试剂和材料

①正己烷（n-C_6H_{14}），乙酸乙酯（$CH_3COOC_2H_5$）：重蒸后使用；

②无水硫酸钠（Na_2SO_4）：400℃，烘烤4h；

③硫酸铵［$(NH_4)_2SO_4$］，硅藻土：Extrelut™20或相当产品；

④1000mg/L丙烯酰胺标准储备溶液：准确称取丙烯酰胺标准品（$CH_2CHCONH_2$，纯度>99%），用甲醇（CH_3OH，色谱纯）溶解并定容，置-20℃冰箱中保存；

⑤100mg/L丙烯酰胺中间溶液：移取丙烯酰胺标准储备溶液1mL，加甲醇稀释至10mL，置-20℃冰箱中保存；

⑥10mg/L丙烯酰胺工作溶液Ⅰ：移取丙烯酰胺中间溶液1mL，用1g/L甲酸（HCOOH，色谱纯）溶液稀释至10mL，临用时配制；

⑦1mg/L丙烯酰胺工作溶液Ⅱ：移取丙烯酰胺工作溶液Ⅰ1mL，用1g/L甲酸溶液稀释至10mL，临用时配制；

⑧1000mg/L $^{13}C_3$-丙烯酰胺内标储备溶液：准确称取$^{13}C_3$-丙烯酰胺标准品（$^{13}CH_2$ $^{13}CH^{13}CONH_2$，纯度>98%），用甲醇溶解并定容，置-20℃冰箱保存；

⑨10mg/L内标工作溶液：移取内标储备溶液1mL，用甲醇稀释至100mL，置-20℃冰箱保存；

⑩标准曲线工作溶液：取6个10mL容量瓶，分别移取0.1mL，0.5mL和1mL的1mg/L丙烯酰胺工作溶液Ⅱ和0.5mL，1mL，3mL的10mg/L丙烯酰胺工作溶液Ⅰ与0.1mL 10mg/L内标工作溶液，用1g/L甲酸溶液稀释至刻度。标准系列溶液中丙烯酰胺的浓度分别为10μg/L，50μg/L，100μg/L，500μg/L，1000μg/L和3000μg/L，内标浓度为100μg/L（临用时配制）；

⑪HLB固相萃取柱（6mL、200mg，或相当产品）；Bond Elut-Accucat固相萃取柱（3mL、200mg，或相当产品）；玻璃层析柱（柱长30cm，柱内径1.8cm）。

4. 仪器

液相色谱-质谱/质谱联用仪（LC-MS/MS），组织粉碎机，旋转蒸发仪，氮气浓缩器，振荡器，涡旋混合器，超纯水装置，天平（感量为0.0001g），离心机。

5. 分析步骤

（1）样品提取　取50g试样，经粉碎机粉碎，-20℃冷冻保存。准确称取试样1~2g（精确至0.001g），加入10mg/L $^{13}C_3$-丙烯酰胺内标工作溶液10μL（或20μL），相当于100ng（或200ng）的$^{13}C_3$-丙烯酰胺内标，再加入超纯水10mL，振摇30min后，于4000r/min离心10min，取上清液待净化。

（2）样品净化

①基质固相分散萃取：在试样提取的上清液中加入硫酸铵15g，振荡10min，使其充分溶解，于4000r/min离心10min，取上清液10mL，备用。如上清液不足10mL，则用饱和硫酸铵补足。取洁净玻璃层析柱，在底部填少许玻璃棉并压紧，依次填装10g无水硫酸钠、2g硅藻土。称取5g硅藻土Extrelut™20与上述试样上清液搅拌均匀后，装入层析柱中。用70mL正己烷淋洗，控制流速为2mL/min，弃去正己烷淋洗液。用70mL乙酸乙酯洗脱丙烯酰胺，控制流速为2mL/min，收集乙酸乙酯洗脱溶液，并在45℃水浴中减压旋转蒸发至近干，用乙酸乙酯洗涤蒸发瓶残渣三次（每次1mL），并将其转移至已加入1mL 1g/L甲酸溶液的试管中，

涡旋振荡。在氮气流下吹去上层有机相后，加入 1mL 正己烷，涡旋振荡，于 3500r/min 离心
5min，取下层水相经 0.22μm 水相滤膜过滤，待 LC-MS/MS 测定。

②固相萃取柱净化：在试样提取的上清液中加入 5mL 正己烷，振荡萃取 10min，于
10000r/min 离心 5min，除去有机相，再用 5mL 正己烷重复萃取一次，迅速取水相 6mL 经
0.4μm 水相滤膜过滤，待进行 HLB 固相萃取柱净化处理。HLB 固相萃取柱使用前依次用 3mL
甲醇、3mL 水活化。取上述滤液 5mL 上 HLB 固相萃取柱，收集流出液，并用 4mL 80%的甲
醇水溶液洗脱，收集全部洗脱液，并与流出液合并待进行 Bond Elut-Accucat 固相萃取柱净
化；Bond Elut-Accucat 固相萃取柱依次用 3mL 甲醇、3mL 水活化后，将 HLB 固相萃取柱净
化的全部洗脱液上样，在重力作用下流出，收集全部流出液，在氮气流下将流出液浓缩至近
干，用 0.1%甲酸溶液定容至 1.0mL，待 LC-MS/MS 测定。

上述样品净化方法任选一种即可。

（3）测定条件

①色谱条件：色谱柱为 Atlantis C$_{18}$柱（2.1mm×150mm、5μm）或等效柱；预柱：C$_{18}$保
护柱（2.1mm×30mm、5μm）或等效柱；流动相：甲醇/0.1%甲酸（10：90，体积分数）；
流速 0.2mL/min；进样体积 25μL；柱温 26℃。

②质谱参数：

a. 三重四极串联质谱仪检测方式：多反应离子监测（MRM）；电离方式：阳离子电喷雾
电离源（ESI+）；毛细管电压 3500V；锥孔电压：40V；射频透镜 1 电压 30.8V；离子源温度
80℃；脱溶剂气温度 300℃；离子碰撞能量 6eV；丙烯酰胺：母离子 m/z 72、子离子 m/z 55、
子离子 m/z 44；^{13}C$_3$ 丙烯酰胺：母离子 m/z 75、子离子 m/z 58、子离子 m/z 45；定量离子：
丙烯酰胺为 m/z 55，^{13}C$_3$ 丙烯酰胺为 m/z 58。

b. 离子阱串联质谱仪检测方式：选择反应离子监测（SRM）；电离方式：阳离子电喷雾
电离源（ESI+）；喷雾电压 5000V；加热毛细管温度 300℃。鞘气：N$_2$，40Arb；辅助气：N$_2$，
20Arb；碰撞诱导解离（CID）：10V；碰撞能量：40V；丙烯酰胺：母离子 m/z 72、子离子
m/z 55、子离子 m/z 44；^{13}C$_3$ 丙烯酰胺：母离子 m/z 75、子离子 m/z 58、子离子 m/z 45；定量
离子：丙烯酰胺为 m/z 55，^{13}C$_3$ 丙烯酰胺为 m/z 58。

（4）标准曲线的绘制　将标准系列工作液分别注入液相色谱-质谱/质谱系统，测定相应
的丙烯酰胺及其内标的峰面积，以各标准系列工作液的丙烯酰胺进样浓度（μg/L）为横坐
标，以丙烯酰胺（m/z 55）和^{13}C$_3$丙烯酰胺内标（m/z 58）的峰面积比为纵坐标，绘制标准
曲线。

（5）试样溶液的测定　将试样溶液注入液相色谱-质谱/质谱系统中，测得丙烯酰胺
（m/z 55）和^{13}C$_3$丙烯酰胺内标（m/z 58）的峰面积比，根据标准曲线得到待测液中丙烯酰胺
进样浓度（μg/L），平行测定次数≥2 次。

（6）质谱分析　分别将试样和标准系列工作液注入液相色谱-质谱/质谱仪中，记录总离
子流图和质谱图及丙烯酰胺和内标的峰面积，以保留时间及碎片离子的丰度定性，要求所检
测的丙烯酰胺色谱峰信噪比（S/N）>3，被测试样中目标化合物的保留时间与标准溶液中目
标化合物的保留时间一致，同时被测试样中目标化合物的相应监测离子丰度比与标准溶液中
目标化合物的色谱峰丰度比一致。

6. 分析结果计算

按式（11-7）计算：

$$X = \frac{A \times f}{M} \tag{11-7}$$

式中　X——试样中丙烯酰胺的含量，$\mu g/kg$；

$\quad\quad$ A——试样中丙烯酰胺（m/z 55）色谱峰与$^{13}C_{13}$丙烯酰胺内标（m/z 58）色谱峰的峰面积比值对应的丙烯酰胺质量，ng；

$\quad\quad$ f——试样中内标加入量的换算因子（内标为$10\mu L$时$f=1$或内标为$20\mu L$时$f=2$）；

$\quad\quad$ M——加入内标时的取样量，g。

二、 N-亚硝胺类化合物的测定

食品中N-亚硝胺化合物主要来源于熏、腌制品，如熏肉、咸鱼、腊肉等食品，研究表明，90%的N-亚硝基化合物具有强致癌性。食品中N-亚硝胺化合物的测定方法主要有气相色谱-质谱法和气相色谱-热能分析仪法，本节重点介绍 GB 5009.26—2016《食品安全国家标准　食品中N-亚硝胺类化合物的测定》中的气相色谱-质谱法。

1. 适用范围

适用于肉及肉制品、水产动物及其制品中N-二甲基亚硝胺含量的测定。

2. 原理

试样中的N-亚硝胺类化合物经水蒸气蒸馏和有机溶剂萃取后，浓缩至一定体积，采用气相色谱-质谱联用仪进行确认和定量。

3. 试剂和材料

①无水硫酸钠（Na_2SO_4），氯化钠（NaCl，优级纯），无水乙醇（C_2H_5OH）；

②硫酸（H_2SO_4）溶液（1+3）：量取30mL硫酸，缓缓倒入90mL冷水中，一边搅拌使其充分散热，冷却后小心混匀；

③1mg/mL 和 1μg/mL N-亚硝胺（$C_2H_6N_2O$，纯度$\geqslant$98.0%）标准溶液：用二氯甲烷（CH_2Cl_2，色谱纯）配制。

4. 仪器

气相色谱-质谱联用仪，旋转蒸发仪，全玻璃水蒸气蒸馏装置或等效的全自动水蒸气蒸馏装置，氮吹仪，制冰机，天平（感量分别为0.01g 和 0.0001g）。

5. 分析步骤

（1）试样制备

①提取：准确称取200g（精确至0.01g）试样，加入100mL水和50g氯化钠于蒸馏管中，充分混匀，检查气密性。在500mL平底烧瓶中加入100mL二氯甲烷及少量冰块用以接收冷凝液，冷凝管出口伸入二氯甲烷液面下，并将平底烧瓶置于冰浴中，开启蒸馏装置加热蒸馏，收集400mL冷凝液后关闭加热装置，停止蒸馏。

②萃取净化：在盛有蒸馏液的平底烧瓶中加入20g氯化钠和3mL的硫酸（1+3），搅拌使氯化钠完全溶解。然后将溶液转移至500mL分液漏斗中，振荡5min，必要时放气，静置分层后，将二氯甲烷层转移至另一平底烧瓶中，再用150mL二氯甲烷分三次提取水层，合并4次二氯甲烷萃取液，总体积约为250mL。

③浓缩：将二氯甲烷萃取液用 10g 无水硫酸钠脱水后进行旋转蒸发，于 40℃水浴上浓缩至 5~10mL 改氮吹，并准确定容至 1.0mL，摇匀后待测定。

（2）测定条件

①气相色谱条件：毛细管气相色谱柱：INNOWAX 石英毛细管柱 6.25mm × 30m，0.25μm；进样口温度 220℃；程序升温条件（初始柱温 40℃，以 10℃/min 的速率升至 80℃，以 1℃/min 的速率升至 100℃，再以 20℃/min 的速率升至 240℃，保持 2min）；载气为氦气；流速 1.0mL/min；进样方式：不分流进样；进样体积 1.0μL。

②质谱条件：选择离子检测。9.9min 开始扫描 N-二甲基亚硝胺，选择离子为 15.0，42.0，43.0，44.0，74.0；电子轰击离子化源（EI），电压 70eV；离子化电流 300μA；离子源温度 230℃；接口温度 230℃；离子源真空度 1.33×10^{-4}Pa。

（3）标准曲线的绘制　分别准确吸取 N-亚硝胺的混合标准储备液（1μg/mL）配制标准系列的浓度为 0.01μg/mL，0.02μg/mL，0.05μg/mL，0.1μg/mL，0.2μg/mL 和 0.5μg/mL 的混合标准系列溶液，进样分析，用峰面积对浓度进行线性回归，表明在给定的浓度范围内 N-亚硝胺呈线性，回归方程中 y 为峰面积，x 为浓度（μg/mL）。

（4）试样溶液的测定　将试样溶液注入气相色谱-质谱联用仪中，得到某一特定监测离子的峰面积，根据标准曲线计算得试样溶液中 N-二甲基亚硝胺（μg/mL）。

6. 分析结果计算

按式（11-8）计算：

$$X = \frac{h_1}{h_2} \times \rho \times \frac{V}{m} \times 1000 \tag{11-8}$$

式中　X——试样中 N-二甲基亚硝胺的含量，μg/kg 或 μg/L；

h_1——浓缩液中该某 N-亚硝胺化合物的峰面积；

h_2——N-亚硝胺标准的峰面积；

ρ——标准溶液中 N-亚硝胺化合物的质量浓度，μg/mL；

V——试液（浓缩液）的体积，mL；

m——试样的质量或体积，g 或 mL；

1000——单位换算系数。

三、 多氯联苯的测定

多氯联苯（PCBs）又称氯化联苯，是联苯苯环上的氢被氯取代而形成的多氯化合物。PCBs 是食品包装用油墨产品中的一种添加剂，当其与食品直接或间接接触时，易通过油脂、酒精等介质向食品中迁移，危害食品安全。同时，PCBs 对脂肪具有很强的亲和性，容易在生物体脂肪层和脏器堆积，几乎不能被排出或降解，进而通过食物链浓缩造成积累性中毒，影响人类健康。另外，由于水源、土壤等环境问题，水产品、动物源性食品均可能会被 PCBs 污染。本文重点介绍 GB 5009.190—2014《食品安全国家标准　食品中指示性多氯联苯含量的测定》中基于稳定性同位素稀释技术的气相色谱-质谱法。

1. 适用范围

适用于鱼类、贝类、蛋类、肉类、乳类及其制品等动物性食品和油脂类试样中指示性PCBs 的测定。

2. 原理

应用稳定性同位素稀释技术，在试样中加入$^{13}C_{12}$标记的 PCBs 作为定量标准，经过索氏提取后的试样溶液经柱色谱层析净化、分离，浓缩后加入回收内标，使用气相色谱-低分辨质谱联用仪，以四级杆质谱选择离子监测（SIM）或离子阱串联质谱多反应监测（MRM）模式进行分析，内标法定量。

3. 试剂和材料

①无水硫酸钠（Na_2SO_4，优级纯）：将市售无水硫酸钠装入玻璃色谱柱，依次用正己烷（C_6H_{14}，农残级）和二氯甲烷（CH_2Cl_2，农残级）淋洗两次，每次使用的溶剂体积约为无水硫酸钠体积的两倍。淋洗后，将无水硫酸钠转移至烧瓶中，在 50℃下烘烤至干，然后在225℃烘烤 8~12h，冷却后干燥器中保存；

②色谱用硅胶（75~250μm）：将市售硅胶装入玻璃色谱柱中，依次用正己烷和二氯甲烷淋洗两次，每次使用的溶剂体积约为硅胶体积的两倍。淋洗后，将硅胶转移到烧瓶中，以铝箔盖住瓶口置于烘箱中 50℃烘烤至干，然后升温至 180℃烘烤 8~12h，冷却后装入磨口试剂瓶中，干燥器中保存；

③0.44g/mL 酸化硅胶：称取活化好的硅胶 100g，逐滴加入 78.6g 硫酸（H_2SO_4，优级纯），振摇至无块状物后，装入磨口试剂瓶中，干燥器中保存；

④0.33g/mL 碱性硅胶：称取活化好的硅胶 100g，逐滴加入 49.2g 1mol/L 的氢氧化钠（NaOH，优级纯）溶液，振摇至无块状物后，装入磨口试剂瓶中，干燥器中保存；

⑤0.1g/mL 硝酸银硅胶：将 5.6g 硝酸银（$AgNO_3$，优级纯）溶解在 21.5mL 去离子水中，逐滴加入 50g 活化硅胶中，振摇至无块状物后，装入棕色磨口试剂瓶中，干燥器中保存；

⑥碱性氧化铝：色谱层析用碱性氧化铝（Al_2O_3），660℃烘烤 6h 后，装入磨口试剂瓶中，干燥器中保存；

⑦各标准溶液参考 GB 5009.190—2014 中附录 A 的表 A.1 至表 A.5。

4. 仪器

气相色谱-四级杆质谱联用仪（GC-MS）或气相色谱-离子阱串联质谱联用仪（GC-MS/MS），色谱柱（DB-5ms 柱，0.25mm×30m，0.25μm，或等效色谱柱），组织匀浆器，绞肉机，旋转蒸发仪，氮气浓缩器，超声波清洗器，振荡器，天平（感量为 0.1g）。

5. 分析步骤

（1）试样制备

①预处理：用避光材料如铝箔、棕色玻璃瓶等包装现场采集的试样，并放入小型冷冻箱中运输到实验室，-10℃以下低温冰箱保存；固体试样如鱼、肉等可使用冷冻干燥或使用无水硫酸钠干燥并充分混匀；油脂类可直接溶于正己烷中进行净化处理。

②提取：提取前将一空纤维素或玻璃纤维提取套筒装入索氏提取器中，以正己烷-二氯甲烷（50：50）为提取溶剂，预提取 8h 后取出晾干。将预处理试样 5.0~10.0g 装入上提取套筒中，加入$^{13}C_{12}$标记的定量内标，用玻璃棉盖住试样，平衡 30min 后装入索氏提取器，以适量正己烷-二氯甲烷（50：50）为提取溶剂，提取 18~24h，回流速度控制在 3~4 次/h。提取完成后，将提取液转移到茄形瓶中，旋转蒸发浓缩至近干。如分析结果以脂肪计则需要测定试样的脂肪含量。

③净化：

a. 酸性硅胶柱净化：净化柱装填：玻璃柱底端用玻璃棉封堵后从底端到顶端依次填入4g 活化硅胶、10g 酸化硅胶、2g 活化硅胶、4g 无水硫酸钠。然后用 100mL 正己烷预淋洗。净化：将浓缩的提取液全部转移至柱上，用约 5mL 正己烷冲洗茄形瓶 3~4 次，洗液转移至柱上。待液面降至无水硫酸钠层时加入 180mL 正己烷洗脱，洗脱液浓缩至约 1mL。如果酸化硅胶层全部变色，表明试样中脂肪量超过了柱子的负载极限。洗脱液浓缩后，制备一根新的酸性硅胶净化柱，重复上述操作，直至硫酸硅胶层不再全部变色。

b. 复合硅胶柱净化：净化柱装填：玻璃柱底端用玻璃棉封堵后从底端到顶端依填入1.5g 硝酸银硅胶、1g 活化硅胶、2g 碱性硅胶、1g 活化硅胶、4g 酸化硅胶、2g 活化硅胶、2g 无水硫酸钠。然后用 30mL 正己烷-二氯甲烷（97：3）预淋洗。净化：将经过酸性硅胶柱净化后浓缩洗脱液全部转移至柱上，用约 5mL 正己烷冲洗茄形瓶 3~4 次，洗液转移至柱上。待液面降至无水硫酸钠层时加入 50mL 正己烷-二氯甲烷（97：3）洗脱，洗脱液浓缩至约 1mL。

c. 碱性氧化铝柱净化：净化柱装填：玻璃柱底端用玻璃棉封堵后从底端到顶端依填入2.5g 经过烘烤的碱性氧化铝、2g 无水硫酸钠。15mL 正己烷预淋洗。净化：将经过复合硅胶柱净化后浓缩洗脱液全部转移至柱上，用约 5mL 正己烷冲洗茄形瓶 3~4 次，洗液转移至柱上。当液面降至无水硫酸钠层时加入 30mL 正己烷（2×15mL）洗脱柱子，待液面降至无水硫酸钠层时加入 25mL 二氯甲烷-正己烷（5+95）洗脱。洗脱液浓缩至近干。

④分析前处理：将净化后的试样溶液转移至进样小管中，在氮气流下浓缩，用少量正己烷洗涤茄形瓶 3~4 次，洗涤液也转移至进样内插管中，氮气浓缩至约 50μL，加入适量回收率内标，然后封盖待上机分析。

（2）测定条件

①色谱条件：色谱柱：采用 30m 的 DB-5ms（或相当于 DB-5ms 的其他类型）石英毛细管柱进行色谱分离，膜厚 0.25μm，内径 0.25mm；采用不分流方式进样时，进样口温度300℃；色谱柱升温程序（初始温度为 100℃，保持 2 min；15℃/min 升温至 180℃；3℃/min 升温至 240℃；10℃/min 升温至 285℃并保持 10min）；使用高纯氦气（纯度>99.999%）作为载气。

②质谱参数：

a. 四级杆质谱仪：电离模式：电子轰击源（EI），能量为 70eV；离子监测方式：选择离子监测（SIM），检测 PCBs 时选择的特征离子为分子离子，见 GB 5009.190—2014 附录 B 中的表 B.1。离子源温度为 250℃；传输线温度为 280℃；溶剂延迟为 10min。

b. 离子阱质谱仪：电离模式：电子轰击源（EI），能量为 70eV；离子监测方式：多反应监测（MRM），检测 PCBs 时选择的母离子为分子离子（M+2 或 M+4），子离子为分子离子丢掉两个氯原子后形成的碎片离子（M-2Cl），见 GB 5009.190—2014 附录 B 中的表 B.2。离子阱温度 220℃；传输线温度 280℃；歧盒（manifold）温度 40℃。

（3）PCBs 的定性和定量

①PCBs 色谱峰的确认要求：所检测的色谱峰信噪比应在 3 以上（参见 GB 5009.190—2014附录 C 中的图 C.1 或图 C.3）；

②监测的两个特征离子的丰度比应在理论范围之内，分别见 GB 5009.190—2014 附录 B

中的表 B. 1 和表 B. 2；

③检查色谱峰对应的质谱图（参见 GB 5009.190—2014 附录 C 中的图 C. 2 或图 C. 4），当浓度足够大时，应存在丢掉两个氯原子的碎片离子（M-70）；

④检查色谱峰对应的质谱图（参见 GB 5009.190—2014 附录 C 中的图 C. 2 或图 C. 4），对于三氯联苯至七氯联苯色谱峰中，不能存在分子离子加两个氯原子的碎片离子（M+70）；

⑤被确认的 PCBs 保留时间应处在通过分析窗口确定标准溶液预先确定的时间窗口内。时间窗口确定标准溶液由各氯取代数的 PCBs 在 DB-5ms 色谱柱上第一个出峰和最后一个出峰的同族化合物组成。使用确定的色谱条件、采用全扫描质谱采集模式对窗口确定标准溶液进行分析（1μL），根据各族 PCBs 所在的保留时间段确定时间窗口。由于在 DB-5ms 色谱柱上存在三族 PCBs 的保留时间段重叠的现象，因此在单一时间窗口内需要对不同族 PCBs 的特征离子进行检测。为保证分析的选择性和灵敏度要求，在确定时间窗口时应使一个窗口中检测的特征离子尽可能少。

6. 分析结果计算

（1）采用相对响应因子（RRF）进行定量计算 使用校正标准溶液计算 RRF 值，按式（11-9）和式（11-10）计算：

$$RRF_n = \frac{A_n \times c_s}{A_s \times c_n} \tag{11-9}$$

$$RRF_r = \frac{A_s \times c_r}{A_r \times c_s} \tag{11-10}$$

式中 RRF_n——目标化合物对定量内标的相对响应因子；

$\quad\quad A_n$——目标化合物的峰面积；

$\quad\quad c_s$——定量内标的质量浓度，μg/L；

$\quad\quad A_s$——定量内标的峰面积；

$\quad\quad c_n$——目标化合物的质量浓度，μg/L；

$\quad RRF_r$——定量内标对回收内标的相对响应因子；

$\quad\quad A_r$——回收率内标的峰面积；

$\quad\quad c_r$——回收率内标的质量浓度，μg/L。

各化合物五个浓度水平的 RRF 值的相对标准偏差（RSD）应<20%。达到这个标准后，使用平均 RRF_n 和平均 RRF_r 进行定量计算。

（2）含量计算 按式（11-11）计算试样中 PCBs 的含量：

$$c_n = \frac{A_n \times m_s}{A_s \times RRF_n \times m} \tag{11-11}$$

式中 c_n——试样中 PCBs 的含量，μg/kg；

$\quad\quad A_n$——目标化合物的峰面积；

$\quad\quad m_s$——试样中加入定量内标质量，ng；

$\quad\quad A_s$——定量内标的峰面积；

$\quad RRF_n$——目标化合物对定量内标的相对响应因子；

$\quad\quad m$——取样量，g。

四、　苯并（a）芘的测定

苯并（a）芘作为多环芳烃化合物中毒性最强的致癌物，严重威胁着人类健康。环境中苯并（a）芘的产生主要源于煤炭、石油、天然气、秸秆等化合物的不完全燃烧及热分解作用。食品中的苯并（a）芘则主要与烹调方式有关，如烟熏制品、烧烤及不适当的油炸；其次，环境本身的污染也是造成苯并（a）芘在食品及其包装材料中存在的客观因素。本文重点介绍 GB 5009.27—2016《食品安全国家标准　食品中苯并（a）芘的测定》中的液相色谱法。

1. 适用范围

适用于谷物及其制品（稻谷、糙米、大米、小麦、小麦粉、玉米、玉米面、玉米渣、玉米片）、肉及肉制品（熏、烧、烤肉类）、水产动物及其制品（熏、烤水产品）、油脂及其制品中苯并（a）芘的测定。

2. 原理

试样经过有机溶剂提取，中性氧化铝或分子印迹小柱净化，浓缩至干，乙腈溶解，反相液相色谱分离，荧光检测器检测，根据色谱峰的保留时间定性，外标法定量。

3. 试剂和材料

①正己烷（C_6H_{14}）和二氯甲烷（CH_2Cl_2）均为色谱纯；

②100μg/mL 苯并（a）芘标准储备液：准确称取苯并（a）芘 1mg（精确至 0.00001g）于 10mL 容量瓶中，用甲苯（C_7H_8，色谱纯）溶解，定容。避光保存在 0~5℃的冰箱中，保存期 1 年；

③1.0μg/mL 苯并（a）芘标准中间液：吸取 0.10mL 100μg/mL 苯并（a）芘标准储备液，用乙腈（CH_3CN，色谱纯）定容到 10mL。避光保存在 0~5℃的冰箱中，保存期 1 个月；

④苯并（a）芘标准工作液：把 1.0μg/mL 苯并（a）芘标准中间液用乙腈稀释得到 0.5ng/mL、1.0ng/mL、5.0ng/mL、10.0ng/mL 和 20.0ng/mL 的校准曲线溶液，临用现配；

⑤中性氧化铝柱：填料粒径 75~150μm，22g，60mL；

⑥苯并（a）芘分子印迹柱：500mg，6mL。

4. 仪器

液相色谱仪（配有荧光检测器），天平（感量分别为 0.001g 和 0.00001g），粉碎机，组织匀浆机，离心机，涡旋振荡器，超声波振荡器，旋转蒸发器或氮气吹干装置，固相萃取装置。

5. 分析步骤

（1）试样制备　谷物及其制品去除杂质，磨碎成均匀的样品，储于洁净的样品瓶中，并标明标记，于室温下或按产品包装要求的保存条件保存备用；熏、烧、烤肉类及熏、烤水产品把肉去骨、鱼去刺、贝去壳，可食部分绞碎均匀，储于洁净的样品瓶中，并标明标记，于-18~-16℃冰箱中保存备用。

（2）提取　谷物及其制品称取 1g（精确至 0.001g），加入 5mL 正己烷，旋涡混合 0.5min，40℃下超声提取 10min，4000r/min 离心 5min，转移出上清液。再加入 5mL 正己烷重复提取一次，合并上清液，备用；熏、烧、烤肉类及熏、烤水产品的提取方法同谷物及其制品；油脂及其制品称取 0.4g（精确至 0.001g）试样，加入 5mL 正己烷，涡旋混合 0.5min，备用。

（3）净化　谷物及其制品用下列 2 种净化方法之一进行净化：

①采用中性氧化铝柱，用 30mL 正己烷活化柱子，待液面降至柱床时，关闭底部旋塞。

将待净化液转移进柱子，打开旋塞，以 1mL/min 的速度收集净化液到茄形瓶，再转入 50mL 正己烷洗脱，继续收集净化液。将净化液在 40℃下旋转蒸至约 1mL，转移至色谱仪进样小瓶，在 40℃氮气流下浓缩至近干。用 1mL 正己烷清洗茄形瓶，将洗涤液再次转移至色谱仪进样小瓶并浓缩至干。准确吸取 1mL 乙腈到色谱仪进样小瓶，涡旋复溶 0.5min，过微孔滤膜后供液相色谱测定。

②采用苯并（a）芘分子印迹柱，依次用 5mL 二氯甲烷及 5mL 正己烷活化柱子。将待净化液转移进柱子，待液面降至柱床时，用 6mL 正己烷淋洗柱子，弃去流出液。用 6mL 二氯甲烷洗脱并收集净化液到试管中。将净化液在 40℃下氮气吹干，准确吸取 1mL 乙腈涡旋复溶 0.5min，过微孔滤膜后供液相色谱测定。

熏、烧、烤肉类及熏、烤水产品的净化方法：除了正己烷洗脱液体积为 70mL 外，操作同谷物及其制品中净化方法①；操作同谷物及其制品中净化方法②。

油脂及其制品的净化方法：除了最后用 0.4mL 乙腈涡旋复溶试样外，其余操作同谷物及其制品中的净化方法①；除了最后用 0.4mL 乙腈涡旋复溶试样外，其余操作同谷物及其制品的净化方法②。试样制备时，不同试样的前处理需要同时做试样空白试验。

（4）测定条件　色谱柱：C_{18}（4.6mm×250mm，5μm），或性能相当者；流动相 L：乙腈+水 = 88+12；流速 1.0mL/min；荧光检测器：激发波长 384nm，发射波长 406nm；柱温 35℃；进样量 20μL。

（5）标准曲线的绘制　将标准系列工作液分别注入液相色谱中，测定相应的色谱峰，以标准系列工作液的浓度为横坐标，以峰面积为纵坐标，得到标准曲线回归方程。

（6）试样溶液的测定　将待测液进样测定，得到苯并（a）芘色谱峰面积。根据标准曲线回归方程计算试样溶液中苯并（a）芘的浓度。

6. 分析结果计算

按式（11-12）计算：

$$X = \frac{\rho \times V}{m} \times \frac{1000}{1000} \tag{11-12}$$

式中　X——试样中苯并（a）芘含量，μg/kg；

　　　ρ——由标准曲线得到的样品净化溶液质量浓度，ng/mL；

　　　V——试样最终定容体积，mL；

　　　m——试样质量，g；

　　　1000——单位换算系数。

本章微课二维码

微课 12-大米新鲜度和蔬菜中主要农残的快速检测

小结

食品中可能会存在的有害物质种类和涉及的分析方法较多，由于教材篇幅受限，无法在本章中一一罗列。因此，本章分别从农药残留、兽药残留、真菌毒素、有毒物质四个方面选取了一些具有代表性的有害物质及其经典分析方法进行介绍，阐述了食品中有害物质的来源、危害和常用分析方法，旨在帮助读者了解食品中有害物质的种类和危害，熟悉食品分析常用分析手段——色谱法、色谱–质谱联用法、酶联免疫吸附法等在上述有害物质分析中的应用，掌握上述分析方法的技术要点。特别要注意的是，酶联免疫吸附法可用于食品中有害物质的快速筛查，目前应用较广泛，但测定的精密度不如色谱法。色谱法包括液相色谱法、气相色谱–质谱法、液相色谱–质谱法等，上述方法测定精度高，但样品处理过程较复杂，且必须充分考虑试样制备、提取和净化处理的条件，以及标准溶液制备和标准曲线绘制的准确性。

🔍 思考题

1. 目前常见的农药和兽药有哪些？
2. 农药和兽药残留的分析方法主要有哪些？
3. 食品中易污染的真菌毒素有哪些？请列举 3~5 种。
4. 黄曲霉毒素 B_1 的危害有哪些？以黄曲霉毒素 B_1 为例，简述如何通过酶联免疫吸附试验进行检测与分析。
5. 简述多氯联苯的危害及其分析方法。

CHAPTER

第十二章

食品添加剂的分析

第一节　概述

一、　食品添加剂的定义和分类

食品添加剂（Food Additives）是为改善食品品质和色、香、味以及为防腐、保鲜和加工工艺的需要所加入食品中的人工合成或者天然物质。食品添加剂行业是食品工业的重要组成部分，合理应用食品添加剂可以改善食品的色、香、味，保持、提高食品品质，延长食品保质期，强化食品营养，改进生产工艺和提高劳动生产效率等。

食品添加剂种类很多，根据其来源、功能、安全性评价等不同的分类标准有多种分类方法。按食品添加剂的来源可分为天然食品添加剂和化学合成食品添加剂两大类。按食品添加剂的功能、用途划分，不同国家、地区、国际组织的分类不尽相同。我国按照 GB 2760—2014《食品安全国家标准　食品添加剂使用标准》中食品添加剂的功能将其分为 22 类。

二、　食品添加剂的安全性评价和管理

食品添加剂的安全是食品安全的重要组成部分，为了加强食品添加剂管理，保障食品添加剂安全，由 FAO/WHO 在 1956 年联合成立的，由各国食品添加剂领域的专家组成的食品添加剂联合专家委员会（JECFA），是目前国际上公认的食品添加剂和食品污染物食品安全性评价的国际性专家组织。各国制定食品添加剂标准均参照 JECFA 的评价结果进行各国食品添加剂的标准修订。而食品添加剂法典委员会（CCFA）则是 FAO/WHO 于 1963 年联合建立的政府间国际组织，负责讨论并制定食品添加剂相关标准和规范。

目前，我国和其他发达国家对食品添加剂的管理措施一致，有一套完善的食品添加剂管理和安全性评价制度。截至 2014 年 12 月 30 日，列入我国 GB 2760—2014《食品安全国家标准　食品添加剂使用标准》的添加剂，均进行了安全性评价，并且经过食品安全国家标准审核委员会食品添加剂分委会严格审查，公开向社会及各部门征求意见，确保其技术必要性和安全性。

三、　食品添加剂分析的意义

食品添加剂作为改善食品品质和色、香、味以及为防腐、保鲜和加工工艺的天然或化学

物质，近年来广泛运用的同时，也引起了消费者的广泛关注。因此，对于食品添加剂的定量分析和安全性检测，不仅是企业保证食品加工质量的关键，也是保证消费者健康的必要措施。

第二节　食品甜味剂的分析

一、甜味剂的定义和分类

甜味剂（Sweetening Agents）是赋予食物以甜味的一种食品添加剂。按其甜度可分为低甜度甜味剂和高甜度甜味剂；以其营养价值来分可分为营养型和非营养型甜味剂；按其化学结构和性质分类又可分为糖类和非糖类甜味剂等。通常所说的甜味剂是指人工合成的非营养甜味剂、糖醇类甜味剂和非糖类天然甜味剂三类。甜味剂的分类情况如图 12-1 所示。

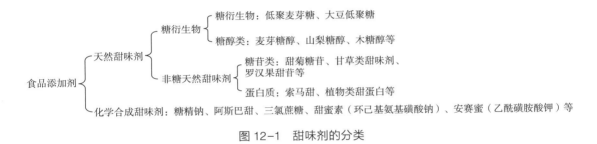

图 12-1　甜味剂的分类

甜度是评价甜味剂的重要指标，迄今为止尚无一定标准来测定甜度，因此，还是凭人的感官来判断。在评判甜味剂甜度时，常以蔗糖为标准，因为蔗糖为非还原糖，其水溶液较为稳定，其他甜味剂的甜度与它比较而得出相对甜度。通常以 5% 或 10% 的蔗糖水溶液为参照物，在 20℃ 条件下某种甜味剂水溶液与参照物相对甜度时的浓度比，又称甜度或甜度倍数。

目前，国内外使用的甜味剂已达到 20 多种，我国批准使用的甜味剂有糖精钠、甜蜜素、阿斯巴甜、甜菊糖苷、安赛蜜（AK 糖）、麦芽糖醇、山梨糖醇、木糖醇及三氯蔗糖等。本文重点介绍几种主要甜味剂的测定方法。

二、糖精钠的测定

邻苯甲酰磺酰亚胺，俗称糖精（Saccharin），分子式为 $C_7H_5O_3NS$，是最早作为甜味剂使用的化学合成非营养性甜味剂，其性能稳定，难溶于水，熔点为 226~230℃，生产成本低，1910 年美国开始工业化生产。在酸性条件下，长时间加热后甜味消失形成苦味的邻氨基磺酰苯甲酸。长期使用对肾脏有害。因此食品生产中常用其钠盐，糖精钠代替。糖精钠为无色结晶，微有香气，是食品工业中常用的合成甜味剂，甜度比蔗糖甜 300~500 倍，易溶于水不溶于有机溶剂。在生物体内不被分解，由肾排出体外，其毒性不强，但在其致癌性上存在争议。糖精钠测定的方法主要有液相色谱法、薄层色谱法、紫外分光光度法等，本文重点介绍

GB 5009. 28—2016《食品安全国家标准　食品中苯甲酸、山梨酸和糖精钠的测定》中的液相色谱方法。

1. 适用范围

适用于食品中糖精钠的测定。

2. 原理

样品经水提取，高脂肪样品经正己烷脱脂、高蛋白样品经蛋白沉淀剂沉淀蛋白，采用液相色谱分离、紫外线检测器检测，外标法定量。

3. 试剂和材料

①氨水（$NH_3 \cdot H_2O$）溶液（1+99）：取氨水 1mL，加到 99mL 水中，混匀；

②92g/L 亚铁氰化钾 $[K_4Fe（CN）_6 \cdot 3H_2O]$ 溶液：称取 106g 亚铁氰化钾，加入适量水溶解，用水定容至 1000mL；

③183g/L 乙酸锌 $[Zn（CH_3COO）_2 \cdot 2H_2O]$ 溶液：称取 220g 乙酸锌溶于少量水中，加入 30mL 乙酸，用水定容至 1000mL；

④20mmol/L 乙酸铵（CH_3COONH_4）溶液：称取 1.54g 乙酸铵，加入适量水溶解，用水定容至 1000mL，经 0.22μm 水相微孔滤膜过滤后备用；

⑤甲酸–乙酸铵溶液（2mmol/L 甲酸+20mmol/L 乙酸铵）：称取 1.54g 乙酸铵，加入适量水溶解，再加入 75.2μL 甲酸（HCOOH），用水定容至 1000mL，经 0.22μm 水相微孔滤膜过滤后备用；

⑥1000mg/L 糖精钠（以糖精计）标准储备溶液：准确称取糖精钠（$C_6H_4CONNaSO_2$，纯度≥99%）0.117g（精确到 0.0001g），用水溶解并分别定容至 100mL。于 4℃贮存，保存期为 6 个月。糖精钠含结晶水，使用前需在 120℃烘 4h，干燥器中冷却至室温后备用；

⑦200mg/L 糖精钠（以糖精计）标准中间溶液：准确吸取糖精钠标准储备溶液各 10.0mL 于 50mL 容量瓶中，用水定容。于 4℃贮存，保存期为 3 个月；

⑧糖精钠（以糖精计）标准系列工作溶液：准确吸取糖精钠标准中间溶液 0mL，0.05mL，0.25mL，0.50mL，1.00mL，2.50mL，5.00mL 和 10.0mL，用水定容至 10mL，配制成质量浓度分别为 0mg/L，1.00mg/L，5.00mg/L，10.0mg/L，20.0mg/L，50.0mg/L，100mg/L 和 200mg/L 的混合标准系列工作溶液。临用现配。

4. 仪器

高效液相色谱仪（配紫外检测器），天平（感量为 0.001g 和 0.0001g），涡旋振荡器，离心机，匀浆机，恒温水浴锅，超声波发生器。

5. 分析步骤

（1）试样制备　取多个预包装饮料、液态乳等均匀样品直接混合；非均匀的液态、半固态样品用组织匀浆机匀浆；固体样品用研磨机充分粉碎并搅拌均匀；奶酪、黄油、巧克力等采用 50~60℃加热熔融，并趁热充分搅拌均匀。取其中 200g 装入玻璃容器中，密封，液体试样于 4℃保存，其他试样于-18℃保存。

准确称取约 2g（精确至 0.001g）试样于 50mL 具塞离心管中，加水约 25mL，涡旋混匀，50℃水浴超声 20min，冷却至室温后加亚铁氰化钾溶液 2mL 和乙酸锌溶液 2mL，混匀，于 8000r/min 离心 5min，将水相转移至 50mL 容量瓶中，于残渣中加水 20mL，振荡混匀后超声处理 5min，于 8000r/min 离心 5min，将水相转移到同一 50 mL 容量瓶中，并用水定容至刻度，混匀。取适量上清液过 0.22μm 滤膜，待液相色谱测定。

（2）测定条件 色谱柱：C_{18} 色谱柱（4.6mm×250mm，5μm），或等效色谱柱；流动相：甲醇（50g/L），乙酸铵溶液（0.95g/mL）；流速 1mL/min；检测波长 230nm；进样量 10μL。

（3）标准曲线的绘制 将标准系列工作溶液分别注入液相色谱仪中，测定相应的峰面积，以标准系列工作溶液的质量浓度为横坐标，以峰面积为纵坐标，绘制标准曲线。

（4）试样溶液的测定 将 10μL 试样溶液注入液相色谱仪中，得到峰面积，根据标准曲线得到待测液中糖精钠的质量浓度。

6. 分析结果计算

按式（12-1）计算：

$$X = \frac{\rho \times V}{m \times 1000} \tag{12-1}$$

式中 X——试样中待测组分含量，mg/g；

ρ——由标准曲线得出的试样液中糖精钠的质量浓度，mg/L；

V——试样定容体积，mL；

m——试样质量，g；

1000——单位换算系数。

三、 环己基氨基磺酸钠的测定

环己基氨基磺酸钠（Sodium Cyclamate），又称甜蜜素，是化学合成的非营养型甜味剂，分子式为 $C_6H_{12}NNaO_3S \cdot nH_2O$，甜度是蔗糖的 30~50 倍，但价格只是蔗糖的 1/3，且过量使用也不会像糖精钠产生苦味，是蔗糖理想的代替品。甜蜜素大量用于冷冻饮品、饼干、配制酒中。关于甜蜜素的安全性，学术界仍无定论。但甜蜜素有充分的风险评估结果，正常使用量不会对人体的健康造成危害。

目前对于食品中甜蜜素的检测方法主要有气相色谱法、高效液相色谱法、液相色谱-质谱/质谱法、离子色谱法等。本文重点介绍 GB 5009.97—2016《食品安全国家标准 食品中环己基氨基磺酸钠的测定》中的气相色谱方法。

1. 适用范围

适用于饮料类、蜜饯凉果、果丹类、话化类、带壳及脱壳熟制坚果与籽类、水果罐头、果酱、糕点、面包、饼干、冷冻饮品、果冻、复合调味料、腌渍的蔬菜及腐乳食品中甜蜜素的检测，但不适用白酒中甜蜜素的测定。

2. 原理

食品中的环己基氨基磺酸钠用水提取，在硫酸介质中环己基氨基磺酸钠与亚硝酸反应，生成环己醇亚硝酸异戊酯，利用气相色谱氢火焰离子化检测器进行分离及分析，保留时间定性，外标法定量。

3. 试剂和材料

①40g/L 氢氧化钠（NaOH）溶液：称取 20g 氢氧化钠，溶于水并稀释至 500mL，混匀；

②200g/L 硫酸（H_2SO_4）溶液：量取 54mL 硫酸小心缓缓加入 400mL 水中，后加水至 500mL，混匀；

③150g/L 亚铁氰化钾 {$K_4[Fe(CN)_6] \cdot 3H_2O$} 溶液：称取 15g 亚铁氰化钾，溶于水

稀释至100mL，混匀；

　　④300g/L硫酸锌（$ZnSO_4 \cdot 7H_2O$）溶液：称取30g硫酸锌，溶于水并稀释至100mL，混匀；

　　⑤50g/L亚硝酸钠（$NaNO_2$）溶液：称取25g亚硝酸钠，溶于水并稀释至500mL，混匀；

　　⑥5.00mg/mL环己基氨基磺酸（$C_6H_{12}NSO_3Na$，纯度≥99%）标准储备液：精确称取0.5612g环己基氨基磺酸钠标准品，用水溶解并定容至100mL，混匀，此溶液1.00mL相当于环己基氨基磺酸5.00mg（环己基氨基磺酸钠与环己基氨基磺酸的换算系数为0.8909）。置于1~4℃冰箱保存，可保存12个月；

　　⑦1.00mg/mL环己基氨基磺酸标准使用液：准确移取20.0mL环己基氨基磺酸标准储备液用水稀释并定容至100mL，混匀。置于1~4℃冰箱保存，可保存6个月。

　　4. 仪器

　　气相色谱仪：配有氢火焰离子化检测器（FID），涡旋混合器，离心机，超声波振荡器，样品粉碎机，恒温水浴锅，天平（感量分别为0.001g和0.0001g）。

　　5. 分析步骤

　　（1）试样制备

　　①普通液体试样：摇匀后称取25.0g试样（如需要可过滤），用水定容至50mL备用。

　　②含二氧化碳的试样：称取25.0g试样于烧杯中，60℃水浴加热30min以除二氧化碳，放冷，用水定容至50mL备用。

　　③含酒精的试样：称取25.0g试样于烧杯中，用氢氧化钠溶液调至弱碱性pH 7~8，60℃水浴加热30min以除酒精，放冷，用水定容至50mL备用。

　　④低脂、低蛋白样品（果酱、果冻、水果罐头、果丹类、蜜饯凉果、浓缩果汁、面包、糕点、饼干、复合调味料、带壳熟制坚果和籽类、腌渍的蔬菜等）：称取打碎、混匀的样品3.00~5.00g于50mL离心管中，加30mL水振摇，超声提取20min，离心（3000r/min）10min后过滤，用水分次洗涤残渣，收集滤液并定容至50mL，混匀备用。

　　⑤高蛋白样品（酸乳、雪糕、冰淇淋等乳制品及豆制品、腐乳等）：称取样品3.00~5.00g于50mL离心管中，加30mL水超声提取20min，加2mL亚铁氰化钾溶液混匀，再加入2mL硫酸锌溶液，离心（3000r/min）10min后过滤，用水分次洗涤残渣，收集滤液并定容至50mL，混匀备用。

　　⑥高脂样品（奶油制品、海鱼罐头、熟肉制品等）：称取打碎、混匀的样品3.00~5.00g于50mL离心管中，加入25mL石油醚，振摇，超声提取3min再混匀，离心（1000r/min以上）10min，弃石油醚，再用25mL石油醚提取一次，弃石油醚，60℃水浴挥发去除石油醚，残渣加30mL水混匀，超声提取20min，加2mL亚铁氰化钾溶液混匀，再加入2mL硫酸锌溶液，离心（3000r/min）10min后过滤，用水洗涤残渣，收集滤液并定容至50mL，混匀备用。

　　（2）衍生化　准确称取10mL（精确至0.001g）液体溶液、固体、半固体溶液试样于50mL离心管中冰浴5min后，加入5.00mL正庚烷，分别加入亚硝酸钠溶液和硫酸溶液各2.5mL，盖紧离心管盖，摇匀，冰浴30min（期间振摇3~5次）；加入氯化钠2.5g，盖上盖后置旋涡混合器上振动1 min（或振摇60~80次），低温离心（3000 r/ min）10 min分层或低温静置20min至澄清分层后取上清液放置1~4℃冰箱冷藏保存以备进样用。

　　（3）标准系列溶液制备和衍生化　准确配制浓度为0.010mg/mL，0.020mg/mL，

0.050mg/mL，0.10mg/mL，0.20mg/mL 和 0.50mg/mL 的甜蜜素标准溶液，然后准确移取各 10.0mL 进行衍生化处理。

（4）测定条件　色谱柱：弱极性石英毛细管柱（内涂 50g/L 甲基苯基聚硅氧烷，30m× 0.53mm × 1.0μm）或等效柱；载气（氮气，流速 12.0mL/min；空气：330mL/min；氢气：30mL/min）；进样口温度 230℃；FID 检测器温度 260℃；柱温程序（初始温度 55℃，保持 3min，以 10℃/min 的速率升温至 90℃，保持 0.5min，20℃/min 升温至 200℃后保持 3min）；进样量 1.0μL；分流比为 1∶5；尾吹气流量 20mL/min。

（5）标准曲线的绘制　分别吸取 1μL 经衍化处理的标准系列各浓度溶液的上清液，注入气相色谱仪中，测得不同浓度被测物的响应值峰面积，以浓度为横坐标，以峰面积为纵坐标绘制标准曲线。

（6）试样溶液的测定　将 1μL 经衍生化处理的试样溶液注入气相色谱仪中，得到峰面积，根据标准曲线得到待测液中环己基氨基磺酸钠的浓度。

6. 分析结果计算

按式（12-2）计算：

$$X = \frac{C}{m} \times V \tag{12-2}$$

式中　X——试样中环己基氨基磺酸钠含量，g/kg；

　　　C——由标准曲线得出定容样液中环己基氨基磺酸钠质量浓度，mg/mL；

　　　m——试样的质量，g；

　　　V——试样最后定容的体积，mL。

第三节　食品防腐剂的分析

一、　食品防腐剂的定义和分类

食品防腐剂（Food Preservatives）是一类加入食品中防止或延缓食品腐败、变质，延长食品储存期的一种食品添加剂。因其具有抑制微生物增殖或杀死微生物的作用，又称抗微生物剂。我国允许使用的食品防腐剂包括苯甲酸及其钠盐、山梨酸及其钠盐、对羟基苯甲酸甲酯钠、对羟基苯甲酸乙酯及其钠盐等 27 种。

二、　苯甲酸及其钠盐和山梨酸及其钾盐的测定

苯甲酸是一种简单的芳族羧酸，通常为无色结晶固体，微溶于水，熔点为 122.4℃，沸点为 249.2℃。通常认为安息香胶是苯甲酸的主要来源，所以苯甲酸又称安息香酸。苯甲酸可以进入细胞，降低细胞液的 pH，抑制磷酸果糖激酶的活性，从而抑制食物中微生物的生长。苯甲酸微溶于水，因此，食品工业中通常不直接使用苯甲酸，而是通过添加苯甲酸钠来产生苯甲酸。

苯甲酸钠是苯甲酸的钠盐，酸性条件下，苯甲酸钠可转化为苯甲酸。苯甲酸钠属于酸性

防腐剂，广泛用于偏酸性食品（pH 4.5~5.0），如沙拉酱（醋中的乙酸），碳酸饮料（碳酸），果酱和果汁（柠檬酸），泡菜（乙酸）等。苯甲酸及其钠盐通常认为是一种安全的食品防腐剂，该物质与肝脏中的甘氨酸结合，以马尿酸的形式排出体外。

山梨酸是一种无色固体，微溶于水并易于升华。熔点为 134.5℃，沸点为 228℃，到达沸点后会开始分解。山梨酸也可调节细胞液的 pH，抑制微生物生长和繁殖。山梨酸也常用于酸性食物的加工，环境 pH 在 6.5 以下时其活性最强。山梨酸及其盐类广泛应用于果冻、蜜饯、干酪、葡萄酒、饮料等食品的生产。目前认为山梨酸及其盐类具有非常低的哺乳动物毒性。且山梨酸可以通过人体代谢为二氧化碳和水，被认为是比苯甲酸更安全的食品防腐剂。

食品中苯甲酸（苯甲酸钠）和山梨酸（山梨酸钾）的测定方法主要有液相色谱法和气相色谱法。其中，第一法同食品中糖精钠的测定，适用于食品中苯甲酸、山梨酸和糖精钠的测定。本文重点介绍 GB 5009.28—2016《食品安全国家标准　食品中苯甲酸、山梨酸和糖精钠的测定》中的气相色谱方法。

1. 适用范围

适用于酱油、水果汁、果酱中苯甲酸、山梨酸的测定。

2. 原理

试样经盐酸酸化后，用乙醚提取苯甲酸、山梨酸，采用气相色谱-氢火焰离子化检测器进行分离测定，外标法定量。

3. 试剂和材料

①盐酸（HCl）溶液（1+1）：取 50mL 盐酸，边搅拌边慢慢加入到 50mL 水中，混匀；

②40g/L 氯化钠（NaCl）溶液：称取 40g 氯化钠，用适量水溶解，加盐酸溶液 2mL，加水定容到 1L；

③正己烷-乙酸乙酯混合溶液（1：1）：取 100mL 正己烷和 100mL 乙酸乙酯，混匀；

④1000mg/L 苯甲酸（C_6H_5COOH，纯度≥99.0%）、山梨酸（$C_6H_8O_2$，纯度≥99.0%）标准储备溶液：分别准确称取苯甲酸、山梨酸各 0.1g（精确到 0.0001g），用甲醇溶解并分别定容至 100mL。转移至密闭容器中，于-18℃贮存，保存期为 6 个月；

⑤200mg/L 苯甲酸、山梨酸混合标准中间溶液：分别准确吸取苯甲酸、山梨酸标准储备溶液各 10.0mL 于 50mL 容量瓶中，用乙酸乙酯定容。转移至密闭容器中，于-18℃贮存，保存期为 3 个月；

⑥苯甲酸、山梨酸混合标准系列工作溶液：分别准确吸取苯甲酸、山梨酸混合标准中间溶液 0mL，0.05mL，0.25mL，0.50mL，1.00mL，2.50mL，5.00mL 和 10.0mL，用正己烷-乙酸乙酯混合溶剂（1：1）定容至 10mL，配制成质量浓度分别为 0mg/L，1.00mg/L，5.00mg/L，10.0mg/L，20.0mg/L，50.0mg/L，100mg/L 和 200mg/L 的混合标准系列工作溶液。临用时现配。

4. 仪器

气相色谱仪：带氢火焰离子化检测器（FID），天平（感量分别为 0.001g 和 0.0001g），涡旋振荡器，离心机，匀浆机，氮吹仪。

5. 分析步骤

（1）试样制备　取多个预包装的样品，其中均匀样品直接混合，非均匀样品用组织匀浆机充分搅拌均匀，取其中的200g装入洁净的玻璃容器中，密封，水溶液于4℃保存，其他试样于-18℃保存。

（2）试样提取　准确称取约2.5g（精确至0.001g）试样于50mL离心管中，加0.5g氯化钠、0.5mL盐酸溶液（1+1）和0.5mL乙醇，用15mL和10mL乙醚提取两次，每次振摇1min，于8000r/min离心3min。每次均将上层乙醚提取液通过无水硫酸钠滤入25mL容量瓶中。加乙醚清洗无水硫酸钠层并收集至约25mL刻度，最后用乙醚定容，混匀。准确吸取5mL乙醚提取液于5mL具塞刻度试管中，于35℃氮气中吹至干，加入2mL正己烷-乙酸乙酯混合溶液溶解残渣，待气相色谱测定。

（3）测定条件　色谱柱（聚乙二醇毛细管气相色谱柱，30m×320μm，0.25μm，或等效色谱柱）；载气（氮气，流速3mL/min；空气：400L/min；氢气：40L/min）；进样口温度（250℃）；检测器温度250℃；柱温程序（初始温度80℃，保持2min，以15℃/min的速率升温至250℃，保持5min）；进样量2μL；分流比10∶1。

（4）标准曲线的绘制　将混合标准系列工作溶液分别注入气相色谱仪中，以质量浓度为横坐标，以峰面积为纵坐标绘制标准曲线。

（5）试样溶液的测定　将试样溶液注入气相色谱仪中，得到峰面积，根据标准曲线得到待测液中苯甲酸、山梨酸的质量浓度。

6. 分析结果计算

按式（12-3）计算：

$$X = \frac{\rho \times V \times 25}{m \times 5 \times 1000} \tag{12-3}$$

式中　X——试样中待测组分含量，g/kg；

　　　ρ——由标准曲线得出的样液中待测物的质量浓度，mg/L；

　　　V——加入正己烷-乙酸乙酯（1+1）混合溶剂的体积，mL；

　　　m——试样的质量，g；

　　　25——试样乙醚提取液的总体积，mL；

　　　5——测定时吸取乙醚提取液的体积，mL；

　　1000——单位换算系数。

三、　二氧化硫的测定

二氧化硫是一种在国内外被广泛使用的食品添加剂，活跃在多种食品制造工业中。二氧化硫能够与有色物质结合，生成无色的加合物。所以食品工业中会利用二氧化硫这一特性达到漂白的目的。同时二氧化硫可以通过细胞膜，破坏微生物内部的酶及蛋白质活性，最终抑制微生物的生长。因此食品工业中也将二氧化硫作为一种常用的食品防腐剂使用。例如，二氧化硫及其相关的亚硫酸盐广泛用于水果和蔬菜的保存，并添加到包括饼干、腌制蔬菜、果蔬汁（浆类饮料、葡萄酒）等食物中。二氧化硫通常是以焦亚硫酸钾、亚硫酸钠等亚硫酸盐的形式加入到食品中。

在安全剂量内使用二氧化硫并不会对人体造成伤害。但超量或长时间接触二氧化硫易导致呼吸系统疾病。WHO将二氧化硫认定为引发哮喘的过敏源之一。本文重点介绍GB 5009.34—2016《食品安全国家标准　食品中二氧化硫的测定》中的滴定法。

1. 适用范围

适用于果脯、干菜、米粉类、粉条、砂糖、食用菌和葡萄酒等食品中总二氧化硫的测定。

2. 原理

在密闭容器中对样品进行酸化、蒸馏，蒸馏物用乙酸铅溶液吸收。吸收后的溶液用盐酸酸化，碘标准溶液滴定，根据所消耗的碘标准溶液量计算出样品中的二氧化硫含量。

3. 试剂和材料

①盐酸（HCl）溶液（1+1）：量取50mL盐酸，缓缓倾入50mL水中，边加边搅拌；

②硫酸（H_2SO_4）溶液（1+9）：量取10mL硫酸，缓缓倾入90mL水中，边加边搅拌；

③10g/L淀粉指示液：称取1g可溶性淀粉，用少许水调成糊状，缓缓倾入100mL沸水中，边加边搅拌，煮沸2min，放冷备用，临用现配；

④20g/L乙酸铅溶液：称取2g乙酸铅，溶于少量水中并稀释至100mL；

⑤0.1mol/L硫代硫酸钠（$Na_2S_2O_3 \cdot 5H_2O$）标准溶液：称取25g含结晶水的硫代硫酸钠或16g无水硫代硫酸钠溶于1000mL新煮沸放冷的水中，加入0.4g氢氧化钠（NaOH）或0.2g碳酸钠（Na_2CO_3），摇匀，储存于棕色瓶内，放置两周后过滤，用重铬酸钾（$K_2Cr_2O_7$，优级纯，纯度≥99%）标准溶液标定其准确浓度；

⑥碘标准溶液 $[c(1/2I_2) = 0.10mol/L]$：称取13g碘（I_2）和35g碘化钾（KI），加水约100mL，溶解后加入3滴盐酸，用水稀释至1000mL，过滤后转入棕色瓶。使用前用硫代硫酸钠标准溶液标定；

⑦重铬酸钾标准溶液 $[c(1/6K_2Cr_2O_7) = 0.1000mol/L]$：准确称取4.9031g已于（120±2）℃干燥至恒重的重铬酸钾，溶于水并转移至1000mL量瓶中，定容至刻度；

⑧碘标准溶液 $[c(1/2I_2) = 0.01000mol/L]$：将0.1000mol/L碘标准溶液用水稀释10倍。

4. 仪器

全玻璃蒸馏器，酸式滴定管，剪切式粉碎机，碘量瓶，天平（感量为0.001g）。

5. 分析步骤

（1）试样制备　将样品适当剪成小块，再用剪切式粉碎机剪碎，搅均匀，备用。

（2）试样蒸馏　称取5g均匀样品（精确至0.001g，取样量可视含量高低而定），液体样品可直接吸取5.00~10.00mL样品，置于蒸馏烧瓶中。加入250mL水，冷凝管下端插入预先备有25mL乙酸铅吸收液的液面下，然后在蒸馏瓶中加入10mL盐酸溶液，立即盖塞，加热蒸馏。当蒸馏液约200mL时，使冷凝管下端离开液面，再蒸馏1min。用少量蒸馏水冲洗插入乙酸铅溶液的装置部分。同时做空白试验。

（3）滴定　向碘量瓶中依次加入10mL盐酸、1mL淀粉指示液，摇匀之后用碘标准溶液滴定至溶液颜色变蓝且30s内不褪色为止，记录消耗的碘标准滴定溶液体积。

6. 分析结果计算

按式（12-4）计算：

$$X = \frac{(V - V_0) \times 0.032 \times c \times 1000}{m}$$ （12-4）

式中　X——试样中的二氧化硫总含量（以SO_2计），g/kg或g/L；

V——滴定样品所用的碘标准溶液体积，mL；

V_0——空白试验所用的碘标准溶液体积，mL；

0.032——1mL 碘标准溶液 $[c(1/2I_2) = 1.0mol/L]$ 相当于二氧化硫的质量，g；

c——碘标准溶液浓度，mol/L；

m——试样质量或体积，g 或 mL；

1000——单位换算系数。

第四节　食品护色剂的分析

一、　食品护色剂的定义和作用原理

食品护色剂（Food Color Fixatives）又称发色剂或呈色剂，是为了使食品保持良好感官品质，在部分食品中使用的呈色物质。护色剂本身没有颜色，其与食品中呈色物质发生反应后形成可以加强色素稳定性的新物质，使食品色泽得到保持。常用的护色剂有硝酸盐和亚硝酸盐，其使用在肉及肉制品当中时，既能保持肉制品鲜红色，还能防止肉毒梭状杆菌的滋生。

新鲜肉之所以呈现红色，主要因为肉中含有色素蛋白，即肌红蛋白（Myoglobin，Mb）和血红蛋白（Hemoglobin，Hb），前者存在于肉组织中，呈紫红色；后者存在于血液中。肌红蛋白和血红蛋白都能与氧进行可逆的结合。在有氧的情况下，肌红蛋白可氧化成氧合肌红蛋白，产生我们熟悉的红色；然而肌红蛋白中含有 Fe^{2+} 被氧化成 Fe^{3+} 成为高铁肌红蛋白而产生令人不愉悦的棕色。同时，还原型的肌红蛋白（占 70% ~ 90%）作为主要呈色成分不稳定，加热过程中易发生变性。硝酸盐和亚硝酸盐之所以可以使肉制品保持"红润"，是因为其添加在食品中可以转化为亚硝酸，亚硝酸不稳定容易分解成亚硝基，亚硝基会很快与肌红蛋白反应生成鲜红的亚硝基色原，从而使鲜肉恢复"红润"。

二、　亚硝酸盐的测定

亚硝酸盐的分析方法主要有离子色谱法，盐酸萘乙二胺法等。本文重点介绍 GB 5009.33—2016《食品安全国家标准　食品中亚硝酸盐和硝酸盐的测定》中的盐酸萘乙二胺法。

1. 适用范围

适用于食品中亚硝酸盐的测定。

2. 原理

试样经沉淀蛋白质、除去脂肪后，在弱酸条件下，亚硝酸盐与对氨基苯磺酸重氮化后，再与盐酸萘乙二胺耦合形成紫红色染料，外标法测得亚硝酸盐含量。

3. 试剂和材料

①106g/L 亚铁氰化钾 $[K_4Fe(CN)_6 \cdot 3H_2O]$ 溶液：称取 106.0g 亚铁氰化钾，用水溶解，并稀释至 1000mL；

②220g/L 乙酸锌 $[Zn(CH_3COO)_2 \cdot 2H_2O]$ 溶液：称取 220.0g 乙酸锌，先加入 30mL 乙

酸溶解，用水稀释至1000mL；

③50g/L饱和硼砂（Na₂B₄O₇·10H₂O）溶液：称取5.0g硼酸钠，溶于100mL热水中，冷却后备用；

④0.1mol/L盐酸：量取8.3mL盐酸，用水稀释至1000mL；

⑤2mol/L盐酸：量取167mL盐酸，用水稀释至1000；

⑥0.2g/mL盐酸：量取20mL盐酸，用水稀释至100mL；

⑦4g/L对氨基苯磺酸（C₆H₇NO₃S）溶液：称取0.4g对氨基苯磺酸，溶于100mL 0.2g/mL盐酸中，混匀，置棕色瓶中，避光保存；

⑧2g/L盐酸萘乙二胺（C₁₂H₁₄N₂·2HCl）溶液：称取0.2g盐酸萘乙二胺，溶于100mL水中，混匀，置棕色瓶中，避光保存；

⑨3%乙酸溶液：量取乙酸3mL于100mL容量瓶中，以水稀释至刻度，混匀；

⑩200μg/mL亚硝酸钠标准溶液（以亚硝酸钠计）：准确称取0.1000g于110~120℃干燥恒重的亚硝酸钠（NaNO₂），加水溶解，移入500mL容量瓶中，加水稀释至刻度，混匀；

⑪5.0μg/mL亚硝酸钠标准使用液：临用前吸取2.50mL亚硝酸钠标准溶液，置于100mL容量瓶中，加水稀释至刻度。

4. 仪器

天平（感量分别为0.001g和0.0001g），组织捣碎机，超声波清洗器，恒温干燥箱，分光光度计。

5. 分析步骤

（1）试样制备

①干酪：称取试样2.5g（精确至0.001g），置于150mL具塞锥形瓶中，加水80mL，摇匀，超声30min，取出放置至室温，定量转移至100mL容量瓶中，加入30g/L乙酸溶液2mL，加水稀释至刻度，混匀。于4℃放置20min，取出放置至室温，溶液经滤纸过滤，滤液备用。

②液体乳样品：称取试样90g（精确至0.001g），置于250mL具塞锥形瓶中，加12.5mL饱和硼砂溶液，加入70℃左右的水约60mL，混匀，于沸水浴中加热15min，取出置冷水浴中冷却，并放置至室温。定量转移上述提取液至200mL容量瓶中，加入5mL 106g/L亚铁氰化钾溶液，摇匀，再加入5mL 220g/L乙酸锌溶液，以沉淀蛋白质。加水至刻度，摇匀，放置30min，除去上层脂肪，上清液用滤纸过滤，滤液备用。

③乳粉：称取试样10g（精确至0.001g），置于150mL具塞锥形瓶中，加12.5mL 50g/L饱和硼砂溶液，加入70℃左右的水约150mL，混匀，于沸水浴中加热15min，取出置冷水浴中冷却，并放置至室温。定量转移上述提取液至200mL容量瓶中，加入5mL 106g/L亚铁氰化钾溶液，摇匀，再加入5mL 220g/L乙酸锌溶液，以沉淀蛋白质。加水至刻度，摇匀，放置30min，除去上层脂肪，上清液用滤纸过滤，弃去初滤液30mL，滤液备用。

④其他样品：称取5g（精确至0.001g）匀浆试样（如制备过程中加水，应按加水量折算），置于250mL具塞锥形瓶中，加12.5mL 50g/L饱和硼砂溶液，加入70℃左右的水约150mL，混匀，于沸水浴中加热15min，取出置冷水浴中冷却，并放置至室温。定量转移上述提取液至200mL容量瓶中，加入5mL 106g/L亚铁氰化钾溶液，摇匀，再加入5mL 220g/L乙酸锌溶液，以沉淀蛋白质。加水至刻度，摇匀，放置30min，除去上层脂肪，上清液用滤纸过滤，弃去初滤液30mL，滤液备用。

（2）试样溶液的测定 吸取 40.0mL 上述滤液于 50mL 带塞比色管中，另吸取 0.00mL，
0.20mL，0.40mL，0.60mL，0.80mL，1.00mL，1.50mL，2.00mL 和 2.50mL 亚硝酸钠标准使
用液（相当于 0.0μg，1.0μg，2.0μg，3.0μg，4.0μg，5.0μg，7.5μg，10.0μg 和 12.5μg 亚
硝酸钠），分别置于 50mL 带塞比色管中。于标准管与试样管中分别加入 2mL 4g/L 对氨基苯
磺酸溶液，混匀，静置 3~5min 后各加入 1mL 2g/L 盐酸萘乙二胺溶液，加水至刻度，混匀，
静置 15min，以零管调节零点，于波长 538nm 处测吸光度，绘制标准曲线比较。同时做试剂
空白。

6. 分析结果计算

按式（12-5）计算：

$$X = \frac{m_1 \times 1000}{m_2 \times \dfrac{V_1}{V_0} \times 1000} \tag{12-5}$$

式中 X——试样中亚硝酸钠的含量，mg/kg；

  m_1——测定用样液中亚硝酸钠的质量，μg；

  m_2——试样质量，g；

  V_1——测定用样液体积，mL；

  V_0——试样处理液总体积，mL；

  1000——单位换算系数。

第五节　食品着色剂的分析

一、　食品着色剂的定义和分类

食品着色剂（Food Colorants），又称食用色素，是用人工合成方法所制得以食品着色为
目的的一类物质。食用色素使用的目的是为了保持食品原料的原有颜色，弥补天然色素在加
工中的变化导致产品的变色现象；使产品的颜色与其风味保持一致；满足消费者的"心理"
要求。

食用色素包括天然色素和化学合成色素两大类。天然色素从动植物组织中提取出来，虽
安全性高，但稳定性和着色力差，不能满足工业需要。而食品合成色素作为食品添加剂的重
要组成部分，着色力强、不易褪色、稳定性高、资源丰富，因此广泛运用于罐头、糕点、饮
料、酒类等食品中。

目前，世界各国允许使用的食品合成色素几乎都是水溶性色素。在许可使用的食品合成
色素中，还包括它们各自的色淀。色淀是由水溶性着色剂沉淀在许可使用的不溶性基质上所
制备的一种特殊着色剂制品，因为基质部分多为氧化铝，所以又称铝色淀。铝色淀的耐光性
和耐热性均优于原来使用的合成着色剂。

二、　合成着色剂的测定

食品着色剂常用的测定方法有高效液相色谱法和薄层层析法。本文重点介绍 GB 5009.35—

2016《食品安全国家标准 食品中合成着色剂的测定》中的高效液相色谱法。

1. 适用范围

适用于饮料、配制酒、硬糖、蜜饯、淀粉软糖、巧克力豆及着色糖衣制品中合成着色剂（不含铝色锭）的测定。

2. 原理

食品中人工合成着色剂用聚酰胺吸附法或液-液分配法提取，制成水溶液，注入高效液相色谱仪，经反相色谱分离，根据保留时间定性和与峰面积比较进行定量。

3. 试剂和材料

①0.02mol/L 乙酸铵（CH_3COONH_4）溶液：称取 1.54g 乙酸铵，加水至 1000mL，溶解，经 0.45μm 滤膜过滤；

②氨水（$NH_3 \cdot H_2O$）：量取氨水 2mL，加水至 100mL，混匀；

③甲醇-甲酸（6+4）溶液：量取甲醇（CH_3OH）60mL，甲酸（HCOOH）40mL，混匀；

④柠檬酸（$C_6H_8O_7 \cdot H_2O$）溶液：称取 20g 柠檬酸，加水至 100mL，混匀；

⑤无水乙醇-氨水-水（7+2+1）溶液：量取无水乙醇（CH_3CH_2OH）70mL，氨水 20mL，水 10mL，混匀；

⑥50g/L 三正辛胺-正丁醇溶液：量取三正辛胺（$C_{24}H_{51}N$）5mL，加正丁醇（$C_4H_{10}O$）至 100mL，混匀；

⑦饱和硫酸钠（Na_2SO_4）溶液；

⑧pH 6 的水：水加柠檬酸溶液调 pH 6；

⑨pH 4 的水：水加柠檬酸溶液调 pH 4；

⑩合成着色剂标准储备溶液：准确称取按其纯度折算为 100% 质量的柠檬黄、日落黄、苋菜红、胭脂红、亮蓝各 0.100g（精确至 0.0001g）置于 100mL 容量瓶中，加 pH 6 的水至刻度，配成 1.00mg/mL 的水溶液；

⑪合成着色剂标准使用液：临用时上述溶液加水稀释 20 倍，经 0.45μm 滤膜过滤，配成每毫升相当于 50.0μg 的合成着色剂。

4. 仪器

高效液相色谱仪（带二极管阵列或紫外检测器），天平（感量分别为 0.001g 和 0.0001g），恒温水浴锅等。

5. 分析步骤

（1）样品提取

①称取 20.0~40.0g 果汁饮料及果汁（精确至 0.001g），放入 100mL 烧杯中果味碳酸饮料。含二氧化碳试样加热驱除二氧化碳。

②配制酒类：称取 20.0~40.0g（精确至 0.001g），放 100mL 烧杯中，加小碎瓷片数片，加热驱除乙醇。

③硬糖、蜜饯等、淀粉软糖等：称取 5.00~10.00g 粉碎试样（精确至 0.001g），放入 100mL 小烧杯中，加水 30mL，温热溶解，若试样溶液 pH 较高，用柠檬酸溶液调 pH 6 左右。

④巧克力豆及着色糖衣制品：称取 5.00~10.00g（精确至 0.001g），放入 100mL 小烧杯中，用水反复洗涤色素，到试样无色素为止，合并色素漂洗液为试样溶液。

（2）色素提取 聚酰胺吸附法：试样溶液加柠檬酸溶液调 pH 6，加热至 60℃，将 1g 聚酰胺粉加少许水调成粥状，倒入试样溶液中，搅拌片刻，以 G3 垂融漏斗抽滤，用 60℃ pH 4 的水洗涤 3~5 次，然后用甲醇-甲酸混合溶液洗涤 3~5 次，再用水洗至中性，用乙醇-氨水-水混合溶液解吸 3~5 次，收集解吸液，加乙酸中和，蒸发至近干，加水溶解，定容至 5mL。经 0.45μm 滤膜过滤，取 10μL 进高效液相色谱仪进行测定。

（3）测定条件　色谱柱：C_{18} 色谱柱（4.6mm×250mm，5μm）或等效色谱柱。

流动相［甲醇：乙酸铵溶液（pH 4，0.02mol/L）］；流速 1mL/min；检测波长 254nm；进样量 10μL；梯度洗脱程序（甲醇：5%~35%，0~3min；35%~100%，3~7min；保持 3min；100%~5%，10~10.1min；保持至 21min）。

（4）试样溶液的测定　将样品提取液和合成着色剂标准使用液分别注入高效液相色谱仪，根据保留时间定性，外标峰面积法定量。

6. 分析结果计算

按式（12-6）计算：

$$X = \frac{c \times V \times 1000}{m \times 1000 \times 1000} \qquad (12-6)$$

式中　X——试样中着色剂的含量，g/kg；

　　　c——进样液中着色剂的质量浓度，μg/mL；

　　　V——试样稀释总体积，mL；

　　　m——试样质量，g；

　　　1000——单位换算系数。

本章微课二维码

微课 13-火腿肠中亚硝酸盐含量的测定

小结

在食品生产中，食品添加剂是重要组成部分，在食品储藏、维持食品特有风味、抑制和防止微生物繁殖等方面都具有十分重要的指导意义，是食品保质期、质地、味道及微生物和化学稳定性的关键参数。食品添加剂虽然广泛运用于各种食品中，但即使经过实验室多次安全性评估，仍然可能存在安全问题，因此对于食品添加剂的安全性评价不容忽视。在使用食品添加剂时，应严格按照我国 GB 2760—2014《食品安全国家标准　食品添加剂使用标准》进行添加使用。同时，为了保证食品质量安全和国民健康，对于食品添加剂的测定也不可小觑。我国食品添加剂测定方法主要有蒸馏法、溶剂萃取法、气相色谱法、离子色谱法和高效液相色谱分析法等，根据添加剂种类和特点适用于不同方法的测定。其中气相色谱法、高效液相色谱分析法是较为常见的食品添加剂测定方法。在使用这些方法测定的过程中，为保证测定结果的准确性，要特别注意样品预处理、色谱条件选择、标准曲线绘制等问题。

🔍 思考题

1. 食品添加剂的分析意义是什么？
2. 在使用食品添加剂的过程中应该注意哪些方面？
3. 简述食品中二氧化硫的测定方法和原理。
4. 简述高效液相色谱法测定糖精钠的方法及原理。
5. 饮料中山梨酸钾测定的方法是什么？
6. 简述火腿肠中亚硝酸钠测定的方法。
7. 食品中合成着色剂的测定原理是什么？

第十三章

CHAPTER

物理特性的分析

13

第一节　概述

　　物理特性分析是根据食品的一些物理常数（如密度、相对密度、折射率和旋光度等）与食品的组分及含量之间的关系进行测定的方法。物理特性分析是食品分析及食品工业生产中常用的分析方法。

　　食品的物理特性分析有两种类型：①利用食品的物理常数如密度、相对密度、折射率、旋光度等，与食品的组成成分及其含量之间存在着一定的数学关系，通过物理常数的测定来间接地分析食品的组成成分及其含量；②根据某些食品的重要质量指标，如罐头的真空度，固体饮料的颗粒度、比体积，面包的比体积，冰淇淋的膨胀率，液体的透明度、浊度、强度等，直接对这一类物理量进行测定。

　　由于物理特性的测定比较便捷，故它们是食品生产中常用的工艺控制指标，也是防止假冒伪劣食品进入市场的监控手段。通过测定食品的上述特性，可以指导生产过程、保证产品质量以及鉴别食品组成、确定食品浓度、判断食品的纯净程度及品质，是生产和市场管理不可缺少的方便而快捷的监测手段。

第二节　密度法

一、　相对密度的定义和分析意义

　　密度（Density）是指物质在一定温度下单位体积的质量，以符号 ρ 表示，单位为 g/cm^3 或 g/mL。相对密度（Relative Density）是指某一温度下物质的质量与同体积相同温度下水的质量之比，以符号 d 表示。因为物质热胀冷缩的性质，物质的密度随着温度的变化而变化，因此密度应标示出测定时物质的温度，表示为 ρ_t；而相对密度应标示出测定时物质的温度及水的温度，表示为 $d_{t_2}^{t_1}$，其中 t_1 表示物质的温度，t_2 表示水的温度。

　　某一液体在20℃时的质量与同体积纯水在4℃时的质量之比，称为真密度，以符号 d_4^{20} 表示。普通的密度瓶或密度计法测定中，以测定溶液对同温度水的相对密度比较方便，以

d_{20}^{20}表示，称为视密度。d_{20}^{20}表示某一液体在20℃时对水在20℃时的相对密度。d_{20}^{20}和d_4^{20}之间按式（13-1）换算。

$$d_4^{20} = d_{20}^{20} \times 0.99823 \qquad (13-1)$$

式中　0.99823——水在20℃时的密度，g/cm^3。

不同温度下水的相对密度参数如表13-1所示。

表 13-1　　　　　　　　　水的相对密度和温度的关系

$t/℃$	相对密度	$t/℃$	相对密度	$t/℃$	相对密度
0	0.999868	10	0.999727	20	0.998230
1	0.999927	11	0.999623	21	0.998019
2	0.999968	12	0.999525	22	0.997797
3	0.999992	13	0.999404	23	0.997565
4	1.000000	14	0.999271	24	0.997323
5	0.999992	15	0.999126	25	0.997071
6	0.999968	16	0.998970	26	0.996810
7	0.999929	17	0.998801	27	0.996539
8	0.999876	18	0.998622	28	0.996259
9	0.999808	19	0.998432	29	0.995971

各种液态食品都有一定的相对密度，当其组成成分或浓度发生改变时，其相对密度也发生改变，测定液态食品的相对密度可以检测食品的纯度、浓度及判断食品的质量。

二、　相对密度的测定

根据 GB 5009.2—2016《食品安全国家标准　食品相对密度的测定》，测定液态食品相对密度的方法有密度瓶法、比重计法和天平（韦氏天平）法等，前两种方法较常用。其中密度瓶法测定结果准确，但耗时；比重计法则简易迅速，但测定结果准确度较差。

1. 密度瓶法

（1）适用范围　适用于液体试样相对密度的测定。

（2）原理　由于密度瓶的容积一定，在一定温度（20℃）下，用同一密度瓶分别称量样品溶液和蒸馏水的质量，二者之比即为该样品溶液的相对密度。

（3）试剂和材料　蒸馏水，乙醇（C_2H_5OH），乙醚（$C_4H_{10}O$）。

（4）仪器　密度瓶是测定液体相对密度的专用精密仪器，其种类和规格有多种，常用的有带毛细管的普通密度瓶和带温度计的精密密度瓶，如图13-1所示。

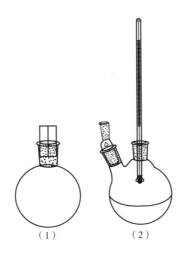

图 13-1　密度瓶
（1）带毛细管的普通密度瓶　（2）带温度计的精密密度瓶

（5）分析步骤　将带有温度计的精密密度瓶清洗干净，再依次用乙醇、乙醚洗涤，烘干并冷却，精密称重。装满温度<20℃的样液，插入温度计，置入 20℃ 的恒温水浴中，待样液温度达到 20℃ 时保持 30min，用滤纸条吸去支管标线上的试样，盖上小帽后取出。用滤纸把瓶外液体擦干，置天平（精确至 0.0001g）室内 30min，称重，即可测出 20℃ 时一定容积样液的质量。将样液倾出，洗净并烘干密度瓶后，装入煮沸 30min 并冷却至 20℃ 以下的蒸馏水，按测定样液的方法同样操作，测出同体积 20℃ 蒸馏水的质量。

（6）分析结果计算　按式（13-2）计算：

$$d_{20}^{20} = \frac{m_2 - m_0}{m_1 - m_0}$$ （13-2）

式中　d_{20}^{20}——试样在 20℃ 时的相对密度；

$\quad m_0$——密度瓶的质量，g；

$\quad m_1$——密度瓶和蒸馏水的质量，g；

$\quad m_2$——密度瓶和样液的质量，g。

（7）注意事项

①本法适用于测定各种液体食品的相对密度，测定结果准确，但操作较烦琐。

②测定挥发性的样液时，宜使用带温度计的精密密度瓶；测定较黏稠的样液时，宜使用带毛细管的普通密度瓶。

③液体必须装满密度瓶，瓶内不得有气泡。

④取恒温后的密度瓶时，不得用手直接接触，应戴隔热手套或用工具夹取；天平室温度不得>20℃，避免液体受热膨胀流出。

⑤水浴中的水必须清洁无油污，防止瓶外壁被污染。

2. 比重计法

（1）仪器　密度计法是最便捷适用的测定液体相对密度的方法，但准确度不如密度瓶法。密度计是根据阿基米德定律制成的，其种类很多，但结构形式基本相同：一个封口的玻璃管，中间部分略粗，内有空气，故能浮在液体中；下部有小铅球重垂，使密度计能直立于液体中；上部是一细长有刻度的玻璃管，如图13-2所示。食品工业中常用的比重计按其标度的方法不同，分为普通密度计、锤度计、乳稠计、波美计和酒精计等。

①普通密度计：普通密度计是直接以20℃时的密度值为刻度，由几支刻度范围不同的密度计组成一套。密度值<1的（0.700~1.000）称为轻表，用于测定比水轻的液体；密度值>1的（1.000~2.000）称为重表，用于测定比水重的液体。

②锤度计：锤度计是专用于测定糖液浓度的密度计，是以蔗糖溶液的重量百分含量为刻度，以符号°Bé表示。标度方法：20℃时，10g/L纯蔗糖溶液为1°Bé，20g/L纯蔗糖溶液为2°Bé，以此类推。若实测温度不是20℃，则应进行温度校正。

③乳稠计：乳稠计是专用于测定牛乳相对密度的密度计，测量相对密度为1.015~1.045。其刻度是将相对密度值减去1.000后再乘以1000，以度来表示，符号为°，刻度为15°~45°。若实测温度不是20℃，则应进行温度校正。

④波美计：波美计是以波美度（°Bé）来表示液体的浓度。按标度方法的不同分为多种类型，常用波美计的刻度方法是以20℃为标准，在蒸馏水中为0°Bé，在0.15g/mL氯化钠溶液中为15°Bé，在纯硫酸（相对密度为1.8427）中为66°Bé，其余刻度等距离划分。波美计也有轻表和重表之分，分别用于测定相对密度<1和>1的液体。波美度与相对密度之间存在着如式（13-3）的关系：

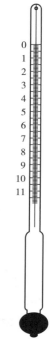

图13-2　普通密度计

$$轻表:°Bé = \frac{145}{d_{20}^{20}} - 145；重表:°Bé = 145 - \frac{145}{d_{20}^{20}} \tag{13-3}$$

⑤酒精计：酒精计是用以测量乙醇浓度的密度计，其刻度是用已知乙醇浓度的乙醇溶液来标定的，10g/L的乙醇溶液为1°。

（2）分析步骤　将混合均匀的被测样液沿壁慢慢倒入适当容积的清洁量筒中，避免起泡沫。将密度计洗净擦干，缓缓放入样液中，待其静止后，再轻轻按下少许，然后待其自然上升，静止并无气泡冒出后，从水平位置读取与液面相交处的刻度值。同时测量样液的温度，如不是20℃，应加以校正。

（3）注意事项

①该法操作简便迅速，但准确性较差，需要样液量多，且不适用于极易挥发的样液。

②操作时应注意不要将密度计接触量筒的壁及底部，待测液中不得有气泡。

③读数时应以密度计与液体形成的弯月面的下缘为准。样液温度不是标准温度，应进行校正。

④一般密度计的刻度是上小下大，但酒精计相反，是上大下小，因为乙醇浓度越大其相对密度越小。

第三节 折光法

一、 折光率的定义和分析意义

光线从一种介质射入另一种介质时，一部分光会进入这种介质并改变它的传播方向，这种现象称为光的折射。对于某种介质来说，入射角的正弦与折射角正弦之比等于光在两种介质中的传播速度之比，该比值即为这种介质的折射率。

通过测量物质的折射率来鉴别物质的组成，确定物质的纯度、浓度及判断物质品质的分析方法称为折光法（Refractometry）。折光法测得的只是可溶性固形物含量，因为固体粒子不能在折光仪上反映出它的折射率。含有不溶性固形物的样品，不能用折光法直接测出总固形物。但对于番茄酱、果酱等个别食品，已通过实验编制了总固形物与可溶性固形物关系表，先用折光法测定可溶性固形物含量，即可查出总固形物的含量。

折射率是物质的一种物理性质，是食品生产中常用的工艺控制指标，通过测定液态食品的折射率，可以确定食品的质量浓度或可溶性固形物含量；鉴别食品的组成和品质；判断食品的纯度及是否掺假。

二、 折射率的测定

折光仪是利用光的全反射原理测出临界角而得到物质折射率的仪器。我国食品工业中最常用的是阿贝折光仪和手提式折光计进行折射率的测定，测定结果须进行温度校正。

1. 阿贝折光仪法

（1）适用范围 适用于测量透明、半透明液体或固体的折射率和平均色散。仪器接有恒温器，可测定温度在 0~70℃ 的折射率，并能测出糖溶液内的含糖量。

（2）阿贝折光仪的结构及原理 阿贝折光仪的结构如图 13-3 所示。其光学系统由观测系统和读数系统两部分组成，如图 13-4 所示。

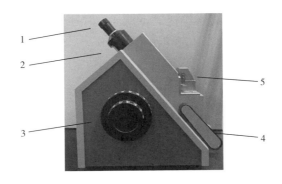

图 13-3 阿贝折光仪

1—目镜 2—色散调节手轮 3—分界线调节手轮 4—光源 5—棱镜组

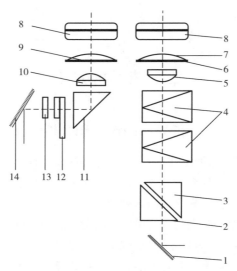

图 13-4　阿贝折光仪的光学系统

1—反光镜　2—进光棱镜　3—折射棱镜　4—色散补偿器　5，10—物镜

6，9—分划板　7，8—目镜　11—转向棱镜　12—刻度盘　13—毛玻璃　14—小反光镜

观测系统：光线由反光镜 1 反射，经进光棱镜 2、折射棱镜 3 及其间的被测样液薄层折射后射出。再经色散补偿器 4 消除由折射棱镜及被测样液所产生的色散，然后由物镜 5 将明暗分界线成像于分划板 6 上，经目镜 7，8 放大后成像于观测者眼中。

读数系统：光线由小反光镜 14 反射，经毛玻璃 13 射到刻度盘 12 上，经转向棱镜 11 及物镜 10 将刻度成像于分划板 9 上，通过目镜 7，8 放大后成像于观测者眼中。

光线在阿贝折光仪内进行的情况如图 13-5 所示。ABC 和 EFD 是进光棱镜和折射棱镜的纵剖面图，$\angle C$、$\angle D$ 为 90°，$\angle B$、$\angle E$ 为 60°，其间是厚约 0.15mm 的样液薄层。当光线 L 由进光棱晶 I 点射入到达 AB 液面时，由于被测样液的折射率不同，将有一部分光反射或全反射。若旋转棱镜使 ION' 等于临界角 $\alpha_{临}$，即产生全反射，则所有入射角小于临界角的光线（即图 13-5 中 IO 临界线左方的光线及与它们平行的光线）可折射进入样液层，然后通过折光棱镜投影到物镜 K 上，物镜把一组组平行光束（S，S′，S″及 U，U′，U″等）汇集于视野 MN，呈现光亮；所有入射角大于临界角的光线（即图 13-5 中临界线 IO 右方的光线及与它们平行的光线）发生全反射不能进入样液层，因而也不能达到视野 MN，故呈现黑暗。由此在视野中便出现了明暗两部分。

由于样液的浓度不同，折射率不同，故临界角

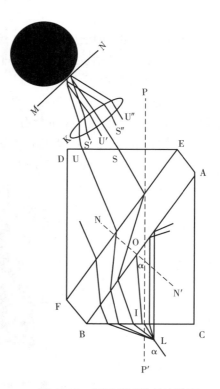

图 13-5　阿贝折光仪的光路图

的大小也不同。又因折射率与临界角成正比，故在刻度尺上直接刻上折射率或锤度（°Bé）值。当旋动棱镜调节旋钮，使视野内明暗分界线恰好通过十字线交点时，表示光线从棱镜射入样液的入射角达到了临界角，此时即可从读数镜筒中读取样液的折射率或锤度值。

阿贝折光仪也可在反射光中使用。使用时调整反光镜，不让光线进入进光棱镜，同时揭开折射棱镜的旁盖，使光线从折射棱镜的侧孔进入，此时只用折射棱镜，进光棱镜只作盖用，其光学原理如图 13-6 所示。当棱镜旋至光线入射角 *ION* 达到临界角时，*IO* 成为临界线，所有入射角大于 *ION* 的光线（即图 13-6 中 *IO* 线上方的光线及与它们平行的光线）发生全反射，产生明亮视野；所有入射角小于 *ION* 的光线（即图 13-6 中 *IO* 线下方的光线及与它们平行的光线）折射进入样液层，只有一小部分反射，故视野比较暗。这样，在视野中便产生明暗分界。此方法适用于深色样液的测定，可以减少色散程度，使视野分界清晰。

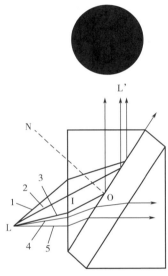

图 13-6　阿贝折光仪在反射光中使用时的光路图

1，2，3，4，5—光线

（3）分析步骤

①校正：将标准玻璃块的抛光面上加 1 滴溴代萘，贴在折射棱镜的抛光面上。调节读数镜内刻度值与标准玻璃块的标示值一致后，观察观测系统，若有偏离则用调节扳手转动分界线调节旋钮，使明暗分界线调整至中央，校正完毕。校正完毕后，用乙醚溶液将折射棱镜面擦洗干净即可进入测量工作。

②测量方法：将棱镜表面擦拭干净后，把被测液体用滴管加在棱镜的抛光面上，合上棱镜并旋转棱镜锁紧手柄扣紧两棱镜。旋转刻度调节旋钮，通过观察系统的镜筒观测明暗分界线上下移动，同时调节色散棱镜手轮使视场为黑白两色，当视场中的黑白分界线与交叉十字线中点相割时，观察读数系统的镜筒，视场中细黑线所指示的数值即为被测液体的折光率或糖液的浓度值。

（4）注意事项

①测量前必须先用标准玻璃块校正；

②棱镜表面擦拭干净后才能滴加被测液体；

③滴在棱镜面上的液体要均匀分布在棱镜面上，并保持水平状态合上两棱镜保证棱镜缝隙中充满液体；

④手上粘有被测液体时不要触摸折光仪各部件以免不好清洗；

⑤测量完毕，擦拭干净各部件后放入仪器盒中。

2. 手提式折光仪法

（1）手提式折光仪的结构与原理　手提式折光仪的结构如图 13-7 所示。它由棱镜、保护盖、色散补偿器螺丝、调节手轮及目镜组成，利用反射光测定。其光学原理与阿贝折光仪在反射光中使用时的相同。该仪器操作简单便于携带，常用于生产现场检验及田间检验。

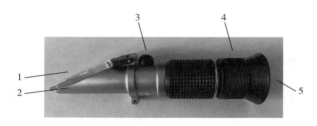

图 13-7　手提式折光仪
1—棱镜保护盖　2—棱镜　3—校准螺栓　4—调节手轮　5—目镜

（2）手提式折光仪的使用方法

①以脱脂棉球蘸取少量乙醇擦净，待乙醇挥发后，滴 1~2 滴蒸馏水于棱镜表面中央，轻轻闭合棱镜保护盖，使溶液均匀分布于棱镜表面，将仪器进光板对准光源或明亮处，眼睛通过目镜观察视野，如果视场明暗分界线不清晰，则转动调节手轮使视野清晰，再用螺丝刀调节校准螺栓，使明暗分界线处于十字线交叉点；

②用脱脂棉球朝一个方向轻轻擦干蒸馏水，滴 1~2 滴样液于棱镜平面中央，轻轻闭合棱镜保护盖，将仪器进光板对准光源或明亮处，使目镜内视野清晰；

③用螺丝刀调节校准螺栓，使视野中明暗分界线处于十字线交叉点；

④从目镜中刻度线处读取样液的折射率或质量百分浓度；

⑤测定样液温度；

⑥打开棱镜保护盖，用脱脂棉球蘸取水、乙醇或乙醚朝一个方向轻轻擦净棱镜表面，同时擦净其他各机件。

第四节　旋光法

一、旋光法的定义和分析意义

应用旋光仪测量旋光性物质的旋光度以确定其浓度、含量及纯度的分析方法称为旋光法（Polarimetry）。旋光法可用于糖类、味精及氨基酸的测定，也可用于谷类食品中淀粉含量的测定。

二、 旋光法的基本原理

1. 自然光与偏振光

光是一种电磁波，是横波，光波的振动方向与其前进方向互相垂直。自然光有无数个与光线前进方向互相垂直的光波振动面。若光线前进的方向指向我们，则与之互相垂直的光波振动平面可表示为图13-8中的（1），图中箭头表示光波振动方向。若使自然光通过尼克尔棱镜，由于尼克尔棱镜只能让振动面与尼克尔棱镜光轴平行的光波通过，所以通过尼克尔棱镜的光只有一个与光线前进方向垂直的光波振动面如图13-8中的（2）。这种只在一个平面上振动的光称为偏振光。

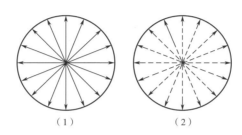

（1）   （2）

图 13-8　自然光与偏振光

2. 偏振光的产生

产生偏振光的方法很多，通常是用尼克尔棱镜或偏振片。把一块方解石的菱形六面体末端的表面磨光，使镜角为68°，然后将其对角切成两半，把切面磨成光学平面后，再用加拿大树胶粘在一起，便成为一个尼科尔棱镜，如图13-9所示。由于方解石的光学特性，当自然光通过尼科尔棱镜时，发生双折射，产生两道振动面互相垂直的平面偏振光。其中 O 称为寻常光线，M 称为非常光线。方解石对它们的折射率不同，对寻常光线的折射率是1.658；对非常光线的折射率是1.486。加拿大树胶对两种光线的折射率都是1.55。寻常光线 O 由方解石到加拿大树胶是由光密介质到光疏介质，因其入射角（76°25′）>临界角（69°12′）而被加拿大树胶层全反射，并被涂黑的侧面吸收。非常光线 M 由方解石到加拿大树胶是由光疏介质到光密介质，必将发生折射而通过加拿大树胶，由棱镜的另一端射出，从而产生了平面偏振光。

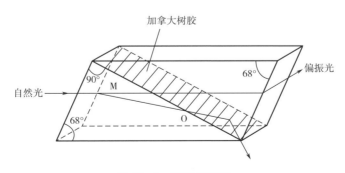

图 13-9　尼科尔棱镜

用偏振片产生偏振光的原理是利用某些双折射晶体（如电气石）的二色性，即可选择性吸收寻常光线，而让非常光线通过的特性，把自然光变成偏振光。

3. 光学活性物质、旋光度与比旋光度

能把偏振光的偏振面旋转一定角度的物质称为光学活性物质。食品中的单糖、低聚糖、淀粉以及大多数氨基酸等都具有光学活性。能把偏振光的振动面向右旋转的称为"具有右旋性"，以（+）号表示；反之，称为"具有左旋性"，以（-）号表示。

偏振光通过光学活性物质的溶液时，其振动平面所旋转的角度称为该物质溶液的旋光度，以 α 表示。对于特定的光学活性物质，在光波长和测定温度一定的情况下，其旋光度 α 与溶液的浓度 c 和液层的厚度 L 成正比。按式（13-4）计算：

$$\alpha = KcL \tag{13-4}$$

当光学活性物质的浓度为 100g/100mL，液层厚度为 1dm（10cm）时所测得的旋光度称为比旋光度，以 $[\alpha]_\lambda^t$ 表示。由式（13-5）可知：

$$[\alpha]_\lambda^t = K \times 100 \times 1 \tag{13-5}$$

由式（13-4）和式（13-5）可得：

$$\alpha = [\alpha]_\lambda^t \frac{cL}{100} \tag{13-6}$$

式中 $[\alpha]_\lambda^t$ ——比旋光度，°；

  t ——测定温度，℃；

  λ ——光源波长，nm；

  α ——旋光度，°；

  L ——液层厚度或旋光管长度，dm；

  c ——样液质量浓度，g/mL。

比旋光度与光波长及测定温度有关。通常规定用钠光 D 线（$\lambda = 589.3nm$）在 20℃ 时测定，比旋光度用 $[\alpha]_D^{20}$ 表示。主要糖类的比旋光度如表 13-2 所示。

表 13-2　　　　　　　　　　　　　　糖类的比旋光度

糖类	$[\alpha]_D^{20}$	糖类	$[\alpha]_D^{20}$
葡萄糖	+52.5	乳糖	+53.3
果糖	-92.5	麦芽糖	+138.5
转化糖	-20.0	糊精	+194.8
蔗糖	+66.5	淀粉	+196.4

因在一定条件下比旋光度 $[\alpha]_\lambda^t$ 是已知的，L 为一定，故测得了旋光度 α 就可以计算出该溶液的浓度。

4. 变旋光作用

具有光学活性的还原糖类（如葡萄糖、果糖、乳糖、麦芽糖等）溶解后，其旋光度从变化迅速，到变化缓慢，到达到恒定值，这种现象称为变旋光作用。这是由于这些还原性糖类存在两种异构体，即 α 型和 β 型。因此，在用旋光法测定蜂蜜或商品葡萄糖等含有还原糖的样品旋光度时，宜将配成溶液后的样品放置过夜。

三、　旋光度的测定

旋光仪是测量具有光学活性的有机化合物旋光度的常用仪器。早期旋光仪用人眼观测误差较大，读数精度为 0.05°。20 世纪 80 年代数显自动指示旋光仪和投影自动指示旋光仪相继问市，仪器的读数精度也提高到了 0.01°和 0.005°。以下重点介绍自动旋光仪法。

自动旋光仪采用光电检测自动平衡原理进行自动测量，测量结果由数字显示。具有体积小，灵敏度高，没有人为误差，测定迅速及读数方便等特点。目前在食品分析中应用十分广泛。

仪器采用 20W 钠光灯作光源，由小孔光栅和物镜组成一个简单的点光源平行光束（图 13-10）。平行光源经起偏镜变为平面偏振光，其振动平面为 OO［图 13-11（1）］，当偏振光经过有法拉第效应的磁旋线圈时，其振动平面产生 50Hz 的 β 角往复摆动［图 13-11（2）］，光线经过检偏镜投射到光电倍增管上，产生交变的电讯号。

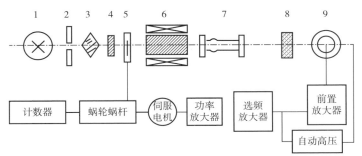

图 13-10　自动旋光仪工作原理

1—光源　2—小孔光阑　3—物镜　4—滤色片　5—起偏镜　6—磁旋线圈　7—试样　8—检偏镜　9—光电倍增管

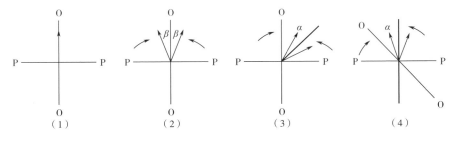

图 13-11　光电自动旋光仪中光的变化

以两偏振镜光轴正交时（OO⊥PP）作为仪器零点，此时，$\alpha = 0°$。偏振光的振动平面因磁旋光效应产生的 β 角摆动，经过检偏镜后，光波振幅不等于零，因而在光电倍增管上产生微弱的光电流。在此情况下，若在光路中放入光学活性物质，它能将偏振光的振动平面旋转 $\alpha°$，经检偏镜后的光波振幅较大，在光电倍增管上产生的光电讯号也较强［图 13-11（3）］，光电讯号经前置选频功率放大器放大后，使工作频率为 50Hz 的伺服马达转动，通过蜗轮蜗杆把起偏镜反向转动 $\alpha°$，使仪器又回到零点状态［图 13-11（4）］。起偏镜旋转的角度即为光学活性物质的旋光度，可在计数器中直接显示出来。

第五节 色度、白度、浊度、计算机视觉检测分析

一、色度的测定

色度（Chroma）是指被测水样与特别制备的一组有色标准溶液的颜色比较值。洁净的天然水的色度一般在 15°~25°，自来水的色度多为 5°~10°。水的色度有"真色"与"表色"之分。"真色"是指用澄清或离心法等去除悬浮物后的色度；"表色"是指溶于水样中物质的颜色和悬浮物颜色的总称。在分析报告中必须注明测定的是水样的真色还是表色。

水质色度的测定方法有铂钴比色法和稀释倍数法，两种方法独立使用，一般没有可比性。稀释倍数法适用于污染较严重的地面水和工业废水。本文重点阐述铂钴比色法和铬钴比色法，两种方法的精密度和准确度相同。前者为测定水色度的标准方法，此法操作简便，色度稳定，标准比色系列保存适宜，可长时间使用，但其中所用的氯铂酸钾成本较高，大量使用时不经济。后者是以重铬酸钾代替氯铂酸钾，便宜而且宜保存，但标准比色系列保存时间较短。

1. 铂钴比色法

（1）适用范围 适用于清洁水、轻度污染并略带黄色调的水，比较清洁的地面水、地下水和饮用水等。

（2）原理 将水样与已知浓度的标准比色系列进行目视比色以确定水的色度。标准比色系列用氯铂酸钾（K_2PtCl_6）和氯化钴（$CoCl_2 \cdot 6H_2O$）试剂配制而成，规定水中含 1mg/L 铂［以六氯铂酸（$PtCl_6$）$^{2-}$ 形式存在］和 2mg 六水合氯化钴时所具有的颜色作为一个色度单位，以 1° 表示。

（3）试剂

①浓盐酸（HCl）（密度 1.19）；

②铂-钴标准储备液：准确称取 1.2456g 氯铂酸钾，再用具盖称量瓶称取 1.0000g 干燥的氯化钴，溶于含 100mL 浓盐酸的蒸馏水中，用蒸馏水定容至 1000mL。此标准溶液的色度为 500°；

③铂-钴标准比色系列：精确吸取 0.00mL，0.50mL，1.00mL，1.50mL，2.00mL，2.50mL，3.00mL，3.50mL，4.00mL，4.50mL 和 5.00mL 铂-钴标准储备液于 11 支 50ml 具塞比色管中，用蒸馏水稀释至刻度，摇匀，则各管色度依次为 0°、5°、10°、15°、20°、25°、30°、35°、40°、45° 和 50°。此标准系列的有效期为 6 个月。

（4）仪器 天平（感量为 0.0001g）。

（5）分析步骤 取 50mL 透明的水样于比色管中，在白色背景下沿轴线方向用目视比色法与标准系列进行比较。如水样色度过高，可取少量水样，用蒸馏水稀释后再比色，然后将测定结果乘以稀释倍数。如水样与标准系列的色调不一致，即为异色，可用文字描述。

（6）分析结果计算 按式（13-7）计算：

$$C = \frac{M}{V} \times 500 \qquad\qquad (13-7)$$

式中　C——水样的色度，°；

　　　M——铂-钴标准溶液的用量，mL；

　　　V——水样的体积，mL；

　　500——铂-钴标准储备液色度数。

2. 铬钴比色法

（1）适用范围　同1法。

（2）原理　重铬酸钾和硫酸钴配制成与天然水黄色色调相同的标准比色系列，用目视比色法测定，单位与铂钴比色法相同。

（3）试剂

①浓硫酸（H_2SO_4）（密度1.84）；

②铬-钴标准液：准确称取0.0437g重铬酸钾（$K_2Cr_2O_7$）及1.0000g硫酸钴（$CoSO_4 \cdot 7H_2O$）溶于少量蒸馏水中，加入浓硫酸0.50mL，然后定容至500mL，摇匀。此溶液色度为500°；

③稀盐酸（HCl）溶液：吸取1mL浓盐酸用蒸馏水定容至1000mL；

④铬-钴标准比色系列：准确吸取0.00mL、0.50mL、1.00mL、1.50mL、2.00mL、2.50mL、3.00mL、3.50mL、4.00mL、4.50mL和5.00mL铬-钴标准液于11支50mL具塞比色管中，用稀盐酸溶液稀释至刻度，摇匀，则各管色度依次为0°、5°、10°、15°、20°、25°、30°、35°、40°、45°和50°。

（4）仪器　同1法。

（5）分析步骤　同1法，只是水样管与铬-钴标准比色系列进行比色。

（6）分析结果计算　同1法。

（7）注意事项

①铂钴和铬钴比色法适用于测定生活饮用水及其水源水的色度测定。浑浊的水样需先离心，然后取上清液测定。

②水样要用清洁的玻璃瓶采集，并尽快进行测定。避免水样在储存过程中发生生物变化或物理变化而影响水样的颜色。

③水样的颜色通常随pH的升高而增加，因此，在测定水样色度的同时测定水样的pH，并在分析报告中注明。

④液态物质色度的测定也可以采用分光光度法。该方法保留了原标准以"铂-钴标准溶液"哈森值（Hasen值）为色度计量单位的基本原则，参照国际照明委员会关于色觉三激值的科学观念，对原色度测定方法做了新的定量化的改进。

二、　浊度的测定

按照ISO的定义，浊度（turbidity）是由于不溶性物质的存在而引起液体的透明度降低的一种量度。不溶性物质是指悬浮于水中的固体颗粒物（泥沙、腐殖质子、浮游藻类等）和胶体颗粒物。水的浊度表征水的光学性质，表示水中悬浮物和胶体物对光线透过时所产生的阻碍程度。浊度的大小不仅与水中悬浮物和胶体物的含量有关，而且与这些物质的颗粒大小、形状和表面对光的反射、散射等性能有关。

浊度计的常用单位有 FTU——Formazine 浊度单位；NTU——散射浊度单位；mg/L——总悬浮固体物质浊度单位；EBC——欧洲酿造业浊度单位。现在普遍采用的是 NTU 单位，NTU 与 FTU 在数值上相同，即 1NTU = 1FTU。mg/L 目前用得较少，应当注意，作为浊度单位的 mg/L 和作为浓度单位的 mg/L 是两个完全不同的概念。前者是光学单位，后者是质量含量单位，二者之间不存在数值上的相应或等同关系。浊度相同的悬浊液，其浓度可能完全不同；浓度相同的悬浊液，其浊度差异也往往较大。

对于啤酒而言，浊度是一个重要的指标，直接影响到其外观质量和非生物稳定性。浊度主要是由于非常小的微粒高度散射造成的，主要由原料、酵母、设备及过滤操作等影响造成。

三、白度的测定

白度（Whiteness）是指在规定条件下，样品表面蓝光反射率与标准白板表面光反射率的比值。通过样品对蓝光的反射率与标准白板对蓝光的反射率进行对比，以白度仪测得的样品白度值来表示。淀粉白度是在规定条件下，淀粉样品表面光反射率与标准白板表面光反射率的比值。本文重点介绍 GB/T 22427.6—2008《淀粉白度测定》的测定方法。

1. 适用范围

适用于干燥的粉末状淀粉和变性淀粉的白度测定。

2. 原理

通过样品对蓝光的反射率与标准白板对蓝光的反射率进行对比，得到样品的白度。

3. 仪器

白度仪波长调至 457nm，有适合的样品盒及标准白板，读数精确至 0.1；压样器。

4. 分析步骤

（1）白度仪的准备　按白度仪所规定的操作方法进行操作，用标有白度的优级纯氧化镁制成的标准白板进行校正。

（2）样品白板的制作　将样品进行充分的混合，用白度仪所提供的样品盒装样，并根据白度仪所规定的方法制作样品白板。

（3）测定　用白度仪对样品白板进行测定，仪器显示数即为白度值。对同一样品进行两次测定。实验结果允许差≤0.2，求其平均数，即为测定结果，测定结果取小数点后一位。

四、计算机视觉检测分析

计算机视觉主要是指利用计算机技术对人类的视觉系统进行模拟，通过提取图像对其进行分析和解释，又称机器视觉。它是利用一个图像传感器（如高清晰摄像头）获取目标物的图像，将图像转换成数字图像，传送给图像处理系统。该系统根据像素分布和亮度、颜色等信息转变成数字信号，模拟人的判别准则去识别和分析图像，最后做出结论。计算机视觉技术可以检测农产品和食品大小形状、颜色、表面裂纹、表面缺陷及损伤等，具有识别速度快、信息量大、结果准确等优点，可一次完成多个指标的检测。该系统在食品检测中的应用主要表现在以下几个方面。

1. 在加工食品质量控制方面的应用

计算机视觉系统主要应用于加工产品（如酱油、薯片、面包等），以及果蔬的着色，保色、发色、褪色等的研究和品质分析，能够很好地反映产品的特性。例如，可以利用计算机视觉技术检测面包、比萨饼及其他焙烤食品的颜色来控制产品的质量。

2. 对水果和蔬菜外观质量评定

可以利用计算机视觉技术对果蔬的大小、形状、颜色和表面缺陷等进行评判；对产品进行分级等，还可对果蔬进行碰压伤检测，并区分碰压伤与鸟啄、虫咬、褐色伤斑等不同的损害。

3. 对肉制品及茶叶的纹理进行识别以判断其等级和品质

计算机视觉技术可以对牛肉的大理石花纹进行识别可以对牛肉进行分级及脂肪含量的测算；利用计算机视觉技术还可对茶叶进行种类鉴定及等级区分，可定量描述茶叶色泽随储藏时间的变化。

4. 在谷物检测中的应用

大米品质的一个重要指标是留胚率，即在碾米过程中胚芽的保留率，以胚芽占米粒的比例计算，以前，留胚率的检测大多依靠人眼观察测定，饱和度的不同造成胚芽和胚乳视觉上的差异，因此，饱和度可作为识别胚芽的颜色特征参数，利用计算机视觉技术测定大米的留胚率。另外，爆腰率是大米品质的重要指标，有报道称，国内检测爆腰大米粒的机器视觉系统已获得成功应用。

第六节　质构分析

一、　质构仪

食品质构（Texture）又称食品质地，是食品的一个重要属性，其取决于食品的组分以及组织结构，但是宏观上却以物理性能为主要表现，是食品重要的品质因素。食品质构主要包括硬度、脆度、胶黏性、回复性、弹性、凝胶强度、耐压性、可延伸性和剪切性等，它们在某种程度上可以反映食品的感官质量。其中，硬度、凝聚性、黏性、弹性和黏附性属于机械一次特性；酥脆性、咀嚼性、胶黏性等属于机械二次特性；几何特性包括粒子的大小、形状和方向，其他特性还包括水分含量和脂肪含量、油性感等。因此，质构属于机械和流变学的物理性质，是多因素决定的复合性质，主要由食品与口腔、手等部位的接触而感觉，与气味风味等无关。

质构仪（Texture Analyzer）是精确的感官量化测定的新型仪器，可对样品的物性概念做出数据化的表述。测试围绕着距离、时间、作用力三者进行，所反映的主要是与力学特性有关的食品质地特性，其结果具有较高的灵敏性与客观性，并可通过配备的专用软件对结果进行准确的数量化处理，以量化的指标来客观全面地评价食品，从而避免了人为因素对食品品质评价结果的主观影响。

二、　质构仪的结构、 原理和测定方法

1. 仪器

质构仪主要包括主机、专用软件、备用探头及附件。其基本结构一般是由一个能对样品

产生变形作用的机械装置，一个用于盛装样品的容器和一个对力、时间和变形率进行记录的系统组成，如图13-12所示。

图 13-12　质构仪

2. 原理

食品的物理性能都与力的作用有关。质构仪提供压力、拉力和剪切力作用于样品，配上不同的样品探头，来测试样品的物理性能，其结果具有较高的灵敏性与客观性，并可通过配备的专用软件对结果进行准确的量化处理，以量化的指标来客观全面地评价物品。

质构仪是模拟人的触觉，分析检测触觉中的物理特征的仪器，在其主机的机械臂和探头连接处有一个力学感应器，能感应标本对探头的反作用力，并将这种力学信号传递给计算机，在应用软件的处理下，将力学信号转变为数字和图形显示于显示器上，直接快速地记录标本的受力情况。在计算机程序的控制下，可安装不同传感器的横臂并在设定的速度下上下移动，当传感器与被测物体接触达到设定触发力或触发深度时，计算机以设定的记录速度（单位时间采集的数据信息量）开始记录，并在计算机显示器上同时绘出传感器受力与其移动时间或距离的曲线。由于传感器是在设定的速度下匀速移动，因此，横坐标时间和距离可以自动转换，并可以进一步计算出被测物体的应力与应变关系。由于质构仪可以装配多种传感器，因此，质构仪可以检测食品多个机械性能参数和感官评价参数，包括拉伸、压缩、剪切以及扭转等作用方式。

3. 测定方式

仪器主要围绕着距离、时间和作用力对试验对象的物性和质构进行测定，并通过对它们相互关系的处理、研究，获得试验对象的物性测试结果。测试分为准备阶段、测试阶段和分析阶段。测试前根据不同的食品形态和测试要求，选择不同的测样探头。如柱形探头常用于测试果蔬的硬度、脆性、弹性等；锥形探头可对黄油及其他黏性食品的黏度和稠度进行测量；模拟牙齿咀嚼食物动作的检测夹钳可以测量肉制品的韧性和嫩度；利用球形探头则可以测量休闲食品（如薯片）的酥脆性；挂钩形的探头可测面条的拉伸性等。

第七节　热分析技术

一、热分析技术的定义

热分析技术（Thermoanalysis Technology）是指在程序温度控制下测量物质性质与温度关系的一类技术。通过程序控制温度的升降，热分析技术可以研究材料的各种理化转变和反应，如脱水、结晶-熔融、蒸发和相变等，以及各种无机和有机材料的热分解过程和反应动力学问题等，是一种十分重要的分析测试方法。

二、热分析技术测定的内容

根据国际热分析及量热学联合会（International Confederation for Thermal Analysis and Calorimetry，ICTA）的归纳分类，目前热分析法共分为 9 类 18 种，如表 13-3 所示。

表 13-3　　　　　　　　　　　　　热分析方法分类

物理量	方法名称	简称	物理量	方法名称	简称
热量	热重分析法	TG		调制式差示扫描量热法	MDSC
	等压质量变化测定法		尺寸	热膨胀法	
	逸出气测定法	EGD	力学量	热机械分析法	TMA
	逸出气分析法	EGA		动态热机械法	
	放射热分析法		声学量	热发声法	
	热微粒分析法			热传声法	
温度	升温曲线测定法		光学量	热光学法	
	差热分析法	DTA	电学量	热电学法	
热量	差示扫描量热法	DSC	磁学量	热磁学法	

在所要求的温度范围内，各种热分析方法能够测定：①转化温度（相转变温度或化学起始反应温度、峰顶温度或结束温度）；②热容变化；③失重或增重；④转化能或焓变（ΔH）；⑤容积变化；⑥相转变或反应过程中的黏弹性或机械性能的变化；⑦电极化过程中的变化；⑧释放的气体。

三、热分析方法的应用

热分析技术在食品研发中得到了广泛的应用。如利用差示扫描量热法（DSC）测定淀粉糊化和老化及玻璃化转变、分析蛋白质纯度及蛋白质溶液玻璃化转变，检测煎炸油的质量和氧化程度等；用热重分析法（TG）测定食品中水分含量、食品添加剂的影响、油脂的氧化稳定性和组分含量等。

1. 差示扫描量热法

差示扫描量热分析（Differential Scanning Calorimetry，DSC）是指在程序控制温度下，随时间或温度的变化，试样和参比物之间为达到没有温差所必需能量的一种技术。根据测量方法的不同，分为功率补偿型 DSC 和热流型 DSC 两种。它能克服差热分析在定量测定上存在的不足。通过对试样能量变化进行及时补偿，保持试样与参比物始终无温差，无热传递，热损失小。因此灵敏度和精度都大有提高，可进行热量的定量分析工作。

（1）原理　在程序控制温度下，测量输入到试样和参比物的功率差（如以热的形式）与温度的关系。差示扫描量热仪记录到的曲线称为 DSC 曲线，它以样品吸热或放热的速率，即热流率 dH/dt（单位 mJ/s）为纵坐标，以温度 T 或时间 t 为横坐标，可以测定多种热力学和动力学参数，例如比热容、反应热、转变热、结晶速率、相图、反应速率、高聚物结晶度、样品纯度等。该法使用温度范围宽（$-150 \sim 800℃$）、分辨率高、试样用量少。

（2）差示扫描量热仪　差示扫描量热仪内含独立加热元件，如图 13-13 所示，在加热和冷却过程中，当试样和参比物随着时间或温度变化时，用两个独立的加热元件和温度传感器就可保持二者温度相同所需的需热流不同，加热或冷却在可控速率下进行。根据试样与参比物的热容给试样区和参比物区分别加热，以达到一定的加热速率。

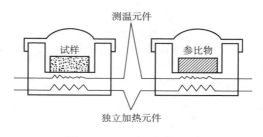

图 13-13　DSC 加热元件

（3）应用范围

①淀粉特性的测定：淀粉是半结晶态聚合物，由具有大量支链淀粉分子组成，部分结晶成分和直链淀粉分子在淀粉颗粒中是明显的非晶态。在加工和储藏过程中，淀粉颗粒会发生糊化和老化，影响含淀粉的食品尤其是谷物食品的品质、结构和组织。采用差示扫描量热仪可以研究其他添加物（如糖脂）对淀粉糊化和老化特性的影响。

②蛋白质特性的测定：差示扫描热分析对研究球状蛋白的热变性温度非常有效，通过对蛋白质变性温度的分析可用来估计蛋白质的纯度。例如，在分离纯化胃蛋白酶的研究中，用 DSC 测定胃蛋白酶的变性温度时发现，在 $90 \sim 110℃$ 有两种蛋白的热变性峰值，表明胃蛋白酶中至少含有两种蛋白，而且其中一种较为耐热。但凝胶电泳实验只看到一条谱带。另有报道，采用 DSC 研究牛乳浆蛋白-水-氧化钠体系的玻璃化转变，从而初步解释了蛋白质溶液的玻璃化转变机制。

③脂肪熔化和结晶的测定：DSC 法通过研究加热或煎炸过程中不断产生的杂质（游离脂肪酸、部分甘油酯和氧化产物）对油脂结晶特性的影响，从而预测煎炸油热降解的程度。DSC 法得到的参数（峰值温度、热熔）与标准方法测得的结果有很好的相关性，且所用样品量少、制备简单、省时省力，无须使用有毒的化学试剂。

④玻璃化转变温度的确定：DSC 法测定玻璃化转变温度物质在受热过程中，其玻璃化转变温度（Tg）前后会发生比热容的变化，在 DSC 曲线上通常表现阶段状变化，如呈现较小的吸热蜂，吸热方向的改变等，可据此确定玻璃化转变温度。

2. 热重分析法

热重分析（Thermogravimetry，TG）是在程序可控温度下测量获得物质的质量与温度关系的一种技术，其特点是定量性强，能准确测量物质的质量变化及变化速率。热重分析法包括静态法和动态法。静态法包括等压质量变化测定和等温质量变化测定。等压质量变化测定是指在程序控制温度下，测量物质在恒定挥发物分压下平衡质量与温度关系的一种方法；等温质量变化测定是指在恒温条件下测量物质质量与温度关系的一种方法。动态法即微商热重分析，又称导数热重分析（Derivative Thermogravimetry，DTG），它是 TG 曲线对温度（或时间）的一阶导数，以物质的质量变化速率（dm/dt）对温度 T（或时间 t）作图，即得 DTG 曲线。两种方法的精度相近，相对来说，动态法则要迅速得多。

（1）原理　热重法是在程序控温下，测量物质质量与温度关系的一种技术。其重要特点是定量性强，能准确地测量物质的质量变化及变化的速率，只要物质受热时发生重量变化，就可以用热重法来研究其变化过程。热重分析仪主要由记录天平、炉子、程序控温装置、记录仪器和支撑器等几个部分组成。其中，最主要的组成部分是记录天平，其准确度、重现性、抗震性能、反应性、结构坚固程度以及适应环境温度变化的能力等都有较高的要求。热重分析仪的结构如图 13-14 所示。

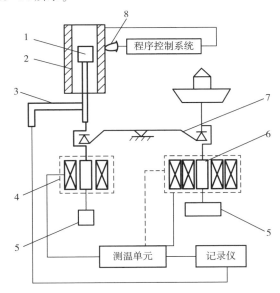

图 13-14　热重分析仪结构图

1—试样支持器　2—炉子　3—测温热电偶　4—传感器　5—平衡锤
6—阻尼和天平复位器　7—记录天平　8—阻尼信号

其中炉子为加热体，在由微机控制的一定的温度程序下运作，炉内可通过不同的动态气氛（如 N_2、Ar、He 等保护性气氛，O_2 等氧化性气氛及其他特殊气氛等），或在真空或静态气氛下进行测试。在测试进程中样品支架下部连接的高精度天平随时感知到样品当前的重量，并将数据传送到计算机，由计算机画出样品重量对温度/时间的曲线（TG曲线）。当样品发生重量变化时，会在TG曲线上体现为失重（或增重）台阶，由此可以得知该失/增重过程所发生的温度区域。并定量计算失/增重比例。若对TG曲线进行一次微分计算，得到微商热重曲线（DTG曲线），可以进一步得到重量变化速率等更多信息。

影响热重曲线的主要因素分为仪器因素和样品因素。前者包括升温速率、炉内气钢坩埚材料、支持器和炉子的几何形状、走纸速度、记录仪量程、天平和记录机构的灵敏度等，后者则包括样品量样品的几何形状、样品的装填方式和样品的属性等。

（2）应用范围　热重分析法可以研究晶体性质的变化，如熔化、蒸发、升华和吸附等物质的物理现象；研究物质的热稳定性、分解过程、脱水、解离、氧化、还原、成分的定量分析、添加剂与填充剂影响、水分与挥发物、反应动力学等化学现象。广泛应用于塑料、橡胶、涂料、药品、催化剂、无机材料、金属材料与复合材料等各领域的研究开发、工艺优化与质量监控。在食品领域，热重分析法测定食品中水分含量、食品添加剂的影响、油脂的氧化稳定性和组分含量等。

第八节　电子舌和电子鼻分析技术简介

一、电子舌分析技术

电子舌（Electonic Tongue）技术，又称味觉传敏器（Taste Sensor）技术或人工味觉识别（Artificial Taste Recognition）技术，是20世纪80年代中期发展起来的一种智能检测技术。它主要由传感器阵列、信号处理和模式识别系统组成。传感器阵列对液体试样响应并输出信号，经过计算机系统进行数据处理后，得到反映样品味觉特征的结果。

1. 原理

味觉传感器的类型有膜电位分析的味觉传感器、伏安分析味觉传感器、光电方法的味觉传感器、多通道电极味觉传感器、生物味觉传感器、基于表面等离子共振（SPR）原理制成的味觉传感器、凝胶高聚物与单壁纳米碳管复合体薄膜的化学味觉传感器、硅芯片味觉传感器及水平剪切表面声波（Shear Horizontal Surface Acoustic Wave，SHSAW）味觉传感器等。电子舌的原理不同，所采集到的数据类型也会不同，但是都要采用模式识别方法进行信号处理。常用电子舌信号的模式识别方法主要有主成分分析（Principal Component Analysis，PCA）、人工神经网络（Artificial Neutral Network，ANN）、模糊识别（Fuzzy Recognitio，FR）和混沌识别（Chaos Recognition，CR）等。

2. 电子舌技术在食品领域中的应用

（1）茶叶　茶叶品质的评价和等级的区分常通过人的感官来评断。人感觉器官的灵敏度易受外界因素的干扰而改变，影响评定准确性。采用电子舌技术可以很好地区分红茶和绿茶，并且能区分不同品种的绿茶。另外，电子舌可以预测茶氨酸的含量及儿茶素的总含量。

（2）饮料　基于流动注射分析技术（Flow Injection Analysis，FIA）伏安分析电子舌，可用来区分不同的苹果汁。电子舌可由多个性能彼此重叠的味觉传感器阵列和基于误差逆向传播（Error Back Propagation，EBP）算法的神经网络模式识别工具组成，能够识别 4 种 100%的苹果汁、菠萝汁、橙汁和紫葡萄汁。

（3）酒类品质　用由 30 个传感器阵列组成的电子舌可检测 33 个不同品牌的啤酒，采集到的信息清楚地反映各种啤酒的味觉特征，能满足生产过程在线检测的要求；利用伏安电化学传感器的电子舌可区分伏特加酒、酒精和白兰地酒。

（4）乳品工业　利用伏安分析的电子舌可对进厂的原料乳进行监控，不合格的原料乳包括发酸的、咸味过浓的、有腥臭味的、有杂质的，氧化的、腐臭的和存在化学残留的原料乳等。此外，电子舌可快速检测所有不同来源的原料乳和不合格原料乳。

（5）植物油　把待分析的植物油作为涂层涂在改进的碳层电极上，这种电极放在不同的电解水溶液中可产生电化学反应，输出不同的特征信号，以此来区分植物油的不同来源和品质。

二、电子鼻分析技术

电子鼻技术是一种用来识别和检测复杂的挥发性成分的技术，它模拟人和动物的嗅觉系统，可得到被测样品中某种或某几种成分的信号。它根据各种不同的气味测到不同的信号，将这些信号与数据库中的信号进行识别判断，控制从原料到工艺的整个生产过程。电子鼻技术涉及传感器融合技术、计算机技术、应用数学、人工智能、模式识别等多个学科领域，在食品领域、环境污染监测、能源、化工生产中等领域中均有应用。目前，在食品领域主要利用电子鼻内 14~28 个传感器和待测气体进行反应，提供其特有电子指纹图谱，进行检测、分析、判别气味及挥发性化合物；并利用建立的指纹图库及各类模型（PCA 模型、DFA 模型、PLS 模型等）对样品气味分析做比对试验，可进行产品研发（配方、工艺等调制）、产品评价和对比、原材料与产品的质量检验、保鲜期/货架期分析、过程监测、对象整体品质差异的区分检验、原产地保护产品以及品牌产品真伪辨识、产品品质等级评定、样品感官属性以及理化指标的快速反应等。

1. 原理

电子鼻系统主要由气敏传感器阵列、信号处理单元和模式识别单元组成。气敏传感器阵列相当于彼此重叠的人的嗅觉感受细胞，气味分子被传感器阵列吸附，产生嗅感信号；信号处理单元对传感器阵列的响应模式进行特征提取；模式识别单元相当于人的大脑，具有分析、判断、智能解释的功能。气敏传感器阵列可由多个独立气敏传感器元件组成，也可用集成工艺制作专门的传感器阵列。常用的独立气敏传感器有金属氧化物半导体、声表面波、导电有机聚合物膜、石英晶体谐振、电化学、红外线光电及金属氧化物半导体场效应管等。

2. 电子鼻技术在食品领域中的应用

（1）酒及酒制品类　电子鼻在白酒气味识别中，可用于酒品质鉴别；电子鼻可以识别不同香型的白酒；电子鼻可以识别不同品牌、产地、原料的白酒；电子鼻可用于不同处理工艺葡萄酒样品的辨别区分，主要包括干白葡萄酒、蒸馏酒等；电子鼻可用于果酒、果汁的区分，且电子鼻可用于不同水果酿造的果酒及果汁的鉴别。

（2）果蔬及果蔬制品　电子鼻可用于储藏水果、蔬菜新鲜度识别，货架期预测；电子鼻可用于果蔬品种、产地的鉴别；电子鼻可用于快速检测草莓物流过程中果实腐烂状况的预测，建立果实腐烂指数预测模型；电子鼻可对果蔬成熟度进行无损检测分析；电子鼻可用于波棱瓜不同部位（波棱瓜的花叶壳子）及不同产地和品种的区分辨别。

（3）茶叶　电子鼻在茶叶品质鉴别中有诸多应用。例如电子鼻用于茶叶品质等级及储藏时间的评定；利用电子鼻进行茶叶香精油中香气成分含量的模糊预测；电子鼻检测茶叶香气与品种、加工方法、季节等的关系；茶汤冲泡次数的预测等。

（4）肉制品　在肉品评价过程中，气味是一个很重要的评价指标，其直接相关于肉制品的安全控制。气味是挥发性的风味物质刺激鼻腔嗅觉感受器而产生。在肉品工业中，电子鼻主要对肉类食品的挥发性气味进行识别和分类，最终对产品进行质量分级和新鲜度判别。此外，电子鼻也被应用于肉品加工生产线上连续监测中，用于工厂在加工过程中肉制品的安全控制。除了肉品的安全度控制外，对于某些传统干腌火腿制作过程中药经过一段时间较长的成熟期，才可以形成独特的口感和风味，此时电子鼻也可用于判断某些肉制品成熟期。

（5）调味料　电子鼻可用于对不同品种调味料进行区分辨别，对调味料进行生产环节品质控制，对调味品中非法添加添加物进行检测，利用感官评价及电子鼻对调味料风味属性进行评价。

（6）饮料　电子鼻可用于对不同产地原料、不同批次、品牌饮料的区分辨别，同时也可应用于饮料制品的等级区分和货架期及其特殊化学成分的含量预测。

本章微课二维码

微课 14-阿贝折光仪的使用　　　　微课 15-采用全质构分析模式测定蛋糕质构特性

小结

物理特性分析是食品分析及食品工业生产中常用的分析方法，包括食品的一些物理常数和重要质量指标，通过测定食品的这些特性，可以指导生产过程、保证产品质量以及鉴别食品组成、确定食品浓度、判断食品的纯净程度及品质，是生产管理和市场管理不可缺少的监测手段。随着科学信息技术的发展，测定食品的物理特性方法日新月异，计算机视觉检测、质构仪、热分析技术、电子舌和电子鼻这些新型技术手段运用于食品的物理特性检测，使其测定结果更加客观，为食品生产和质量管理提供有力保证。

思考题

1. 什么是相对密度？测定相对密度的意义是什么？

2. 密度瓶法测定样液相对密度的基本原理是什么？试说明密度瓶上的小帽起什么作用？

3. 阿贝折光仪利用反射光测定样液浓度的基本原理是什么？

4. 简述旋光法测定样液浓度的基本原理。

5. 色度、白度和浊度的测定方法有哪些？

6. 热分析技术根据原理和仪器的不同分为哪几类？其各自的特点是什么？

7. 食品的物理性能主要包括哪些方面？举例说明食品物性的量化与食品分析的关系。

第十四章

CHAPTER

功能活性物质的分析

14

第一节　概述

随着社会经济发展，食物种类和数量的日益丰富，人们生活水平不断提高。但同时也带来许多新的困惑与忧虑，例如，肥胖症、高脂血症、糖尿病、冠心病、恶性肿瘤等疾病的发病率居高不下，使得人们除了关注食物的营养和安全外，也开始关注食物的功能性质。

研究表明，食物中多糖、多肽、类黄酮、多酚、皂苷、萜类及生物碱等成分具有特殊的生理功能。因此，对食物中活性成分的分析，不仅可以针对个人情况，制定合理的膳食食谱，发挥活性成分的功能作用，减少加工和储藏过程中的损失，还能充分发掘富含功能活性成分的食物资源，开展精深加工及综合利用，生产出具有特定生理活性功能的功能性食品，带动国民经济发展，同时为人类的健康事业服务。

第二节　酚类物质的分析

酚类物质是几千种芳香植物的代谢物，结构上至少有一个羟基连接在苯环上。有研究表明，酚类物质有潜在的健康助益作用。目前，酚类物质通常被分为两大类，一类是单酚，其仅含有一个酚环，如水杨酸和（单体）羟基肉桂酸；一类是多酚，其至少含有两个酚环单元，如黄酮、芪类或木酚素。由于食品中的酚类物质种类繁多，为了能够初步了解其中的酚类物质含量，在实际的分析过程中常以总酚作为评价指标。本文重点介绍食品中总酚测定的常用方法——福林法。

一、总酚的测定

1. 适用范围

适用于各类食品中总酚的测定。

2. 原理

碱性条件下，利用多酚的还原性，其可将磷钨钼酸还原成蓝色，蓝色深浅与多酚含量呈正相关，可借助分光光度计进行测定。

3. 试剂和材料

①乙腈（C_2H_3N），甲醇（CH_3OH）；

②福林试剂：100g 钨酸钠（$H_4Na_2O_6W \cdot 2H_2O$）和 25g 钼酸钠（$Na_2MoO_4 \cdot 2H_2O$）溶解在 700mL 蒸馏水中，加入 50mL 0.85g/mL 磷酸（H_3PO_4）和 100mL 浓盐酸（HCl），再加入适量玻璃珠。加上回流冷却管，加热回流 10h，小心暴沸。回流结束后停止加热，从回流管顶部加入 50mL 蒸馏水. 将回流管中的试剂冲洗到瓶中并使瓶中试剂降温到沸点以下。取下回流冷却管，加入 150g 硫酸锂（$Li_2SO_4 \cdot H_2O$），避免吸入有害气体的同时加入数滴溴（Br_2），在通风橱内继续敞口加热 15min，使多余的溴挥发。冷却后，加蒸馏水定容到 1000mL，玻璃漏斗过滤，置棕色试剂瓶中，于冰箱中存放备用；

③0.1g/mL 碳酸钠（Na_2CO_3）：称取 50.00g 无水碳酸钠，加适量水溶解，转移至 500mL 容量瓶中，定容至刻度，摇匀，室温下可保持 1 个月；

④1000μg/mL 没食子酸（$C_7H_6O_5$）标准储备溶液：称取 0.110g 没食子酸（相对分子质量 188.14），于 100mL 容量瓶中溶解并定容至刻度，摇匀；

⑤没食子酸工作液：用移液管分别移取 1.0mL，2.0mL，3.0mL，4.0mL 和 5.0mL 没食子酸标准储备溶液于 100mL 容量瓶中，用水定容至刻度，摇匀，浓度分别为 10μg/mL，20μg/mL，30μg/mL，40μg/mL 和 50μg/mL。

4. 仪器

天平（感量为 0.001g）、离心机、分光光度计。

5. 分析步骤

（1）试样制备 称取样品 60~70mg，置于 150mL 三角瓶中，加入 80℃ 热蒸馏水 50mL，在 80℃ 以上水浴 40min（不断摇动，使烟样不粘瓶壁），取出冷却，过滤至 100mL 容量瓶中定容，摇匀备用。

（2）试样溶液的测定 取烘干的 30mL 刻度试管两支，各准确移入上述待测液 5mL，其中一支加 5mL 福林试剂，摇匀 3min，加入 5mL 0.1g/mL 碳酸钠溶液，振荡，两试管在室温下放置 1h 后呈蓝色，在 700nm 处测定，以本底溶液作参比，调节吸光度值为零。测出待测液的吸光度。

（3）标准曲线的绘制 取 5mL 不同浓度的没食子酸标准液，各加 5mL 福林试剂，置于 30mL 刻度试管中摇匀 3min 后加入 5mL 0.1g/mL 碳酸钠，振荡，同上步骤显色，用蒸馏水 5mL 代替标准液作空白对照，测出各标准溶液的吸光度，以系列标准液浓度为横坐标，对应的吸光度值为纵坐标，绘制标准曲线。

6. 分析结果计算

按式（14-1）计算：

$$X = \frac{c \times v \times d}{m \times 100} \tag{14-1}$$

式中 X——总酚的含量，mg/g；

$\quad c$——由标准曲线或回归方程得到的没食子酸质量浓度，μg/mL；

$\quad v$——样品提取液的体积，mL；

$\quad d$——稀释倍数；

$\quad m$——样品的质量，g；

100——单位换算系数。

7. 注意事项

（1）提取液需过滤和超速离心去杂，否则可能会有干扰物质进入样液。

（2）使用福林试剂时也可以加入等体积蒸馏水稀释，并使酸度降至约 1mol/L，其目的是在测定时显色反应介质的 pH 达到适度碱性。

（3）待测液吸光度应在没食子酸标准工作曲线的线性范围内，若样品吸光度高于 50μg/mL 没食子酸标准工作溶液的吸光度，应重新配制高浓度没食子酸标准液进行校准。

二、 茶叶中儿茶素的测定

茶多酚是茶叶中多酚类物质的总称，其中 75% 左右是游离儿茶素和酯型儿茶素，此外还包括黄酮、花青苷和酚酸。儿茶素属于黄烷醇的衍生物，茶叶中有十多种儿茶素，其中含量最高的 4 种儿茶素分别为表没食子儿茶素没食子酸酯（EGCG）、表儿茶素没食子酸酯（ECG）、表没食子儿茶素（EGC）和表儿茶素（EC），分别占儿茶素总量的 50%~60%，15%~20%，10%~15% 和 5%~10%。研究表明，茶多酚具有降血脂、降胆固醇、抗菌、抗衰老等功能。本文重点介绍 GB/T 8313—2018《茶叶中茶多酚和儿茶素类含量的检测方法》中的高效液相色谱法。

1. 适用范围

适用于茶及茶制品中儿茶素类及茶多酚含量的测定。

2. 原理

样品烘干磨碎后用 0.7g/mL 甲醇溶液在 70℃水浴上提取，儿茶素的测定采用 C_{18} 柱，检测波长采用 278nm，梯度洗脱，用儿茶素类标准物质外标法直接定量，也可用儿茶素类与咖啡因的相对校正因子 RRF_{Std}（ISO 国际换算结果）定量。

3. 试剂和材料

①乙二胺四乙酸二钠（EDTA-2Na）溶液：10mg/mL；

②抗坏血酸溶液：10mg/mL；

③咖啡因储备溶液：2.00mg/mL；

④没食子酸（$C_7H_6O_5$）储备溶液：0.100mg/mL；

⑤稳定溶液：分别将 25mL 乙二胺四乙酸二钠溶液、25mL 抗坏血酸溶液、50mL 乙腈（C_2H_3N，色谱纯）加入 500mL 容量瓶中，用水定容至刻度，摇匀；

⑥流动相 A：分别将 90mL 乙腈、20mL 乙酸（CH_3COOH）、2mL 乙二胺四乙酸二钠加入 1000mL 容量瓶中，用水定容至刻度，摇匀，溶液过 0.45μm 膜；

⑦流动相 B：分别将 800mL 乙腈、20mL 乙酸、2mL 乙二胺四乙酸二钠加入 1000mL 容量瓶中，用水定容至刻度，摇匀，溶液过 0.45μm 膜；

⑧儿茶素类储备溶液：儿茶素（+C）1.00mg/mL、表儿茶素（+EC）1.00mg/mL、表没食子儿茶素（+EGC）2.00mg/mL、表没食子儿茶没食子酸酯（+EGCG）2.00mg/mL、表儿茶素没食子酸酯（+ECG）2.00mg/mL；

⑨标准工作溶液的浓度：没食子酸（GA）5~25μg/mL，咖啡因 50~150μg/mL，儿茶素 50~150μg/mL，表儿茶素 50~150μg/mL，表没食子儿茶素 100~300μg/mL，表没食子儿茶没食子酸酯 100~400μg/mL，表儿茶素没食子酸酯 50~200μg/mL。

4. 仪器

天平（感量为 0.0001g），离心机，高效液相色谱仪（紫外检测器），液相色谱柱：C_{18}（250mm×4.6mm，5μm），水浴锅等。

5. 分析步骤

（1）试样制备

①母液制备：称取 0.2g（精确至 0.0001g）均匀磨碎的试样于 10mL 离心管中，加入在 70℃中预热过的 0.7g/mL 甲醇水溶液 5mL，用玻璃棒充分搅匀，立即移入 70℃ 水浴中，浸提 10min（隔 5min 搅拌一次），浸提后冷却至室温，3500r/min 离心 10min，上清液移入 10mL 容量瓶。残渣再用 5mL 0.7g/mL 甲醇水溶液提取一次，重复以上操作。合并提取液定容到 10mL，摇匀后过 0.45μm 膜，4℃下备用，最多保存 24h。

②测试液制备：用移液管移取母液 2mL 至 10mL 容量瓶中，用稳定溶液定容至刻度，摇匀，过 0.45μm 膜，待测。

（2）测定条件　流动相流速：1mL/min；柱温：35℃；紫外检测器：λ=278nm；梯度条件：0～10min，100% A 相；15min 内，100% A 相→68% A 相；保持 10min，68% A 相；100% A。

（3）试样溶液的测定　待流速和柱温稳定后，准确吸取 10μL 混合标准系列工作液注射入高效液相色谱仪，在相同的色谱条件下注射 10μL 样液，以峰面积定量。

6. 分析结果计算

（1）以儿茶素类标准物质定量　按式（14-2）计算：

$$c = \frac{(A - A_0) \times f_{std} \times V \times d \times 100}{m \times 10^6 \times \omega} \qquad (14\text{-}2)$$

式中　c——儿茶素含量（质量分数），%；

　　A——所测样品中被测成分的峰面积；

　　A_0——所测试剂空白中对应被测成分的峰面积；

　　f_{std}——所测成分的校正因子（浓度/峰面积），μg/mL；

　　V——样品提取液的体积，mL；

　　d——稀释倍数；

　　m——样品的称取量，g；

　　ω——样品的干物质含量（质量分数），%。

（2）以咖啡因标准物质定量　按式（14-3）计算：

$$c = \frac{A \times RRF_{std} \times V \times d \times 100}{S_{caf} \times m \times 10^6 \times \omega} \qquad (14\text{-}3)$$

式中　RRF_{std}——所测成分相对于咖啡因的校正因子（表 14-1）；

　　S_{caf}——咖啡因标准曲线的斜率（峰面积/浓度），μg/mL。

表 14-1　　　　　　　　　　　儿茶素类相对咖啡因的校正因子表

名称	GA	+ECG	+C	+EC	+EGCG	+ECG
RRF_{Std}	0.84	11.24	3.58	3.67	1.72	1.42

（3）儿茶素类总量　按式（14-4）计算：

$$c（\%）= c_{EGC}（\%）+c_C（\%）+c_{EC}（\%）+c_{EGCG}（\%）+c_{ECG}（\%）\qquad （14-4）$$

7. 注意事项

样品经 0.7g/mL 甲醇水溶液提取后，除了儿茶素外，叶绿素、咖啡因等也能被提取出来，这些物质的存在对儿茶素的检出会有干扰。因此，加正戊烷萃取，可去除叶绿素的干扰；加三氯甲烷萃取，可去除咖啡因的干扰。

三、 总黄酮的测定

黄酮类物质（Flavonoids）泛指两个苯环通过中央三碳链（C6—C3—C6 骨架）连接的一类化合物，具有重要的生物活性。它广泛存在于蔬菜、水果、花和谷物中，其在植物中的含量随种类的不同而异，一般叶菜类含量多而根茎类含量少。黄酮类物质种类很多，不同之处在于中间三个碳原子的氢化程度、取代位置及 γ-吡喃酮开环的变化，主要包括黄酮、黄烷酮、黄酮醇、黄烷酮醇、黄异黄酮、烷醇、花青素等。本文重点介绍 SN/T 4592—2016《出口食品中总黄酮的测定》中的分光光度法。

1. 适用范围

适用于出境枸杞、茶叶、葡萄酒等植物源性食品中黄酮类化合物的测定。

2. 原理

黄酮类化合物在弱碱性条件下，与显色剂三价铝离子结合生成黄色的络合物，可在 420nm 波长处产生最大吸收。在一定浓度范围内，其吸光度与黄酮类化合物的含量成正比，与芦丁标准曲线比较，可定量测定黄酮类化合物的含量。

3. 试剂和材料

①100g/L 硝酸铝溶液，98g/L 乙酸钾溶液，0.3g/mL 乙醇；

②芦丁对照品储备液：精确称取经 120℃减压真空干燥至恒重的芦丁对照品（$C_{27}H_{30}O_{16}$）50mg，置于 50mL 容量瓶中，加无水乙醇溶解并稀释至刻度，摇匀。

4. 仪器

可见分光光度计，天平（感量为 0.01g 和 0.0001g），组织捣碎机，超声清洗仪、离心机。

5. 操作步骤

（1）试样制备　枸杞干果、葡萄干等含糖量较高的固体样品，待测固体样品置于冷冻状态进行冷冻，成块后放入高速组织捣碎机中进行粉碎，粉碎后样品过 40 目筛，混合均匀。混合均质好的样品存放于-20℃避光保存。含糖量较低不易结块的样品，直接使用高速组织捣碎机进行粉碎，过 40 目筛，混匀后存放于-20℃避光保存。果汁、葡萄酒等存放于 4℃避光保存。

（2）提取　枸杞干果、葡萄干、果脯等固体样品，精密称取试样 1g（精确至 0.001g）置于 100mL 烘干恒重三角瓶中。果汁、葡萄酒等吸取 5~10mL 试样置于 100mL 烘干恒重三角瓶中，称重（精确至 0.001g）供后续测定使用。

加入约 30mL 无水乙醇充分摇匀试样，超声浸提 1h，每 20min 振摇一次。提取液过滤至 50mL 容量瓶，无水乙醇冲洗滤纸和三角瓶，合并溶液并冷却至室温，定容。

（3）标准曲线的绘制　吸取 0.00mL, 1.00mL, 2.00mL, 3.00mL, 4.00mL 和 5.00mL 芦

丁标准溶液，分别置于50mL具塞比色管中，用无水乙醇补充至15mL，加入1mL 100g/L硝酸铝溶液，乙酸钾溶液1mL，加水至刻度，摇匀，静置1h，用1cm比色皿，以0.3g/mL乙醇溶液为空白，在420nm处测定吸光度。以50mL中芦丁质量为横坐标，吸光度为纵坐标绘制标准曲线。

（4）试样溶液的测定 吸取1.0mL试样溶液，置于50mL具塞比色管中，按标准曲线的绘制步骤进行操作。用1cm比色皿，以空白试样进行校正，在420nm处测定吸光度。根据标准曲线算出试样溶液的芦丁质量。

6. 分析结果计算

按式（14-5）计算：

$$X = \frac{m}{W \times d \times 1000} \times 100\% \tag{14-5}$$

式中 X——黄酮类化合物的总含量（质量分数），%；

m——试样比色液中的芦丁质量，mg；

W——试样质量，g；

d——稀释比例；

1000——单位换算系数。

7. 注意事项

（1）黄酮类化合物对热、氧、适中酸度相对稳定，但遇光迅速破坏，因此在实验操作时应避免强光直射或在半暗室中进行。

（2）对于以葡萄、山楂等有色水果为原料的样品，可用未加铝盐试剂的样液为空白或采用标准加入法进行测定，以避免样液颜色对测定干扰而引起结果偏高。

四、 白藜芦醇的测定

白藜芦醇（Resveratrol）是多酚类化合物，主要来源于花生、葡萄、桑葚等植物。研究表明，白藜芦醇具有抗肿瘤、抗氧化应激、抗炎等功能、同时其对神经及心血管系统也具有一定保护作用。本文重点介绍GB/T 24903—2010《粮油检验 花生中白藜芦醇的测定 高效液相色谱法》中的高效液相色谱法。

1. 适用范围

适用于花生果、花生仁中白藜芦醇含量的测定。

2. 原理

样品中的白藜芦醇用乙醇-水溶液提取，提取液离心后，取上清液，用配有紫外检测器的高效液相色谱仪进行测定，以外标法定量。

3. 试剂和材料

①无水乙醇，0.85g/mL乙醇溶液；

②液相流动相：乙腈：水：乙酸（25：75：0.09），取250mL乙腈（CH_3CN，色谱纯），加入750mL水和0.9mL乙酸（CH_3COOH）混匀，通过0.2μm滤膜并脱气；

③50mg/L白藜芦醇标准储备溶液：准确称取12.5mg（精确至0.0001g）白藜芦醇标准品（$C_{14}H_{12}O_3$，纯度≥99%），用甲醇（CH_3OH，色谱纯）溶液溶解并定容至250mL，避光保存于4℃冰箱备用；

④白藜芦醇标准工作溶液：准确移取 1mL，2mL，4mL，6mL，8mL 和 10mL 白藜芦醇标准储备液，用甲醇稀释并定容至 50mL，得到一系列的标准工作溶液，质量浓度分别为 1mg/L，2mg/L，4mg/L，6mg/L，8mg/L 和 10mg/L。

4. 仪器

高效液相色谱仪（带有紫外检测器），粉碎机，高速万能粉碎机，离心机，微量进样器（10μL），天平（感量分别为 0.01g 和 0.0001g）。

5. 分析步骤

（1）试样制备　取花生仁样品约 100g，用粉碎机粉碎 2～3min。称取粉碎试样约 5.00g（精确至 0.01g）于 250mL 具塞三角瓶中，加入 60mL 0.85g/mL 乙醇溶液，置于 80℃ 水浴中提取 45min，不时振摇，冷却后过滤，以少量 0.85g/mL 乙醇溶液洗涤残渣，过滤，合并滤液，定容至 100mL。移取 1～2mL 滤液，离心 5min，离心速度 ≥5000/min，上清液供进样测定。

（2）测定条件　色谱柱：C_{18} 柱（3.9mm×150mm，4μm），或相当者；流速：0.7mL/min；紫外检测器：波长 306nm；柱温：30℃；进样量：10μL。

（3）试样溶液的测定　用微量进样器吸取等体积的白藜芦醇标准工作溶液和样品进样分析，测定响应值（峰高或峰面积），以标准工作液的浓度与相应的峰面积绘制标准曲线，以样品白藜芦醇的峰面积查标准曲线，计算相应的白藜芦醇的含量。

6. 分析结果计算

按式（14-6）计算：

$$X = \frac{c_s \times A \times V}{A_s \times m} \tag{14-6}$$

式中　X——样品中白藜芦醇含量（质量分数），mg/kg；

$\quad\quad V$——样液最终定容体积，mL；

$\quad\quad A$——样液中白藜芦醇的峰面积数值；

$\quad\quad c_s$——标准溶液中白藜芦醇质量浓度，mg/L；

$\quad\quad A_s$——标准溶液中白藜芦醇的峰面积数值；

$\quad\quad m$——称取试样的质量，g。

第三节　功能性活性多糖的分析

活性多糖（Active Polysaccharides）主要由葡萄糖（Glucose）、果糖（Fructose）、阿拉伯糖（Arabinose）、木糖（Xylose）、半乳糖（Galactose）及鼠李糖（Rhamnose）等组成，聚合度>10 的具有一定生理功能的多糖类化合物。自然界中的活性多糖包括植物多糖、动物多糖以及微生物多糖。目前从天然产物中提取分离出来的活性多糖已达 300 多种，其中以植物多糖和微生物多糖中的水溶性多糖最为重要。我国对多糖的研究多集中在银耳、猴头菇、金针菇、香菇等真菌多糖和人参、黄芪、魔芋、枸杞等植物多糖以及动物来源的甲壳质和肝素等。

一、 真菌多糖的测定

真菌多糖（Fungus Polysaccharide）是从真菌子实体、菌丝体、发酵液中分离的，可以控制细胞分裂分化，调节细胞生长的一类活性多糖。真菌多糖主要有香菇多糖、灵芝多糖、云芝多糖、银耳多糖、冬虫夏草多糖、茯苓多糖、金针菇多糖、黑木耳多糖、猴头菇多糖等。研究表明，真菌多糖具有抗癌、抗衰老、降血脂、降血糖、抗凝血等活性。本文重点介绍 NY/T 1676—2008《食用菌中粗多糖含量的测定》中的苯酚-硫酸法。

1. 适用范围

适用于各种干、鲜食用菌及制品中粗多糖的测定。

2. 原理

多糖在硫酸作用下水解成单糖，并迅速脱水生成糖醛衍生物，与苯酚反应生成橙黄色溶液，在 490nm 处有特征吸收峰，与标准系列比价定量。

3. 试剂和材料

①硫酸（H_2SO_4），无水乙醇（C_2H_5OH），0.8g/mL 乙醇溶液；

②0.8g/mL 苯酚（C_6H_6O）溶液；称取 80g 苯酚于 100mL 烧杯中，加水溶解并定容至 100mL，移至棕色瓶，4℃避光保存；

③50g/L 苯酚；5mL 苯酚溶液溶于 75mL 水，混匀，现用现配；

④100mg/L 标准葡萄糖溶液：称取 0.1000g 葡萄糖（$C_6H_{12}O_6$）于 100mL 烧杯中加水溶解并定容至 1000mL，4℃保存。

4. 仪器

可见分光光度计，天平（感量为 0.001g），超声提取器，离心机。

5. 分析步骤

（1）试样制备　称取 0.5~1.0g 粉碎过 20mm 孔径筛的样品，精确至 0.001g，置于 50mL 具塞离心管内。用 5mL 水浸润样品，缓慢加入 20mL 无水乙醇，同时使用涡旋振荡器振摇，使混合均匀，置超声提取器中超声提取 30min。提取结束后于 4000r/min 离心 10min，弃去上清液。不溶物用 10mL 乙醇溶液洗涤、离心。用水将上述不溶物转移入圆底烧瓶，加入 50mL 蒸馏水，装上磨口的空气冷凝管，于沸水浴中提取 2h 冷却至室温，过滤，将上清液转移至 100mL 容量瓶中，残渣洗涤 2~3 次，洗涤液转至容量瓶中，加水定容。此溶液为样品测定液。

（2）标准曲线的绘制　分别吸取 0mL、0.2mL、0.4mL、0.6mL、0.8mL 和 1.0mL 的标准葡萄糖工作溶液置于 20mL 具塞玻璃试管中，用蒸馏水补至 1.0mL。向试液中加入 1.0mL 苯酚溶液，然后快速加入 5.0mL 硫酸（与液面垂直加入，勿接触试管壁，以便与反应液充分混合），静置 10min。使用涡旋振荡器使反应液充分混合，然后将试管放置于 30℃水浴中反应 20min，490nm 测吸光度。以葡聚糖或葡萄糖质量浓度为横坐标，吸光度值为纵坐标，绘制标准曲线。

（3）试样溶液的测定　吸取 1.00mL 样品溶液于 20mL 具塞试管中，按步骤（2）操作，测定吸光度。同时做空白试验。

6. 分析结果计算

按式（14-7）计算样品中多糖含量 w：

$$\omega = \frac{m_1 \times V_1}{m_2 \times V_2} \times 0.9 \times 10^{-4} \qquad (14-7)$$

式中 m_1——从标准曲线上查得样品测定液中含糖量，μg；

　　　　m_2——样品质量，g；

　　　　V_1——样品定容体积，mL；

　　　　V_2——比色测定时所移取样品测定液的体积，mL；

　　　　0.9——葡萄糖换算成葡聚糖的校正系数。

二、 低聚糖的测定

低聚糖（Oligosaccharide）分为功能性低聚糖和普通低聚糖，是由 2~10 个分子单糖通过糖苷键连接形成直链或支链的低度聚合糖。具有生物活性的低聚糖包括水苏糖、棉子糖、异麦芽酮糖、低聚果糖、低聚木糖、低聚半乳糖、低聚异麦芽糖、低聚异麦芽酮糖、大豆低聚糖、低聚壳聚糖等。人体胃肠道内没有代谢这类低聚糖（除异麦芽酮糖）的酶系统，它们很难或不能被人体消化吸收，因此，其产能很低或没有，可在低能量食品中发挥作用。功能性低聚糖还能被双歧杆菌利用，促进其增殖，称为双歧杆菌增殖因子。低聚糖进入结肠经双歧杆菌发酵产生短链脂肪酸及抗生素物质，能抑制外源致病菌和肠道内固有腐败菌的生长繁殖，具有抑制腹泻和防止便秘的作用。而有益菌增多可促进蛋白质的消化吸收、有效分解致癌物质，维护人体健康。另外，低聚糖不会引起龋齿，有利于保护口腔卫生。本文重点介绍 GB/T 23528—2009《低聚果糖》中的高效液相色谱法。

1. 适用范围

适用于以蔗糖为原料，或以菊芋、菊苣等植物根茎为原料制成的低聚果糖的测定。

2. 原理

低聚糖各组分用高效液相法分离并定量测定，以乙腈、水作流动相，在碳水化合物分析柱上糖的分离顺序是先单糖后双糖，先低聚糖后多糖，以示差检测器检测。根据保留时间用外标法或峰面积归一化法定量。

3. 试剂和材料

①流动相：乙腈（CH_3CN）：水（75+25，色谱纯）；

②40mg/mL 标准溶液：葡萄糖（$C_6H_{12}O_6$）、果糖（$C_6H_{12}O_6$）、蔗糖（$C_{12}H_{22}O_{11}$）、蔗果三糖（$C_{18}H_{32}O_{16}$）、蔗果四糖（$C_{24}H_{42}O_{21}$）、蔗果五糖（$C_{30}H_{52}O_{26}$）、蔗果六糖（$C_{36}H_{62}O_{31}$）的标准品（纯度≥98%），分别用超纯水配成。

4. 仪器

高效液相色谱仪（有示差折光检测器或蒸发光散射检测器和柱恒温系统），流动相真空抽滤脱气装置，色谱柱：氨基柱，天平（感量为 0.0001g）。

5. 分析步骤

（1）试样制备　称取适量的液体或固体样品（使各组分含量在 0.4~40mg/mL），用超纯水定容至 100mL，摇匀后，用 0.45μm 膜过滤（或 12000r/min 离心 5min），收集滤液，作为待测试样溶液。

（2）测定条件　色谱柱：YWG-NH$_2$柱，4.6mm×300mm；柱温：35℃；流动相：乙腈：水＝75：25；流速：1.0mL/min；进样量：5~10μL。

（3）标准曲线的绘制　将标准溶液在 0.4~40mg/mL 配制 6 个不同浓度的标准液系列，分别进样后，以标准浓度对峰面积作标准曲线。在线性相关系数为 0.9990 以上，否则需调整浓度范围。

（4）试样溶液的测定　将试样进样，根据标样的保留时间定性样品中各种糖组分的色谱峰，根据样品的峰面积，以外标法或峰面积归一化法计算各种糖分的百分含量。

6. 分析结果计算

（1）外标法　按式（14-8）计算：

$$X_i = \frac{A_i \times \dfrac{m_s}{V_s}}{A_s \times \dfrac{m}{V}} \times 100 \tag{14-8}$$

式中　X_i——样品中组分 i（葡萄糖、果糖、蔗糖、蔗果三糖、蔗果四糖、蔗果五糖、蔗果六糖）占干物质的百分含量，%；

A_i——样品中组分 i 的峰面积；

m_s——标准样品中某组分糖标准品的质量，g；

V_s——标准样品稀释体积，mL；

A_s——标准样品中某组分糖标准品的峰面积；

m——样品的质量，g；

V——样品的稀释体积，mL。

样品中低聚果糖的百分含量按式（14-9）计算：

$$FOS = GF_2 + GF_3 + GF_4 + GF_5 \tag{14-9}$$

式中　　　　　　FOS——低聚果糖总含量（占干物质质量分数），%；

GF_2，GF_3，GF_4，GF_5——蔗果三糖、蔗果四糖、蔗果五糖、蔗果六糖的百分含量（占干物质质量分数），%。

（2）峰面积归一化法　用峰面积归一化法计算各组分糖占样品的百分含量，因为所有组分均能出峰，各组分是同系物，其校正因子相同，按式（14-10）计算各组分糖的百分含量：

$$P_i = \frac{A_i}{\sum A_i} \times 100 \tag{14-10}$$

式中　P_i——样品中组分 i 占干物质的百分含量，%；

A_i——样品中组分 i 的峰面积；

$\sum A_i$——样品总所有成分峰面积的总和。

7. 注意事项

（1）以蔗糖为原料的低聚果糖有效成分仅包括蔗果三糖、蔗果四糖、蔗果五糖和蔗果六糖。

（2）以菊芋、菊苣为原料的低聚果糖，其果果三糖、果果四糖、果果五糖、果果六糖的色谱峰分别包含于蔗果三糖、蔗果四糖、蔗果五糖和蔗果六糖的色谱峰之中。

（3）由于果果三糖、果果四糖、果果五糖和果果六糖没有标品，以菊芋、菊苣为原料的低聚果糖计算含量时宜采用峰面积归一化法。

（4）低聚糖较难得到纯品，因酶反应产物中除各种蔗果糖外，还残留下不少葡萄糖、果糖、蔗糖，或者麦芽糖。低聚糖尚无准确的定量方法，其原因是低聚糖分离的响应因子依赖于分子内部链的长短，故准确定量较难。

（5）如果无蔗果三糖、蔗果四糖、蔗果五糖、蔗果六糖标品，低聚果糖的定量采用间接法，即由测定的总糖中减去果糖、葡萄糖和蔗糖的含量，所得的差值就是样品中低聚果糖的含量。

第四节　功能性油脂的分析

多不饱和脂肪酸（Polyunsaturated Fatty Acid，PUFA）是指分子中含有 2 个或 2 个以上双键的不饱和脂肪酸。根据多不饱和脂肪酸分子中双键位置的不同又可分为 $n-3$ 多不饱和脂肪酸和 $n-6$ 多不饱和脂肪酸两大类。$n-3$ 多不饱和脂肪酸主要包括二十碳五烯酸（Eicosapentaenoic Acid，EPA）、二十二碳六烯酸（Docosahexaenic Acid，DHA）、$\alpha-$ 亚麻酸（$\alpha-$ Linolenic Acid，ALA）等。$n-6$ 多不饱和脂肪酸主要包括亚油酸（Linoleic Acid，LA）、花生四烯酸（Arachidonic Acid，AA）等。其中，亚油酸和 $\alpha-$ 亚麻酸是人体的必需脂肪酸。大量研究证实，富含多不饱和脂肪酸的油脂替代膳食中富含饱和脂肪酸的动物脂肪，可显著降低血清胆固醇水平。多不饱和脂肪酸经环糊精包埋或蛋黄粉包埋后可添加于各种食品中，如婴幼儿配方乳粉、乳制品、肉制品、焙烤食品、蛋黄酱和饮料等，也可以与其他活性物质相配合制成片剂或胶囊等各种形式的功能食品。

一、DHA 和 EPA 的测定

DHA 和 EPA 同属于 $\omega-3$ 系列多不饱和脂肪酸，是人体自身不能合成但又不可缺少的重要营养素，称为人体必需脂肪酸。因此，测定其含量具有重要意义。本文重点介绍 GB 28404—2012《食品安全国家标准　保健食品中 $\alpha-$ 亚麻酸、二十碳五烯酸、二十二碳五烯酸和二十二碳六烯酸的测定》中的气相色谱法。

1. 适用范围

适用于保健食品中 $\alpha-$ 亚麻酸、EPA、二十二碳五烯酸（DPA）和 DHA 的测定。

2. 原理

试样经酸水解后提取脂肪，其中 $\alpha-$ 亚麻酸、EPA、DPA、DHA 经酯交换生成甲酯后，通过气相色谱分离检测，以保留时间定性，外标法定量。

3. 试剂和材料

①盐酸（HCl），无水乙醚（$C_2H_5OC_2H_5$），0.95g/mL 乙醇（CH_3CH_2OH），石油醚（沸程 $30\sim60℃$），正己烷 [$CH_3(CH_2)_4CH_3$，色谱纯]，甲醇（CH3OH，色谱纯），无水硫酸钠（Na_2SO_4）；

②氢氧化钾甲醇溶液（0.5mol/L）：称取 2.8g 氢氧化钾（KOH），用甲醇溶解并定容至 100mL，混匀；

③4.0mg/mL 单个脂肪酸甲酯标准储备液：称取 100.0mg $\alpha-$ 亚麻酸甲酯（$C_{19}H_{32}O_2$，纯度 $\geqslant99.0\%$）、EPA 甲酯（$C_{21}H_{32}O_2$，纯度 $\geqslant98.5\%$）、DPA 甲酯（$C_{23}H_{36}O_2$，纯度 $\geqslant 98.0\%$）、DHA 甲酯（$C_{23}H_{34}O_2$，纯度 $\geqslant98.5\%$）标准物质于 25.0mL 容量瓶中，分别用正己

烷溶解并定容至刻度，摇匀。此溶液应贮存于-18℃冰箱中；

④1.0mg/mL脂肪酸甲酯混合标准中间液：分别吸取脂肪酸甲酯标准储备液2.50mL于10.0mL容量瓶中，摇匀，也为标准曲线最高浓度，临用时配制；

⑤脂肪酸甲酯标准工作液：分别吸取脂肪酸甲酯中间液0.40mL，0.80mL，1.0mL，2.0mL和4.0mL于10.0mL容量瓶中，用正己烷定容，此浓度即为0.040mg/mL，0.080mg/mL，0.10mg/mL，0.20mg/mL和0.40mg/mL的标准工作液，临用时配制。

4. 仪器

气相色谱仪［配有氢火焰离子化检测器（FID）］，天平（感量分别为0.001g和0.0001g），旋转蒸发仪，离心机，涡旋混合器，恒温水浴锅。

5. 分析步骤

（1）试样处理

①固体试样：称取已粉碎混合均匀的待测试样0.5~2g（精确至0.001g）（含待测组分5~10mg/g）加入50mL比色管中，加8mL水，混匀后再加10mL盐酸。将比色管放入70~80℃水浴中，每隔5~10min以涡旋混合器混合一次，至试样水解完全为止，需40~50min。取出比色管，加入10mL乙醇，混合。冷却至室温后将混合物移入100mL具塞量筒中，以25mL无水乙醚分次洗比色管，一并倒入量筒中。密塞振摇1min。加入25mL石油醚，密塞振摇1min，静置30min，分层，将吸出的有机层过无水硫酸钠（约5g）滤入浓缩瓶中。再加入25mL无水乙醚密塞振摇1min，25mL石油醚，密塞振摇1min，静置、分层，将吸出的有机层经过无水硫酸钠（约5g）滤入浓缩瓶中，按上述"再加入25mL无水乙醚……静置、分层、过无水硫酸钠"重复操作一次，将全部提取液用旋转蒸发仪于45℃减压浓缩近干。用正己烷少量多次溶解浓缩物，转移至25mL容量瓶并定容，摇匀。按步骤③进行甲酯化处理。

②油类制品：称取混合均匀的油类制品0.2~1g（精确至0.001g）（含待测组分10~20mg/g）至25mL容量瓶中，加入5mL正己烷轻摇溶解，并用正己烷定容至刻度，摇匀。按③步骤甲酯化处理。

③甲酯化：吸取上述待测液2.0mL至10mL具塞刻度试管中，加入2.0mL氢氧化钾甲醇溶液，立即移至涡旋混合器上振荡混合5min，静置5min，加入6mL蒸馏水，上下振摇0.5min，静置分层后吸取下层液体，弃去后再反复用少量蒸馏水进行洗涤，并用吸管弃去水层，直至洗至中性（若有机相有乳化现象，以4000r/min离心10min），吸取正己烷层待上机测试用。

（2）测定条件　色谱柱：键合交联聚乙二醇固定相，30m×0.32mm，0.5μm或同等性能的色谱柱；柱温箱温度：起始温度180℃，10℃/min升温至220℃，再以8℃/min升温至250℃，保持13min；进样口温度：250℃；进样量1μL；分流比20∶1；FID检测器温度：270℃；载气：高纯氮气，流量1.0mL/min，尾吹25mL/min；氢气：40mL/min；空气450mL/min。

（3）标准曲线的绘制　将1μL的标准系列各浓度溶液，注入气相色谱仪中，测得相应的峰面积或峰高，以标准工作液的浓度为横坐标，以峰面积或峰高为纵坐标，绘制标准曲线。

（4）试验溶液的测定　将1μL的试样待测液注入气相色谱仪中，以保留时间定性，测得峰面积或峰高，根据标准曲线得到待测液中各脂肪酸甲酯的组分浓度。

6. 分析结果计算

按式（14-11）计算：

$$X_i = \frac{C_i \times V \times F \times 100}{m \times 1000}$$ （14-11）

式中　　X_i——试样中 α-亚麻酸、EPA、DPA、DHA 的含量，g/100g；

　　　　C_i——由标准曲线查得测定样液中各脂肪酸甲酯的质量浓度，mg/mL；

　　　　V——被测定样液的最终定容体积，mL；

　　　　m——试样的称样质量，g；

　　　　F——各脂肪酸甲酯转化为脂肪酸的换算系数，其中：α-亚麻酸甲酯转化为 α-亚麻酸的转换系数为 0.9520；EPA 甲酯转化为 EPA 脂肪酸的转换系数为 0.9557；DPA 甲酯转化为 DPA 脂肪酸的转换系数为 0.9592；DHA 甲酯转化为 DHA 脂肪酸的转换系数为 0.9590；

100 和 1000——单位换算系数。

二、 磷脂的测定

磷脂（Phospholipid）是含有磷酸的类脂化合物，是甘油三酯的一个或两个脂肪酸被含磷酸的其他基团取代而得。磷脂按其分子组成可分为甘油磷脂和鞘磷脂两大类。甘油磷脂是磷脂酸的衍生物，常见的有卵磷脂（磷脂酰胆碱，Phosphatidylcholine，PC）、脑磷脂（磷脂酰乙醇胺，Phosphatidyl Ethanolamine，PE）、丝氨酸磷脂（磷脂酰丝氨酸，Phosphatidylserine，PS）和肌醇磷脂（磷脂酰肌醇，Phosphatidylinositol，PI）。神经醇磷脂的种类较少，主要分布于细胞膜中的鞘磷脂。磷脂是生物膜的构成成分，研究表明，其能够促进神经传导，提高大脑活力，增强记忆力的作用；能促进脂肪代谢，防止出现脂肪肝，具有降胆固醇、调节血脂的功能，还可以作为抗癌药物和缓释药物的载体，能显著增强人体的免疫力，对胃黏膜具有保护作用。本文重点介绍 GB 5537—2008《粮油检验　磷脂含量的测定》中的钼蓝比色法。

1. 适用范围

适用于植物原油、脱胶油及成品油中磷脂含量的测定。

2. 原理

植物油中的磷脂经灼烧成为五氧化二磷，被热盐酸反应转变成磷酸，遇钼酸钠生成磷钼酸钠，用硫酸联胺还原成钼蓝，用分光光度计在波长 650nm 处测定钼蓝的吸光度，与标准曲线比较，计算其含量。

3. 试剂和材料

①氧化锌（ZnO），0.15g/L 硫酸联氨（$H_4N_2 \cdot H_2SO_4$）溶液，0.5g/L 氢氧化钾（KOH）溶液，1:1 盐酸（HCl）溶液；

②25g/L 钼酸钠稀硫酸溶液：量取 140mL 浓硫酸（H_2SO_4），注入 300mL 水中。冷却至室温，加入 12.5g 钼酸钠（Na_2MoO_4），溶解后用水定容至 500mL，充分摇匀，静置 24h，备用；

③磷酸盐标准储备液：称取干燥的磷酸二氢钾（KH_2PO_4）0.4387g，用水溶解并稀释定容至 1000mL。此溶液含磷 0.1mg/mL；

④标准曲线用磷酸盐标准溶液：用移液管吸取标准储备液 10mL 至 100mL 容量瓶中，加水稀释并定容。此溶液含磷 0.01mg/mL。

4. 仪器

分光光度计，天平（感量分别为 0.001g 和 0.0001g），马弗炉，封闭电炉，水浴锅。

5. 分析步骤

（1）试样的制备 混匀液体试样，将试样放入干燥箱加热至 50℃，如此时试样不澄清，则进行过滤处理；固体试样则需在高于油脂熔点 10℃ 的条件下溶解，如此时试样不澄清，则进行过滤处理。

（2）待测液的制备 根据试样的磷脂含量，用坩埚称取制备好的试样，成品油试样称量 10g，原油及脱胶油称量 3.0~3.2g（精确至 0.001g）。加氧化锌 0.5g，在电炉上缓慢加热至样品变稠，逐渐加热至全部炭化，将坩埚送至 550~600℃ 的马弗炉中灼烧至完全灰化（白色），时间约 2h。取出坩埚冷却至室温，用 10mL 盐酸溶液溶解灰分并加热至微沸，5min 后停止加热，待溶解液温度降至室温，将溶解液过滤注入 100mL 容量瓶中，每次用大约 5mL 热水冲洗坩埚和滤纸共 3~4 次，待滤液冷却到室温后。用氢氧化钾溶液中和至出现混浊，缓慢滴加盐酸溶液使氧化锌沉淀全部溶解，再加 2 滴。最后用水稀释定容至刻度，摇匀。制备被测液时同时制备一份样品空白。

（3）绘制标准曲线 取 6 支比色管，编成 0，1，2，4，6 和 8 共 6 个号码。按号码顺序分别注入标准溶液 0mL，1mL，2mL，4mL，6mL 和 8mL，再按顺序分别加水 10mL，9mL，8mL，6mL，4mL 和 2mL。向 6 支比色管中分别加入硫酸联氨溶液 8mL，钼酸钠溶液 2mL。加塞，振摇 3~4 次，去塞，将比色管放入沸水浴中加热 10min，取出，冷却至室温。用水稀释至刻度，充分摇匀，静置 10min。移取该溶液至干燥、洁净的比色皿中，用分光光度计在 650nm 处，用试剂空白调整零点，分别测定吸光度。以吸光度为纵坐标，含磷量（0.01mg，0.02mg，0.04mg，0.06mg 和 0.08mg）为横坐标绘制标准曲线。

（4）测定 用移液管吸取待测液 10mL，加入 50mL 比色管中。加入硫酸联胺溶液 8mL，钼酸钠溶液 2mL。加塞，振摇 3~4 次，去塞，将比色管放入沸水浴中加热 10min，取出，冷却至室温。用水稀释至刻度，充分摇匀，静置 10min。移取该溶液至干燥、洁净的比色皿中，用分光光度计在 650nm 处，用试样空白调整零点，测定其吸光度。

6. 分析结果计算

按式（14-12）计算：

$$X = \frac{P}{m} \times \frac{V_1}{V_2} \times 26.31 \tag{14-12}$$

式中 X——磷脂含量，mg/g；

P——标准曲线查得的被测液的含磷量，mg；

m——试样质量，g；

V_1——样品灰化后稀释的体积，mL；

V_2——比色时所取的被测液的体积，mL；

26.31——每毫克磷相当于磷脂的毫克数。

7. 注意事项

当待测液的吸光度>0.8 时，需适当减少吸取被测液的体积，以保证被测液的吸光度在 0.8 以下。

第五节 功能性蛋白质类物质的分析

功能性蛋白质类物质包括有活性氨基酸、肽和蛋白质等物质。其中，活性氨基酸是指构成蛋白质以外的、具有生物调节活性的、在生物体内呈游离状态的一类氨基酸，常见的活性氨基酸有牛磺酸、蒜氨酸、L-茶氨酸等。其中，牛磺酸（Taurine）因1827年从牛胆汁中分离出来而得名，俗称牛胆碱、牛胆素，又称2-氨基乙磺酸，是一种特殊的功能性氨基酸。

牛磺酸几乎存在于所有的生物之中。哺乳动物的心脏、脑、肝脏中牛磺酸的含量较高。海鱼、贝类，如墨鱼、章鱼、虾、牡蛎、海螺、蛤蜊等海产品中牛磺酸含量也很丰富。牛磺酸具有多种功效，常用于婴幼儿配方食品中，可用作医药原料和保健食品、食品、饮料、饲料添加剂。研究表明，牛磺酸能够促进婴幼儿脑组织和智力发育；对心血管系统有较强的保护作用，可以提高神经传导和视觉功能，调节内分泌、提高机体免疫力，同时具有抗氧化、延缓衰老的功能等。

一、活性氨基酸的测定

本文重点介绍 GB 5009.169—2016《食品安全国家标准　食品中牛磺酸的测定》中的邻苯二甲醛（OPA）柱后衍生高效液相色谱法。

1. 适用范围

适用于婴幼儿配方食品、乳粉、豆粉、豆浆、含乳饮料、特殊用途饮料、风味饮料、固体饮料、果冻中牛磺酸的测定。

2. 原理

试样用水溶解，用偏磷酸沉淀蛋白，经超声波震荡提取、离心、微孔膜过滤后，通过钠离子色谱柱分离，与邻苯二甲醛（OPA）衍生反应，用荧光检测器进行检测，外标法定量。

3. 试剂和材料

①30g/L 偏磷酸溶液；

②柠檬酸三钠溶液：称取 19.6g 柠檬酸三钠（$Na_3C_6H_5O_7 \cdot 2H_2O$），加 950mL 水溶解，加入 1mL 苯酚（$C_6H_5OH$），用硝酸（$HNO_3$）调 pH 3.10~3.25，经 0.45μm 微孔滤膜过滤；

③0.5mol/L 硼酸钾溶液：称取 30.9g 硼酸（H_3BO_3），26.3g 氢氧化钾（NaOH），用水溶解并定容至 1000mL；

④邻苯二甲醛衍生溶液：称取 0.60g 邻苯二甲醛（$C_8H_6O_2$），用 10mL 甲醇（CH_3OH，色谱纯）溶解，加入 0.5mL 2-巯基乙醇（C_2H_6OS）和 0.35g 聚氧乙烯月桂酸醚，用 0.5mol/L 硼酸钾溶液定容至 1000mL，经 0.45μm 微孔滤膜过滤。临用前现配；

⑤沉淀剂 I：称取 15.0g 亚铁氰化钾［$K_4Fe(CN)_6 \cdot 3H_2O$］，用水溶解并定容至 100mL。该沉淀剂在室温下 3 个月内稳定；

⑥沉淀剂 II：称取 30.0g 乙酸锌［$Zn(CH_3COO)_2$］，用水溶解并定容至 100mL。该沉淀剂在室温下 3 个月内保持稳定；

⑦1mg/mL 牛磺酸标准储备溶液：准确称取 0.1000g 牛磺酸标准品（$C_2H_3NO_3S$），用水

溶解并定容至 100mL；

⑧牛磺酸标准工作液：将牛磺酸标准储备溶液用水稀释制备一系列标准溶液，标准系列浓度为：0μg/mL，5.0μg/mL，10.0μg/mL，15.0μg/mL，20.0μg/mL 和 25.0μg/mL，临用前现配。

4. 仪器

高效液相色谱仪（带有荧光检测器），柱后反应器，荧光衍生溶剂输液泵，超声波振荡器，pH 计，离心机，天平（感量为 0.0001g）。

5. 分析步骤

（1）试样制备

①准确称取固体试样 1～5g（精确至 0.01g）于锥形瓶中，加入 40℃ 左右温水 20mL，摇匀，放入超声波振荡器中超声提取 10min。再加 50mL 偏磷酸溶液，充分摇匀。超声提取 10～15min，取出冷却至室温后移入 100mL 容量瓶中，用水定容至刻度并摇匀，5000r/min 离心 10min，上清液用 0.45μm 微孔膜过滤取中间滤液，备用。

②谷类制品：称取试样 5g（精确至 0.01g）于锥形瓶中，加入 40℃ 左右温水 40mL，加入淀粉酶（酶活力≥1.5U/mg）0.5g，混匀后向锥形瓶中充入氮气，盖上瓶塞，置 50～60℃ 培养箱中 30min，取出冷却至室温，加 50mL 偏磷酸溶液，充分摇匀。超声提取 10～15min，取出冷却至室温后移入 100mL 容量瓶中，用水定容至刻度并摇匀，5000r/min 离心 10min，上清液用 0.45μm 微孔膜过滤取中间滤液，备用。

③液体试样（乳饮料除外）：准确称取 5～30g（精确至 0.01g）于锥形瓶中，加 50mL 偏磷酸溶液，充分摇匀。其余步骤同①。

④牛磺酸含量高的饮料类：先用水稀释到适当浓度，从"加 50mL 偏磷酸溶液"开始按①的步骤制备待测液。

⑤果冻类试样：称取试样 5g（精确至 0.01g）于锥形瓶中加入 20mL 水，50～60℃ 水浴 20min 使之溶解，冷却后按步骤①"加 50mL 偏磷酸溶液……"制备待测液。

⑥乳饮料试样：称取 5～30g 试样（精确至 0.01g）于锥形瓶中，加入 40℃ 左右温水 30mL，充分混匀，置超声波振荡器上超声提取 10min，冷却到室温。加 1.0mL 沉淀剂Ⅰ，涡旋混合，再加 1.0mL 沉淀剂Ⅱ，涡旋混合，转入 100mL 容量瓶中用水定容至刻度，充分混匀，5000r/min 离心 10min，上清液用 0.45μm 微孔膜过滤取中间滤液，备用。

（2）测定条件　色谱柱：钠离子氨基酸分析专用柱（25cm×4.6mm）或相当者；流动相：柠檬酸三钠溶液；流动相流速：0.4mL/min；荧光衍生溶剂流速：0.3mL/min；柱温：55℃；激发波长：338nm，发射波长：425nm；进样量：20μL。

（3）标准曲线的绘制　将标准系列工作液分别注入高效液相色谱仪中，测定相应的色谱峰高或峰面积，以标准工作液的浓度为横坐标，以响应值（峰面积或峰高）为纵坐标，绘制标准曲线。

（4）试样溶液的测定　将试样溶液注入高效液相色谱仪中，得到色谱峰高或峰面积，根据标准曲线得到待测液中牛磺酸的浓度。

6. 分析结果计算

按式（14-13）计算：

$$A = \frac{c \times V}{m \times 1000} \times 100 \qquad (14-13)$$

式中　　A——试样中牛磺酸的含量，mg/100g；

　　　　c——试样测定液中牛磺酸的质量浓度，μg/mL；

　　　　V——试样定容体积，mL；

　　　　m——试样质量，g；

　　100 和 1000——单位换算系数。

二、 活性肽的测定

大量研究显示，活性多肽类物质与人类诸多生命活动密切相关，如免疫调节、抗血栓、抗氧化、抑制细菌和病毒、抗癌等作用。常见的活性多肽有谷胱甘肽、降血压肽、促进钙吸收肽、易消化吸收肽和高 F 值低聚肽等。其中，谷胱甘肽（GSH）是由谷氨酸、半胱氨酸和甘氨酸组成的三肽。GSH 分子中有一个活泼的巯基（—SH），已被氧化脱氢，2 分子 GSH 脱氢后转变为氧化型谷胱甘肽（GSSG）。GSSG 在体内还原酶催化下，又可以还原为 GSH，继续发挥功能活性。GSH 广泛分布于生物体内，在动物肝脏、酵母和小麦胚芽中含量高达 1～10g/kg，动物的血液中含量也较丰富。研究表明，GSH 对放射线及抗肿瘤药物引起的白细胞减少有恢复保护作用，对有毒化合物和重金属有解毒作用，还可以抑制由于乙醇侵害引起的脂肪肝的发生。本文重点介绍 GSH 含量的测定方法——荧光分光光度法。

1. 适用范围

适用于水产品中 GSH 含量的测定。

2. 原理

GSH 在 pH 8 的碱性条件下，与邻苯二甲醛作用形成 1：1 的络合物，该络合物在紫外光照射下会发生蓝色荧光，然后用荧光分光光度计进行测定。

3. 试剂和材料

①1mg/mL 邻苯二甲醛溶液：将 50mg 邻苯二甲醛（$C_8H_6O_2$）溶解在甲醇（CH_3OH）中，然后放入 5℃的冰箱中备用；

②pH 8 磷酸缓冲液：取磷酸氢二钾（K_2HPO_4）5.59g 与磷酸二氢钾（KH_2PO_4）0.41g，加水使溶解，并定容至 1000mL；

③标准溶液的配制：精确称取 GSH 标样 10.0mg（精确至 0.001g），用蒸馏水定容至100mL，制成 100mg/L GSH 标准溶液。使用时取 4mL GSH 溶液，用蒸馏水定容至 100mL，得4.0mg/L 的标准溶液。吸取相应体积的 4.0mg/L 标准溶液到 25mL 容量瓶中，加入 pH 8 的磷酸缓冲溶液 5～7mL，充分振荡后，加入 5mL 1mg/mL 邻苯二甲醛溶液，黑暗中反应 30min，分别制得 0.08mg/L、0.16mg/L、0.32mg/L、0.48mg/L、0.64mg/L 和 0.80mg/L 的 GSH 系列标准溶液（现用现配）。

4. 仪器

荧光分光光度计，酸度计，离心机，粉碎机，天平（感量为 0.001g）。

5. 分析步骤

（1）标准曲线的绘制　采用荧光分光光度计对 100mg/L GSH 标准溶液进行荧光发射光谱扫描，确定最大激发波长（365nm）和最大发射波长（425nm）。在该实验条件下，测定浓度最大的标准溶液和空白溶液的荧光值，设定数据刻度和本底扣除值，将仪器选择为浓度测试功能。将配制好的各种浓度的标准 GSH 溶液用同一实验条件测定荧光值，制作标准曲线。

（2）水产品样品的制备及测定　样品鱼为去除内脏的整鱼，虾为整虾，贝为去壳贝肉。样品洗净、沥干后放入粉碎机中充分打碎备用。准确称取已打碎的样品 10g，移入 100mL 容量瓶中，用双蒸水定容。藻类则准确称取已充分晒干打碎的样品 5g，加入蒸馏水 20mL，浸泡 10h，然后以 4500r/min 的转速离心 12min，取上清液过滤，滤液备用。取滤液 10mL，用 pH 8 的磷酸缓冲液稀释 10 倍，然后取 2.5mL 加入 25mL 容量瓶中，加入 pH 8 的磷酸缓冲溶液 5~7mL，充分振荡后，加入 5mL 1mg/mL 邻苯二甲醛溶液，黑暗中反应 30min，以 365nm 的激发波长和 425nm 的发射波长测定荧光值。

6. 分析结果计算

按式（14-14）计算：

$$X = \frac{\rho \times 25 \times 20 \times 10}{m \times V \times 1000} \tag{14-14}$$

式中　X——试样中 GSH 的含量，mg/g；

ρ——从标准曲线中查得的样液中谷胱甘肽的质量浓度，mg/L；

V——测定用样液体积，mL；

m——称取的样品质量，g；

10——样液稀释倍数；

25——样液最终定容体积，mL；

20——样品制备时加入蒸馏水的体积，mL；

1000——单位换算系数。

7. 注意事项

（1）荧光法测定海洋生物中 GSH 的含量具有快速、简便和准确等优点，利用邻苯二甲醛与 GSH 反应构成的荧光体系，在激发波长为 365nm，发射波长为 425nm 的条件下，回收率在 99% 以上，变异系数为 2.16%。

（2）GSH 络合物暴露在室内光线下降解速度特别快，而在黑暗中分解速度很缓慢，尤其在低温条件下，分解速度更慢，因而需避光反应 30min。

（3）GSH 同时含有伯胺基和硫基，可与邻苯二甲醛的两个醛基缩合成可发强荧光的物质吲哚。但一些内源性成分也可与邻苯二甲醛反应生成发荧光的产物，可使结果偏高。可用 N-乙基马来酰亚胺来封闭邻苯二甲醛与谷胱甘肽的反应。

三、活性蛋白的测定

目前研究较多的活性蛋白质有免疫球蛋白、降胆固醇蛋白、乳铁蛋白和金属硫蛋白。其中，免疫球蛋白（Immunoglobulin，Ig）是一类具有抗体活性、化学结构与抗体相似的球蛋白。Ig 一般由 1000 个以上的氨基酸组成，其基本结构单位都是由 4 条肽链组成的对称结构，属于糖蛋白。Ig 的主要成分为 IgG。鸡蛋蛋黄中含有丰富的 IgG（8~20mg/mL），用其作原料提取 IgG，成本较低，可用于婴幼儿和老年人食品。本文重点介绍 GB/T 5009.194—2003《保健食品中免疫球蛋白 IgG 的测定》中的高效亲和色谱法。

1. 适用范围

适用于片剂、胶囊、粉剂类型保健食品中 IgG 的测定。

2. 原理

根据高效亲和色谱的原理，在磷酸缓冲溶液的条件下，免疫球蛋白 IgG 与配基连接，在 pH 2.5 的盐酸甘氨酸条件下洗脱免疫球蛋白 IgG。

3. 试剂和材料

①流动相 A：pH 6.5 0.05mol/L 磷酸缓冲溶液；

②流动相 B：pH 2.5 0.05mol/L 甘氨酸盐酸缓冲液；

③1.0mg/mL IgG 标准储备液：称取 IgG 标准品 0.0100g，用流动相 A 溶解并定容至 10mL，摇匀；

④IgG 标准系列溶液：取 IgG 标准储备液，用流动相 A 稀释成含 IgG 0.0mg/mL，0.2mg/mL，0.4mg/mL，0.6mg/mL，0.8mg/mL 和 1.0mg/mL 的标准系列溶液。临用时配制。

4. 仪器

高效液相色谱仪（附紫外检测器和梯度洗脱设备），天平（感量为 0.001g）。

5. 分析步骤

（1）试样处理　准确称取 0.1g（精确至 0.0001g）试样，用流动相 A 稀释至 25.0mL，摇匀，通过 0.45μm 微孔滤膜后进样。

（2）测定条件　色谱柱：Pharmacia HI‐Trap Protein G 柱；波长：280nm；进样量：20μL；流速：0.4mL/min；梯度洗脱程序：流动相 A100% 保持 4.5min，在 1min 内流动相 A 从 100% 降至 0%，保持 9.5min，在 0.5min 内流动相 A 又从 0% 升至 100%，保持 6.5min。

6. 分析结果计算

样品中免疫球蛋白的含量，按式（14‐15）计算：

$$X = \frac{c \times V \times 100}{m \times 1000} \tag{14-15}$$

式中　　X——试样中 IgG 的含量，g/100g；

c——待测试液中 IgG 的质量浓度，mg/mL；

V——试样定容体积，mL；

m——试样的质量，g；

100 和 1000——单位换算系数。

第六节　挥发油类物质的分析

构成挥发性油的组分种类多，根据其基本组成可分为脂肪族、芳香族和萜类及其含氧衍生物三类。其中，萜类占比最大，主要是单萜、倍半萜烯及其含氧衍生物。含氧衍生物和醌的芳香族化合物是具有芳香气味的挥发油的主要成分，且具有一定生物活性。挥发油长时间在空气中会逐渐氧化和变质，可以在低温下储存在棕色瓶中。

挥发油广泛分布于植物界，如菊科植物（白术、白术、佩兰），豆科，伞形科（小茴香、当归、柴胡），唇形科（薄荷、麝香、荆芥、紫苏），樟科（樟、肉桂），芸香科（柑橘、柠檬）等。挥发油和芳香药物大多是小分子物质，可以被人体快速吸收，研究表明，其具有抗菌、抗炎、抗癌、抗病毒和促进药物吸收的作用。挥发油测定的方法主要有蒸馏法、气相色谱法、气质联用法和顶空气质联用法。本文重点介绍 GB/T 30385—2013《香辛料和调味品挥发油含量的测定》中的蒸馏法。

一、　挥发油的测定

1. 适用范围

适用于香辛料和调味品中挥发油的测定。

2. 原理

蒸馏试样的水悬浮液，馏分收集于存有二甲苯的刻度管中，当有机相与水相分层时读取有机相的体积（mL），扣除二甲苯体积后计算出挥发油的含量。

3. 试剂和材料

①二甲苯，丙酮；

②硫酸-重铬酸钾溶液：持续搅拌条件下，将 1 体积浓硫酸缓慢加入 1 体积饱和重铬酸钾溶液中，混匀冷却后过滤。

4. 仪器

蒸馏瓶，圆底烧瓶，冷凝器，汽阱，可调式加热装置，天平（感量为 0.001g）。

5. 分析步骤

（1）蒸馏器的准备　洗净冷凝器，将玻璃塞盖紧支管，汽阱置于安全管上，将冷凝管倒置，注满洗涤液，放置过夜，洗净后用水漂洗，烘干备用。

（2）试样制备　试样需经粉碎后才能放入圆底烧瓶中。

（3）测定

①二甲苯体积的测定：用量筒将一定量的水（GB/T 30385—2013 附录 A）倒入圆底烧瓶（其中加入几粒小玻璃珠），与冷凝器连接，从支管加水，将刻度管、收集球和斜管充满；从支管处加入 1.0mL 二甲苯，汽阱半充满水后连接至冷凝器，加热圆底烧瓶，蒸馏速度控制在 2~3mL/min，蒸馏 30min 后停止加热；调节三通阀，使二甲苯上页面与刻度管零刻度处平行，冷却 10min 后读取二甲苯的体积（mL）；

②有机相体积的测定：将试样移入圆底烧瓶中，连接冷凝器，加热圆底烧瓶，蒸馏速度控制在 2~3mL/min，按规定的时间（GB/T 30385—2013 附录 A）持续蒸馏，蒸馏完成后停止加热，冷却 10min 后读取有机相的体积（mL）；

③水分含量的测定：按 ISO 939—1980《香辛料和调味品　含水量的测定》的方法进行测定。

6. 分析结果计算

按式（14-16）计算：

$$X = 100 \times \frac{V_1 - V_0}{m} \times \frac{100}{100 - w} \qquad (14-16)$$

式中　X——试样中的挥发油含量，mL/100g；

V_0——二甲苯体积，mL；

V_1——有机相体积，mL；

m——试样质量，g；

w——试样水分含量（质量分数）的数值。

二、 角鲨烯的测定

角鲨烯属于开链三萜类化合物，最初是从鲨鱼的肝油中发现的，又称鱼肝油萜。角鲨烯在植物中分布也很广，如橄榄油。但含量不高，由于角鲨烯具有提高机体超氧化物歧化酶（SOD）活性、增强机体免疫能力、抗衰老、抗疲劳、抗肿瘤等多种生理功能，近年来成为研究的热点。本文重点介绍 LS/T 6120—2017《粮油检验　植物油中角鲨烯的测定　气相色谱法》中的气相色谱法。

1. 适用范围

适用于植物油中角鲨烯含量的测定。

2. 原理

样品经氢氧化钾-乙醇溶液皂化、正己烷提取后，采用气相色谱法，以角鲨烷为内标测定植物油中角鲨烯的含量。

3. 试剂和材料

①1mol/L 氢氧化钾–乙醇溶液：称取（60±0.1）g 氢氧化钾（KOH），加入 50mL 水进行溶解，然后用乙醇（C_2H_5OH）稀释至 1000mL，溶液应为无色或浅黄色；

②1mg/mL 角鲨烷内标溶液：准确称取 25mg（精确至 0.0001g）角鲨烷标准品（$C_{30}H_{62}$，纯度≥98%）于 25mL 容量瓶中，加入少量正己烷（C_6H_{14}，色谱纯），使其充分溶解后，用正己烷定容至刻度，摇匀；

③1mg/mL 角鲨烯标准储备溶液：准确称取 50mg（精确至 0.0001g）角鲨烯标准品（$C_{30}H_{50}$，纯度≥98%）于 50mL 容量瓶中，加入少量正己烷，使其充分溶解后，用正己烷定容至刻度，摇匀；

④含 30μg/mL 角鲨烷内标的角鲨烯工作液：将角鲨烯标准储备液用正己烷稀释至浓度分别为 2.5μg/mL，5μg/mL，10μg/mL，20μg/mL，50μg/mL，100μg/mL 和 200μg/mL 的标准工作液，并在工作液中加入适量的角鲨烷内标溶液。

4. 仪器

气相色谱仪（配 FID 检测器），恒温水浴锅，涡旋振荡器，天平（感量为 0.0001g），旋转蒸发仪，氮吹仪。

5. 分析步骤

（1）试样制备

①称量：准确吸取 300μL 角鲨烷内标溶液于 250mL 圆底烧瓶中，在氮吹仪上吹干后，准确称取 0.2~2g 样品（精确至 0.0001g）于此烧瓶中；

②皂化：于烧瓶中加入 50mL 氢氧化钾-乙醇溶液，80℃恒温水浴，皂化回流 50min，停止加热，加入 50mL 水，取出烧瓶摇匀，冷却至室温；

③提取：将烧瓶中的皂化液转移至 250mL 分液漏斗中，用 50mL 正己烷分三次洗涤烧瓶，并将洗涤液倒入分液漏斗中，用力摇动分液漏斗 2min，倒转分液漏斗，并小心打开旋塞，间歇地释放压力，静置分层，将下层皂化液转移至另一个 250mL 分液漏斗中。再用相同的方

法，分别用 30mL 和 20mL 正己烷对皂化液再提取两次，将三次正己烷提取液置于同一分液漏斗中；

④洗涤：用 25mL 0.1g/mL 乙醇溶液洗涤正己烷提取液 3~4 次，每次弃去下层的乙醇水溶液，用 pH 试纸（1~14）检验直至下层流出液呈中性。

⑤浓缩：将洗至中性的正己烷提取液经过铺有约 5g 无水硫酸钠的滤纸滤入与旋转蒸发仪配套的球形蒸发瓶中，再用约 20mL 正己烷冲洗分液漏斗及无水硫酸钠三次，并滤入蒸发瓶中，40℃水浴中旋转蒸发溶剂，待瓶中剩下约 2mL 正己烷时，取下蒸发瓶，立即放入氮吹仪中吹干，最后用正己烷溶解并定容至 10mL，待测。

（2）测定条件　气相色谱柱（HP-5 毛细管柱，0.32mm×30m，0.25μm）；载气（高纯氮气，纯度 99.999%；恒压，110.3kPa；分流比：1∶10）；进样口温度（250℃；柱温采用程序升温方式，以 15℃/min 的速率从 160℃升温到 220℃，保持 2min，然后以 5℃/min 的速率升温到 280℃，保持 20min；最后以 5℃/min 的速率升温到 300℃，保持 2min）；FID 检测器（温度 300℃，氢气流速 40mL/min，空气流速 450mL/min，尾吹气流速 30mL/min）；进样量：1.0μL。也可采用其他等效的毛细管柱或色谱条件。

（3）标准曲线的绘制　将含有 30μg/mL 角鲨烷内标的不同浓度角鲨烯标准工作溶液注入气相色谱仪中进行分析，记录角鲨烯和角鲨烷的峰面积。以二者峰面积比为横坐标，以二者质量比为纵坐标，绘制标准曲线，标准曲线的斜率即为角鲨烯和角鲨烷的校正因子 f。

（4）试样溶液的测定　将样品待测溶液注入气相色谱仪中进行分析，记录样品中角鲨烯和角鲨烷峰面积。根据样品测试溶液的角鲨烯和角鲨烷的峰面积比、内标的质量及角鲨烯和角鲨烷的校正因子，计算出样品待测液角鲨烯的质量。如果样品测试溶液的角鲨烯和角鲨烷峰面积比未落在标准曲线范围内，应适当调整待测样品的称样质量，再重新进行测定。

6. 分析结果计算

按式（14-17）计算：

$$X = \frac{A_1}{A_s} \times \frac{m_s}{m} \times f \times \frac{1000}{1000} \tag{14-17}$$

式中　X——样品中角鲨烯的含量，mg/kg；

　　　A_1——样品中角鲨烯的峰面积；

　　　A_s——样品中内标角鲨烷的峰面积；

　　　m_s——样品中加入内标角鲨烷的质量，μg；

　　　f——角鲨烯和角鲨烷的校正因子；

　　　m——样品质量，g；

　　　1000——单位换算系数。

小结

食物中除了含有糖类、脂类和蛋白质等主要营养成分外，还含有一些功能活性物质，如活性多糖、类胡萝卜素、低聚糖、功能性脂类、特殊氨基酸及活性肽（如牛磺酸、乳铁蛋白、免疫球蛋白等）以及一些植物活性成分（如黄酮、皂苷、生物碱、萜类、有机硫化合物等）等。这些成分通常在食品中含量较低。因此，常采用溶剂提取或者通过化学合成方式获取功能活性成分，然后添加到相应食品或者功能性食品中。

　　功能活性物质的分析对于评价食品的质量，特别是功能性食品的真伪判定是至关重要的。因此针对功能性食品中活性成分的定性及定量检测方法十分关键。随着现代分析技术的发展，新的分析手段和方法在功能活性物质的检测方面被广泛应用。由于教材篇幅有限，因此本章仅重点介绍了食物中常见的几种功能活性物质如酚类（儿茶素、总黄酮、花青素、白藜芦醇）、多糖类（真菌多糖、低聚糖）、油脂类（DHA、EPA、磷脂）、蛋白质类（牛磺酸、GSH、IgG）、挥发油（角鲨烯）等的分析方法，主要包括有液相色谱法和气相色谱法。旨在让读者对目前研究较热的功能活性物质分析方法有一个较为全面的了解。

🔍 **思考题**

　　1. 酚类化合物包括哪些物质？作为酚类中非常重要的一类，黄酮类化合物又分为哪些类别，代表物质有哪些？

　　2. 在总酚测定的过程中需要注意哪些方面？

　　3. 简述总黄酮含量的测定原理和方法。

　　4. 简述苯酚-硫酸法测定香菇多糖的原理、方法及注意事项。

　　5. 低聚糖有何重要的生理作用？哪些食物中富含低聚糖？

　　6. 采用气相色谱法分析 EPA 和 DHA 的含量时，为什么样品要进行甲基化处理？

　　7. 哪些食物或动植物材料中可获取活性肽？它们有何重要的生理作用？

　　8. 采用荧光分光光度法测定谷胱甘肽含量时，绘制标准曲线是以谷胱甘肽与邻苯二醛的加合物浓度为横坐标，以荧光值为纵坐标，用该曲线为什么可以分析谷胱甘肽的含量？

　　9. 如何测定保健食品中 IgG 的含量？

附录

附录一 常用化学元素及相对原子质量

常用化学元素及相对原子质量见附表1。

附表1　　　　　　　　　　常用化学元素及相对原子质量表

元素名称	元素符号	相对原子质量	元素名称	元素符号	相对原子质量	元素名称	元素符号	相对原子质量
氢	H	1	铝	Al	27	铁	Fe	56
氦	He	4	硅	Si	28	铜	Cu	63.5
碳	C	12	磷	P	31	锌	Zn	65
氮	N	14	硫	S	32	银	Ag	108
氧	O	16	氯	Cl	35.5	钡	Ba	137
氟	F	19	氩	Ar	40	铂	Pt	195
氖	Ne	20	钾	K	39	金	Au	197
钠	Na	23	钙	Ca	40	汞	Hg	201
镁	Mg	24	锰	Mn	55	碘	I	127

附录二 锤度计读数换算

20℃下锤度计读数换算见附表2。

附表2　　　　　　　　　　锤度计读数换算表（20℃）

温度/℃	观察糖度/°Bé									
	1	2	3	4	5	6	7	8	9	10
应减表中值										
0	0.34	0.38	0.41	0.45	0.49	0.52	0.55	0.59	0.62	0.65
5	0.38	0.40	0.43	0.45	0.47	0.49	0.51	0.52	0.54	0.56
10	0.33	0.34	0.36	0.37	0.38	0.39	0.40	0.41	0.42	0.43
11	0.32	0.33	0.33	0.34	0.35	0.36	0.37	0.38	0.39	0.40
12	0.30	0.30	0.31	0.31	0.32	0.33	0.34	0.34	0.35	0.36
13	0.27	0.27	0.28	0.28	0.29	0.30	0.30	0.31	0.31	0.32
14	0.24	0.24	0.24	0.25	0.26	0.27	0.27	0.28	0.28	0.29
15	0.20	0.20	0.20	0.21	0.22	0.22	0.23	0.23	0.24	0.24
16	0.17	0.17	0.18	0.18	0.18	0.18	0.19	0.19	0.20	0.20
17	0.13	0.13	0.14	0.14	0.14	0.14	0.14	0.15	0.15	0.15
18	0.09	0.09	0.10	0.10	0.10	0.10	0.10	0.10	0.10	0.10
19	0.05	0.05	0.05	0.05	0.05	0.05	0.05	0.05	0.05	0.05
应加表中值										
21	0.04	0.04	0.05	0.05	0.05	0.05	0.05	0.06	0.06	0.06
22	0.10	0.10	0.10	0.10	0.10	0.10	0.10	0.11	0.11	0.11
23	0.16	0.16	0.16	0.16	0.16	0.16	0.16	0.17	0.17	0.17
24	0.21	0.21	0.22	0.22	0.22	0.22	0.22	0.23	0.23	0.23
25	0.27	0.27	0.28	0.28	0.28	0.28	0.29	0.29	0.30	0.30
26	0.33	0.33	0.34	0.34	0.34	0.34	0.35	0.35	0.36	0.36
27	0.40	0.40	0.41	0.41	0.41	0.41	0.41	0.42	0.42	0.42
28	0.46	0.46	0.47	0.47	0.47	0.47	0.48	0.48	0.49	0.49
29	0.54	0.54	0.55	0.55	0.55	0.55	0.55	0.56	0.56	0.56
30	0.61	0.61	0.62	0.62	0.62	0.62	0.62	0.63	0.63	0.63
31	0.69	0.69	0.70	0.70	0.70	0.70	0.70	0.71	0.71	0.71
32	0.76	0.77	0.77	0.78	0.78	0.78	0.78	0.79	0.79	0.79
33	0.84	0.85	0.85	0.85	0.85	0.85	0.86	0.86	0.86	0.86
34	0.91	0.92	0.92	0.93	0.93	0.93	0.93	0.94	0.94	0.94
35	0.99	1.00	1.00	1.01	1.01	1.01	1.01	1.02	1.02	1.02
36	1.07	1.08	1.08	1.09	1.09	1.09	1.09	1.10	1.10	1.10

续表

温度/℃	观察糖度/°Bé									
	1	2	3	4	5	6	7	8	9	10
	应加表中值									
37	1.15	1.16	1.16	1.17	1.17	1.17	1.17	1.18	1.18	1.18
38	1.25	1.25	1.26	1.26	1.27	1.27	1.28	1.29	1.29	1.30
39	1.34	1.34	1.35	1.35	1.36	1.36	1.37	1.38	1.38	1.38
40	1.43	1.43	1.44	1.44	1.45	1.45	1.46	1.46	1.47	1.47

温度/℃	观察糖度/°Bé									
	11	12	13	14	15	16	17	18	19	20
	应减表中值									
0	0.67	0.70	0.72	0.75	0.77	0.79	0.82	0.84	0.87	0.89
5	0.58	0.60	0.61	0.63	0.65	0.67	0.68	0.70	0.71	0.73
10	0.44	0.45	0.46	0.47	0.48	0.49	0.50	0.50	0.51	0.52
11	0.41	0.42	0.42	0.43	0.44	0.45	0.46	0.46	0.47	0.48
12	0.37	0.38	0.38	0.39	0.40	0.41	0.41	0.42	0.42	0.43
13	0.33	0.33	0.34	0.34	0.35	0.36	0.36	0.37	0.37	0.38
14	0.29	0.30	0.30	0.31	0.31	0.32	0.32	0.33	0.33	0.34
15	0.24	0.25	0.25	0.26	0.26	0.26	0.27	0.27	0.28	0.28
16	0.20	0.21	0.21	0.22	0.22	0.22	0.22	0.23	0.23	0.23
17	0.15	0.16	0.16	0.16	0.16	0.16	0.16	0.17	0.17	0.18
18	0.10	0.10	0.11	0.11	0.11	0.11	0.11	0.12	0.12	0.12
19	0.05	0.05	0.06	0.06	0.06	0.06	0.06	0.06	0.06	0.06
	应加表中值									
21	0.06	0.06	0.06	0.06	0.06	0.06	0.06	0.06	0.06	0.06
22	0.11	0.11	0.12	0.12	0.12	0.12	0.12	0.12	0.12	0.12
23	0.17	0.17	0.17	0.17	0.17	0.17	0.18	0.18	0.19	0.19
24	0.23	0.23	0.24	0.24	0.24	0.24	0.25	0.25	0.26	0.26
25	0.30	0.30	0.31	0.31	0.31	0.31	0.31	0.32	0.32	0.32
26	0.36	0.36	0.37	0.37	0.37	0.38	0.38	0.39	0.40	0.40
27	0.42	0.42	0.43	0.44	0.44	0.44	0.45	0.45	0.46	0.46
28	0.49	0.50	0.50	0.51	0.51	0.52	0.52	0.53	0.53	0.54
29	0.57	0.57	0.58	0.58	0.59	0.59	0.62	0.60	0.61	0.61
30	0.64	0.64	0.65	0.65	0.66	0.66	0.67	0.67	0.68	0.68
31	0.72	0.72	0.73	0.73	0.74	0.74	0.75	0.75	0.76	0.76
32	0.80	0.80	0.81	0.81	0.82	0.83	0.83	0.84	0.84	0.85

续表

温度/℃	观察糖度/°Bé									
	11	12	13	14	15	16	17	18	19	20
	应加表中值									
33	0.87	0.88	0.88	0.89	0.90	0.91	0.91	0.92	0.92	0.93
34	0.95	0.96	0.96	0.97	0.98	0.99	1.00	1.00	1.01	1.02
35	1.03	1.04	1.05	1.05	1.06	1.07	1.08	1.08	1.09	1.10
36	1.11	1.12	1.13	1.13	1.14	1.15	1.16	1.16	1.17	1.18
37	1.19	1.20	1.21	1.21	1.22	1.23	1.24	1.24	1.25	1.26
38	1.31	1.32	1.32	1.33	1.33	1.34	1.35	1.35	1.36	1.36
39	1.39	1.40	1.41	1.41	1.42	1.43	1.44	1.44	1.45	1.45
40	1.48	1.49	1.50	1.50	1.51	1.52	1.53	1.53	1.54	1.54

附录三　乳稠计读数换算

20℃下乳稠计读数换算见附表3。

附表3　　　　　　　　　　乳稠计读数换算表（20℃）

乳稠计读数	温度/℃															
	10	11	12	13	14	15	16	17	18	19	20	21	22	23	24	25
25	23.3	23.5	23.6	23.7	23.9	24.0	24.2	24.4	24.6	24.8	25.0	25.2	25.4	25.5	25.8	26.0
25.5	23.7	23.9	24.0	24.2	24.4	24.5	24.7	24.9	25.1	25.3	25.5	25.7	25.9	26.1	26.3	26.5
26	24.2	24.4	24.5	24.7	24.9	25.0	25.2	25.4	25.6	25.8	26.0	26.2	26.4	26.6	26.8	27.0
26.5	24.6	24.8	24.9	25.1	25.3	25.4	25.6	25.8	26.0	26.3	26.5	26.7	26.9	27.1	27.3	27.5
27	25.1	25.3	25.4	25.6	25.7	25.9	26.1	26.3	26.5	26.8	27.0	27.2	27.5	27.7	27.9	28.1
27.5	25.5	25.7	25.8	26.1	26.1	26.3	26.6	26.8	27.0	27.3	27.5	27.7	28.0	28.2	28.4	28.6
28	26.0	26.1	26.3	26.5	26.6	26.8	27.0	27.3	27.5	27.8	28.0	28.2	28.5	28.7	29.0	29.2
28.5	26.4	26.6	26.8	27.0	27.1	27.3	27.5	27.8	28.0	28.3	28.5	28.7	29.0	29.2	29.5	29.7
29	26.9	27.1	27.3	27.5	27.6	27.8	28.0	28.3	28.5	28.8	29.0	29.2	29.5	29.7	30.0	30.2
29.5	27.4	27.6	27.8	28.0	28.1	28.3	28.5	28.8	29.0	29.3	29.5	29.7	30.0	30.2	30.5	30.7
30	27.9	28.1	28.3	28.5	28.6	28.8	29.0	29.3	29.5	29.8	30.0	30.2	30.5	30.7	31.0	31.2
30.5	28.3	28.5	28.7	28.9	29.1	29.3	29.5	29.8	30.0	30.3	30.5	30.7	31.0	31.2	31.5	31.7
31	28.8	29.0	29.2	29.4	29.6	29.8	30.1	30.3	30.5	30.8	31.0	31.2	31.5	31.7	32.0	32.2
31.5	29.3	29.5	29.7	29.9	30.1	30.2	30.5	30.7	31.0	31.3	31.5	31.7	32.0	32.2	32.5	32.7
32	29.8	30.0	30.2	30.4	30.6	30.7	31.0	31.2	31.5	31.8	32.0	32.3	32.5	32.8	33.0	33.3
32.5	30.2	30.4	30.6	30.8	31.1	31.3	31.5	31.7	32.0	32.3	32.5	32.8	33.0	33.3	33.5	33.7
33	30.7	30.8	31.1	31.3	31.5	31.7	32.0	32.2	32.5	32.8	33.0	33.3	33.5	33.8	34.1	34.3
34	31.7	31.9	32.1	32.3	32.5	32.7	33.0	33.2	33.5	33.8	34.0	34.3	34.4	34.8	35.1	35.3
35	32.6	32.8	33.1	33.3	33.5	33.7	34.0	34.2	34.5	34.7	35.0	35.3	35.5	35.8	36.1	36.3
36	33.5	33.8	34.0	34.3	34.5	34.7	34.9	35.2	35.6	35.7	36.0	36.2	36.5	36.7	37.0	37.3

参考文献

［1］胡颖廉．改革开放 40 年中国食品安全监管体制和机构演进［J］．中国食品药品监管，中国食品药品监管，2018，（10）：4-24.

［2］王竹天．国内外食品法规标准对比分析［M］．北京：中国质检出版社，2014.

［3］裴庆润，杨挣．食品安全国家标准检验方法标准体系研究［J］．食品安全导刊，2018，（15）：36.

［4］刘奂辰，王君．我国食品安全国家标准与美国食品法规制定程序对比及分析［J］．中国食品卫生杂志，2018，30（6）：655-658.

［5］张水华．食品分析［M］．北京：中国轻工业出版社，2008.

［6］贺彩虹，周子哲，李德胜，李雪聪．中欧食品安全监管体系比较研究［M］．食品工业科技，2019，40（19）：216-220，225.

［7］卫学莉，张帆．日本食品安全规制的多中心治理研究［J］．世界农业，2017，（2）：15-20.

［8］边红彪．俄罗斯食品安全监管体系分析［J］．标准科学，2018，（8）：71-74.

［9］刘新山，张红，李龙飞．澳新食品标准制度研究［J］．广东海洋大学学报，2015，35（2）：53-59.

［10］杨莉莉．法律和监管的视域下中美食品安全标准体系的对比研究［J］．现代食品，2015，（23）：22-25.

［11］王皋．不同食用菌重金属含量测定及富集能力初步研究［D］．邯郸：河北工程大学，2017.

［12］辛效威，张定康．中外食品标准中重金属污染物指标对比分析［J］．中国标准化，2018，（15）：124-128.

［13］徐子涵，徐加卫，郑世来等．浅析我国的食品安全标准体系［J］．食品工业，2016（1）：269-272.

［14］元延芳，罗杰．美国食品药品监督管理局食品检查员培训模式对我国的启示［J］．肉类研究，2017（10）：63-67.

［15］李强，刘文，孙爱兰，戴岳，段敏，刘鹏．欧盟食品企业检查员制度研究和借鉴［J］．食品研究与开发，2015，36（23）：187-192.

［16］王新竹．浅析仪器分析在食品分析中的应用［J］．食品安全导刊，2018，（9）：54-55.

［17］付含，王海翔，陈贵堂．分子印迹技术在食品化学污染物检测分析中的应用［J］．食品安全质量检测学报，2019，10（4）：992-997.

［18］庞健．现代仪器分析技术在食品分析与检测过程中的应用［J］．食品安全导刊，2018，（9）：84-85.

［19］李发美．分析化学［M］．北京：人民卫生出版社，2007.

［20］张凌．分析化学［M］．北京：中国中医药出版社，2016.

［21］高向阳．现代食品分析［M］．2 版．北京：科学出版社，2018.

［22］谢笔钧，何慧．食品分析［M］．2 版．北京：科学出版社，2015.

［23］周光理．食品分析与检验技术［M］．北京：化学工业出版社，2015.

［24］钱建亚．食品分析［M］．北京：中国纺织出版社，2014.

［25］刘胜新．化验员手册［M］．北京：机械工业出版社，2014.

［26］李和生．食品分析实验指导［M］．北京：科学出版社，2012.

［27］夏玉宇．化验员实用手册［M］．3 版．北京：化学工业出版社，2012.

［28］韩北忠，童华荣．食品感官评价［M］．北京：中国林业出版社，2009.

［29］张晓鸣．食品感官评定［M］．北京：中国轻工业出版社，2006.

［30］靳敏，夏玉宇．食品检验技术［M］．北京：化学工业出版社，2003.

［31］曾庆孝．食品加工与保藏原理［M］．第三版．北京：化学工业出版社，2014.

［32］吴平．食品分析［M］．北京：中国轻工业出版社，2007.

［33］吴谋成．食品分析与感官评定［M］．北京：中国农业出版社，2002.

［34］王永华，戚穗坚．食品分析［M］．3 版．北京：中国轻工业出版社，2018.

［35］孙长颢．营养与食品卫生学［M］．北京：人民卫生出版社，2013.

［36］钱建亚．食品分析［M］．北京：中国纺织出版社，2014.

［37］杨月欣．中国食物成分表［M］．北京：北京大学医学出版社，2018.

［38］李秀霞．食品分析［M］．北京：化学工业出版社，2019.

［39］金明琴．食品分析［M］．北京：化学工业出版社，2008.

［40］李敏，郑俏然．食品分析实验指导［M］．北京：中国轻工业出版社，2019.

［41］黎源倩．食品理化检验［M］．北京：人民卫生出版社，2006.

［42］S. Suzanne Nielsen．食品分析［M］．3 版．北京：中国轻工业出版社，2012.

［43］张海德，胡建恩．食品分析［M］．长沙：中南大学出版社，2014.

［44］王喜波，张英华．食品分析［M］．北京：科学出版社，2015.

［45］维德维康．常见真菌毒素的解读及其检测方案［J］．食品安全导刊，2019，（19）：40-43.

［46］孟云，张燕．食品中微生物污染分析及其检测技术［J］．食品安全导刊，2019，（16）：48-50.

［47］马腾达，王慧玲，周凤霞，等．真菌毒素在食品检测中的研究新进展［J］．吉林农业，2019，（9）：78.

［48］吴金松，张荷丽，陈光静，等．食品生产过程中常见致癌物质的成因及对策探究［J］．现代牧业，2018，2（03）：39-43.

［49］汪文杰，李娟，陆叶青，等．气相色谱-加速溶剂萃取法测定油墨中的 7 种多氯联苯［J］．化学分析计量，2018，27（03）：40-43.

［50］Fernandez X，Lizzani-Cuvelier L，Loiseau AM，et al. Volatile constituents of benzoin gums：Siam and Sumatra. Part 1［J］．Flavour and fragrance journal，2003，18（4）：328-333.

［51］林峰．食品安全分析检测技术［M］．北京：化学工业出版社，2015.

［52］王永华．戚穗坚．食品分析［M］．3 版．北京：中国轻工业出版社，2019.

［53］王世平．食品安全检测技术［M］.2版．北京：中国农业大学出版社，2016.

［54］孙宝国．食品添加剂［M］.2版．北京：化学工业出版社，2013.

［55］刘钟栋．刘学军．食品添加剂［M］.郑州：郑州大学出版社，2015.

［56］高彦祥．食品添加剂［M］.北京：中国林业出版社，2013.

［57］张金彩．食品分析与检测技术［M］.北京：中国轻工业出版社，2017.

［58］彭珊珊．钟瑞敏．食品添加剂［M］.4版．北京：中国轻工业出版社，2017.

［59］高向阳．现代食品分析［M］.北京：科学出版社，2016.

［60］王磊．食品分析与检验［M］.北京：化学工业出版社，2017.

［61］肖丽珊．甜味剂在乳酸饮料中的应用综述［J］.广东化工，2018，45（20）：88.

［62］管敏娅，张立义．食品中5种合成食用色素高效液相色谱检测方法的探讨［J］.中国卫生检验杂志，2008（6）：1105-1106.

［63］袁凤琴，王佳，李照，等．高效液相色谱法同时检测黄油及无水奶油中苯甲酸、山梨酸、安赛蜜、糖精钠［J］.食品安全质量检测学报，2018，9（19）：113-117.

［64］蒋晓彤，陈国松，姜玲玲，等．高效液相色谱法同时检测6种甜味剂［J］.食品科学，2011，32（6）：165-168.

［65］赵秀玲．食品甜味剂的概况及其检测方法［J］.中国调味品，2009（6）：24-29.

［66］尹华．高效液相色谱-串联质谱法测定饮料中6种食品添加剂［J］.卫生研究，2017（06）：116-119+125.

［67］侯玉泽，丁晓雯．食品分析［M］.郑州：郑州大学出版社，2011.

［68］王喜波，张英华．食品分析［M］.北京：科学出版社，2015.

［69］林芳栋，蒋珍菊，廖珊，等．质构仪及其在食品品质评价中的应用综述［J］.生命科学仪器，2009，7（5）：61-63.

［70］刘巧瑜，张晓鸣．差式扫描量热分析法研究糖酯对淀粉糊化和老化特性的影响［J］.食品研究与开发，2010，31（7）：39-41.

［71］郑建仙．功能性食品［M］.2版．北京：中国轻工业出版社，2008.

［72］孟宪军，迟玉杰．功能食品［M］.北京：中国农业大学出版社，2010.

［73］白鸿．保健食品功效成分检测方法［M］.北京：中国中医药出版社，2011.

［74］张小莺，孙建国．功能性食品学［M］.北京：科学出版社，2012.

［75］高向阳．现代食品分析［M］.北京：科学出版社，2012.

［76］张海德，胡见恩．食品分析［M］.长沙：中南大学出版社，2014.

［77］李云飞，葛克山．食品工程原理［M］.4版．北京：中国农业大学出版社，2018.